连续油管钻井屈曲行为研究

龚银春　著

中国石化出版社

内 容 提 要

本书的主要内容包括：斜井中有重管柱屈曲的力学模型构建、斜井中连续油管正弦屈曲研究、螺旋屈曲行为研究、平面曲井中管柱屈曲行为讨论与屈曲行为实验分析等。

本书可作为从事石油天然气装备设计、油气钻采工程、探矿工程、矿业工程及相关专业的科研人员和技术人员参考用书，也可作为高等院校相关专业师生的教材。

图书在版编目(CIP)数据

连续油管钻井屈曲行为研究 / 龚银春著 . —北京：中国石化出版社，2021. 9

ISBN 978-7-5114-6455-2

Ⅰ. ①连… Ⅱ. ①龚… Ⅲ. ①连续油管-屈曲-研究 Ⅳ. ①TE931

中国版本图书馆 CIP 数据核字(2021)第 185292 号

中国石化出版社出版发行

地址:北京市东城区安定门外大街 58 号

邮编:100011 电话:(010)57512500

发行部电话:(010)57512575

http://www. sinopec-press. com

E-mail:press@ sinopec. com

北京柏力行彩印有限公司印刷

全国各地新华书店经销

*

710×1000 毫米 16 开本 11. 25 印张 201 千字

2021 年 9 月第 1 版 2021 年 9 月第 1 次印刷

定价:85. 00 元

前　言

近年来，在石油天然气工程领域中经常采用连续油管进行井下作业，井下作业管柱是否稳定直接关系到施工作业的成败。连续油管作业机被广泛应用于油气田勘探开发过程中的洗井、完井、测井与修井等多个领域。然而到目前为止，研究井下管柱屈曲问题的理论和方法尚不完善，所以对受径向约束管柱的屈曲问题进行系统深入的研究具有十分重要的意义。

本书在分析和总结前人研究成果的基础上开展了连续油管井下屈曲行为研究。在分析井下管柱各项受力的情况下，充分考虑管柱摩擦、井斜角和边界条件等因素的影响，构建了斜直井中的连续油管屈曲分析模型。通过变分原理和最小能量法推导出井下管柱屈曲控制微分方程组，并采用摄动法求解获得管柱在处于正弦屈曲与螺旋屈曲形态下的管柱角位移。

书中解耦了管柱屈曲控制微分方程组，并采用摄动法求解获得管柱的正弦屈曲与螺旋屈曲临界载荷。分析了井斜角与摩擦对管柱正弦屈曲与螺旋屈曲临界载荷的影响。研究了两端均为固定端约束、一端为固定端约束而另一端为铰支约束和两端均为铰支约束这三种不同边界条件对井下管柱临界屈曲载荷的影响。求解了屈曲微分控制方程，推导出管柱正弦屈曲与螺旋屈曲形态下的管柱轴力表达式。根据管柱轴力计算解析式与管柱屈曲临界载荷，分析获得了井下管柱正弦屈曲与螺旋屈曲的最初诱发位置。

本书除研究斜直井中的管柱屈曲之外，在分析曲井中管柱受力的基础上，根据最小势能原理与变分原理建立了曲井中的管柱屈曲分析模型。并且通过求解该屈曲方程组，获得了曲井中管柱正弦屈曲与螺旋屈曲临界载荷值。书中分析了井眼直径和井眼曲率半径等因素对曲井中管柱正弦屈曲与螺旋屈曲临界载荷的影响。对比分析斜直井与曲井中的正弦屈曲和螺旋屈曲临界载荷，发现曲井中的正弦屈曲临界载荷与螺旋屈曲临界载荷均大于斜直井中的临界屈曲载荷值。

本书通过实验研究了直井中的正弦屈曲临界载荷与螺旋屈曲临界载荷。在摩擦阻力损失测试实验中，测定了不同摩擦系数条件下的管柱摩阻损失，并将理论计算摩阻损失与实验数据进行了对比分析。实验最后研究了管柱位移与轴向载荷间的变化关系，分析了不同管柱直径与摩擦系数条件下的管柱轴向位移变化。

综上所述，本书在考虑摩擦力这一重要影响因素的前提下，开展了井下管柱的屈曲分析。最终获得了井下管柱的正弦屈曲与螺旋屈曲临界载荷，以及这两种屈曲形态下的管柱轴力计算表达式。相对于不考虑摩擦因素影响而言，该研究结果提高了计算的准确性，这对更为精确掌握井下管柱受力具有十分重要的意义。

本书中引用了国内外同行、学者、专家、公开发表的论文、著作、教材，在此对引用文献所涉及的作者表示深切的感谢。

本书在编写过程中，我们课题组的老师们给予了大力的支持与帮助，特别是任连城、董超群、郭正伟、谢帅与刘建勋等几位同行专家，都对本书做出了不同程度的贡献。可以说，没有课题组各位老师们的帮助与支持，我可能难以完成这样一本学术专著及相关研究工作。因此，特向课题组各位师生致以诚挚的谢意！

本书获重庆市科学技术局自然科学基金项目《连续油管井下屈曲行为特性与减阻的理论与实验研究》(编号：cstc2018jcyjA1352)资助出版，在此表示感谢。

由于水平有限，再加上时间仓促，书中难免有错误或不足之处，敬请广大读者和同行专家批评指正。

目 录

第1章　绪　　论

1.1　背景与意义

连续油管也可被称为盘管、柔性油管或挠性油管。相对传统的油管柱或普通钻柱而言，连续油管最大的特征在于其连续性。普通管柱均是由螺纹连接方式将多段管柱连接而成，而连续油管则是一段完整的管柱缠绕在卷轴上形成的。正是因为这一连续性，极大地降低了普通管柱井下作业的复杂性，同时又提高了作业的时效性。因此，连续油管作业机被广泛应用于油气田勘探开发过程中的钻井、完井、测井与修井等多个领域，并在这一系列领域中发挥着极为重要的作用。

1.1.1　连续油管的研究背景

石油天然气工程领域最早开始使用连续油管作业机是在修井作业过程中，例如洗井或打捞落鱼等较为简单的井下作业过程[1]。1962 年美国玻纹油管公司生产出了世界上第一套连续油管作业机[2]，并成功应用于墨西哥湾沿岸地区油气井的井下冲洗砂堵作业。这套连续油管作业机中的连续油管总长度为 4572m，管柱直径为 33.4mm，其卷轴直径达到了 2.743m。自此之后，石油天然气领域开展了对这种高效的作业机的大量研究与开发。1964～1967 年，连续油管外径的主要范围为 19.05～25.4mm。1967～1970 年，主要使用的连续油管外径范围为 12.7～25.4mm[3]。20 世纪 70 年代初，石油天然气工程领域中的各公司已经将 200 多台连续油管作业机成功应用于氮气举升与洗井等井下作业过程中。然而，当连续油管被应用于深井作业时却遇到了诸多问题[4]。由于制造连续油管的材料强度较低、焊缝较多，从而使其难以抵抗大负荷与高压力的深井作业，导致连续油管的焊口损坏与落鱼现象频繁出现。同时，连续油管的直径较小、管柱内液体流量较小、摩擦阻力较大与作业机的各种机械故障导致这种井下快速作业设备一度被放弃使用。但是，随着各种新材料的应用，制造技术与工艺的发展，美国的优质油管公司与西南管材公司成功将制造连续油管的钢带从76.2m增加至457.2m。并将管柱成卷后消除热应力的处理工艺应用在连续油管的生产过程中，使得管柱上的焊缝数减至原有的1/6，极大地提高了连续油管的大负荷能力与抗内外压的能力。1980年美国西南管材公司成功将482.58MPa屈服强度的高强度低合金钢应用于连续油管的生产，获得了外径为31.75mm的连续油管。1983年美国优质油管公司采用日本914.4m长的卷钢板制造连续油管，使对焊焊缝减少了近一半。80年代后期，优质油管公司又将钢带用斜焊缝连接为长钢带，然后采用滚轧的方式生产出整根连续油管。由于钢带滚轧成管后，其焊缝为螺旋形，从而扩散了焊接的热影响区，提高了连续油管的疲劳强度与使用寿命[5]。进入90年代后，伴随着钢质连续油管的规格、材质与制造技术的高速发展，连续油管进行作业技术在油气田工程领域中的应用得到了广泛的开展。到2000年连续油管作业机达到了1000台之多，管柱的年消耗量达到了900多万m，最大井下作业深度达7125m[6]。与此同时，在管柱制造材质上也取得了长足进步，发展出了高强度低合金连续油管系列。目前已拥有900~1000MPa高强度与1200MPa的超高强度的连续油管。

1.1.2 连续油管的研究意义

经过半个多世纪的不断完善与研究，连续油管在制管与现场作业方面均取得了突飞猛进的发展。从最初用于井下打捞、压裂酸化、油井排液、防砂、挤水泥、扩孔、射孔、测井、洗井和传递井下工具等生产过程中的应用，逐步扩展到连续油管修井、采油、钻井与完井等领域[7]。目前，连续油管的主要应用范围具体分布如图1-1所示。

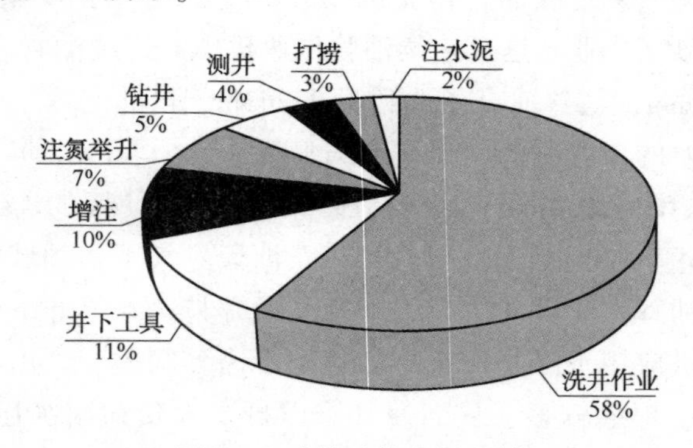

图1-1　连续油管应用比例

采用连续油管进行井下作业解决了诸多常规井下作业技术难以解决的问题。与常规油管井下作业技术相比，其主要的特点与优势表现在以下几方面：首先，采用连续油管进行井下作业时，将不再需要搭建井架。由于管柱的连续性，也不需要耗时烦琐的接单根操作，仅需通过注入头提升或下放连续油管即可。这极大降低了现场作业人员的劳动强度，并提高了管柱井下作业的效率。第二，在对地层进行精确选择作业过程中，连续油管可在原有井下管柱和井下工具不变的情况下，精确地到达目的层进行井下作业。这不仅降低了对地层的伤害，也降低了相关材料的浪费。第三，常规油管进行井下作业时，会因为管柱段损坏变形或连接不紧，在作业过程中产生落物等井下事故。然而，采用连续油管进行井下作业，则可较好地避免这些事故的发生。第四，由于其具有安全可靠的特点，可采用不放喷开展带压作业。在对某些敏感地层进行井下作业时可降低对其污染。这不仅对油层与环境进行了保护，同时也增加了油气井的产量。第五，在对大斜度井或水平井进行冲砂洗井作业时，由于连续油管具有较高的强度与韧性，从而可把井下工具精确地投至预先设计的施工井段。最后，鉴于连续油管作业机体积小、重量轻的特点，对于海上平台油气井的各种井下作业具有独特的优势[8]。

将连续油管作业技术应用于井下作业过程中，具有诸多优点。然而，连续油管作业也具有一些自身的短板与缺陷。连续油管作业的可靠性与安全性便是设计与施工人员十分关切的问题。连续油管在作业过程中管柱的失稳弯曲、承受超限内压导致的破裂或承受超限外压导致的挤毁等问题均会影响连续油管在井下作业过程中的可靠性与安全性。因此，对连续油管在各类井眼约束条件下的管柱力学分析便显得极为重要[9]。对连续油管在井下的内外承压能力[10]与轴力作用下的屈曲行为研究也得到了广大科研工作者的重视[11]。

各种理论与实验研究表明，连续油管在井底将先出现正弦屈曲，随着轴向载荷的增加，继而演化为螺旋屈曲。在管柱屈曲行为诱发与演化的过程中，管柱与井壁间的接触力也将随之而不断增加。即使管柱与井壁间的摩擦系数持续稳定，管柱所受到的轴向摩擦载荷也将不断增加，直至发生井下连续油管的自锁现象[12]。井眼弯曲与连续油管失稳后产生的附加弯曲减小了管柱井下作业的安全系数。连续油管在井下液体内外压力与轴向载荷等力的作用下，其强度将进一步下降，从而井下管柱将容易出现永久变形、挤扁或破裂的井下事故。除此之外，轴力效应、温度效应、螺旋屈曲效应或膨胀效应所引起的连续油管柱轴向位移将导致封隔器解封。根据国内外诸多专家学者的理论分析结果可知，井下管柱的轴力在超过某一临界载荷时将会诱发正弦屈曲，因此将该临界载荷定义为正弦屈曲临界载荷。与此相似，当管柱轴力超过螺旋屈曲临界载荷时，管柱将进入螺旋屈曲形态。在连续油管进入螺旋屈曲形态后，连续油管将与井壁持续接触，并呈现出一条螺旋线。伴随着管柱轴力的不断变化，该螺旋屈曲的螺距将会随着轴力的变化而变化，直至管柱出现自锁现象。最终，管柱将由于摩擦阻力与轴向载荷相等而停止前进。

当采用连续油管作业机将油管柱不断地注入至井底时，面临的最大问题便是连续油管柱在轴力作用下发生屈曲。因为这一问题将关系到连续油管柱能否准确可靠地延伸至井下指定作业点。在将连续油管技术应用于井下作业的各过程中，无论是钻井作业、测井作业、修井作业或是完井作业都将面临管柱在各力的共同作用下诱发屈曲，甚至自锁的问题，具体见图 1-2。图 1-3 是常规井下管柱在井下产生屈曲后的实物图，同理连续油管在受压的情况下也将产生屈曲。

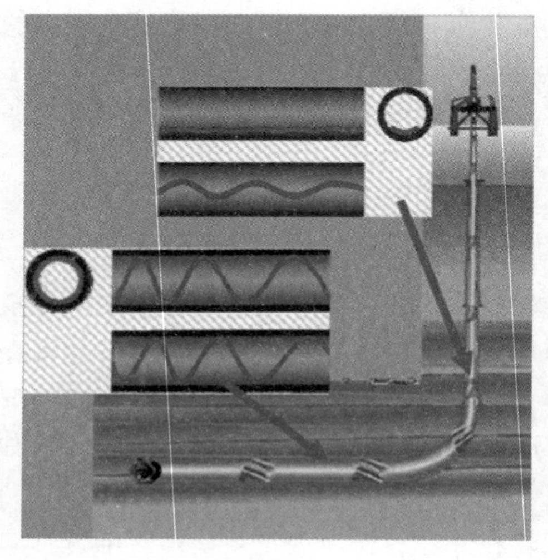

图 1-2　井下管柱屈曲示意图

图 1-3　井下管柱塑性变形实物图

由此可见，准确解析井下连续油管的屈曲问题显得尤为重要。从上述分析可看出，研究管柱稳定性的关键问题在于临界屈曲载荷的求取与如何更好地预防屈曲行为的产生，从而使管柱在井底能更好地进行生产作业。

由于工程上的需要，众多的石油公司从 20 世纪 80 年代起都投入了较多的资金和人力开展管柱力学方面的研究，管柱的稳定性研究便是其中的一个热点。针对不同的地质构造，实际钻采作业中常采用不同形式的井，如直井、弯曲井、水平井和组合井等，这也加大了井下管柱稳定性分析的难度。传统稳定性分析的概念和理论在井下管柱的稳定性分析中需要进一步地发展，从而能够客观真实地来反映和刻画管柱在井筒中发生屈曲时的位移和受力状况，较为准确地预测管柱在各种工况和各种失稳模态下的失稳临界载荷，以指导实际的施工作业。

因此对管柱在井筒中的非线性屈曲行为进行研究，不但具有理论意义而且还具有实际工程应用价值。

1.2 管柱屈曲的研究进展

在石油天然气工程领域最初开始着眼于井下管柱屈曲问题的研究是从最为常规的垂直井中管柱屈曲行为研究开始的。自20世纪60年代起，科研工作者便对这一现场出现的问题高度重视，并开始通过理论、仿真与实验等手段解析这一问题。纵观这一系列的研究工作，在理论研究过程中，主要有两类屈曲研究模型。第一类是将井下管柱稳定性问题简化为求解一个线性或非线性的特征值问题。另一种则是将井下管柱稳定性问题简化为一个非线性的准静态加载问题。本文将以时间为主线，简要概述诸多前辈的研究成果。

1.2.1 直井中钻柱屈曲的研究进展概述

在不考虑管柱自重与摩擦力的前提下，Lubinski[13]等在1962年便率先研究了垂直井中的管柱屈曲问题。在假设井下管柱螺旋屈曲后的螺距不变的情况下，采用能量法构建屈曲分析模型，首次获得了管柱螺旋屈曲的临界载荷。然而在1982年，Mitchell[14]等则假设管柱螺旋屈曲后的螺距会随着轴力的变化不断变化。同时在不计管柱自重与摩擦力的前提下研究了直井中管柱正弦屈曲与螺旋屈曲问题。并通过解析法获得其静力平衡方程的近似解，得到了管柱与井壁间的接触载荷和管柱的弯矩。1984年Dawson[15]等采用小位移假设研究了管柱重力对斜井中管柱屈曲行为的影响，并获得了斜井中管柱屈曲的临界载荷。1986年Mitchell[16]等在Lubinski[13]的研究基础上，研究了摩擦对管柱进入屈曲后，摩擦力对屈曲管柱长度的影响。研究表明摩擦力对屈曲管柱的长度有较大影响，然而要求解该研究模型的屈曲微分方程却十分繁杂。此外，Mitchell[17]等在假设管柱与井壁持续接触的前提下，采用管柱角位移这一描述简化了管柱进入屈曲形态后的位移变量。同时，在不考虑边界条件与扭矩对管柱屈曲行为影响的情况下，求得了井壁与管柱间接触力的近似解析解。Kwon[18]等采用Mitchell的方法研究管柱正弦屈曲与螺旋屈曲问题，但是却仍未考虑管柱重力与扭矩对屈曲行为的影响。

1990年Chen[19]等在假设螺距不变，并考虑管柱自重的情况下，研究了水平井中管柱的屈曲问题。获得了自重对正弦屈曲与螺旋屈曲临界载荷的变化关系。1991 年 Schuh[20] 等结合 Lubinski[13] 的等螺距假设和 Chen[19] 的研究结论，研究了井斜角对螺旋屈曲临界载荷的影响。并且推导了斜井中管柱的弯矩和管柱与井壁的接触载荷。1993 年 Tan[21] 等在考虑管柱自重的情况下，通过能量法研究了垂直井中的螺旋屈曲行为。然而，文中依然采用了等螺距假设，并忽略了扭矩对管柱螺旋屈曲的影响。Wu[22] 等在 Chen[19] 研究的基础之上，展开了对水平井中管柱在轴向载荷作用下的正弦屈曲与螺旋屈曲行为的研究。研究结果显示，管柱诱发螺旋屈曲的临界载荷明显高于正弦屈曲临界载荷，而且所获正弦屈曲临界载荷值是 Chen 研究结果的 1.8 倍，螺旋屈曲临界载荷是之前结论的 1.3 倍之多。并提出，当管柱进入螺旋屈曲后随着轴力的继续增加，管柱将会发生自锁现象导致管柱无法前进。

1994 年 Salies[23] 等采用实验的方法研究了垂直井中的管柱屈曲行为。同时使用 ABAQUS 软件对管柱的正弦屈曲形态进行了有限元分析，分析结果与实验结果具有良好的一致性。1994 年高国华[24] 等采用最小位移假设构建了管柱在水平井眼中的正弦屈曲微分方程。文章研究了在不同边界条件下，管柱无量纲长度与无量纲屈曲临界载荷之间的变化关系。李子丰[25-26] 等通过静力平衡法研究了水平井中圆杆在轴力作用下的非线性屈曲问题。文中通过解析法获得了临界屈曲载荷，并研究了边界条件对其影响。然而，文中却忽略了管柱自重这一重要影响因素，且将管柱角位移的一阶导数简化为一常数。这导致所获结果将与工程实际具有一定的差异。刘延强[27] 等根据动坐标迭代法研究了井下管柱的大扰度变形问题。文章充分考虑摩擦力对管柱变形的影响，并构建了管柱的三维分析模型，最后采用试算法研究管柱的边界条件。研究结果显示，管柱的大位移变形主要是由于井眼轨迹变化导致的。然而，管柱在井眼轴线上所产生的压缩位移由于受径向约束，相对于前者却较小。帅健[28] 等基于 Lubinski 的研究条件假设，根据有限元法构建了井下钻柱的应力应变模型，并获得了管柱与井壁之间的接触力和管柱轴力。彭勇[29] 等采用有限元法研究了水平井中管柱的稳定性问题。文章获得了井下全段管柱的轴力与变形之间的关系，但是未考虑管柱所受到的径向约束。苏华[30-31] 等深入细致地总结了管柱静力学等相关问题的研究历程。并对这些研究方法中的基本假设做出了归纳总结，主要有以下几点：①假设管柱没有任何磨损；②管柱为小变形弹性体；③管柱与井壁持续接触；④钻头中心重合于井眼中心，且不存在力矩；⑤井壁为刚性体，且母线平行于井眼轴线；⑥井眼为标准圆形；⑦相比管柱长度而言，轴线的位移是小量；⑧忽略井下动态因素的影响。

1995 年 He[32] 等研究了井下管柱在螺旋屈曲形态下，扭矩对井下管柱与井壁间接触载荷的影响。陈尚建[33]等根据杆件角位移假设，研究了两端均为固定端约束在轴向载荷作用下的临界屈曲载荷。高国华[34]等在分析水平井中管柱的几何关系后，根据静力平衡法构建了井下屈曲微分方程，并采用摄动法求解获得水平井中的管柱屈曲临界载荷。研究结果显示，当减小摩擦时可在一定程度上增加井底钻压。相比于垂直井而言，水平井中的管柱稳定性较高。因为，管柱自重将加大轴力，使垂直井管柱轴力更容易升至临界屈曲载荷。此外，高国华[35]还研究了井下稳定器对管柱屈曲行为的影响，且文中将稳定器简化为铰支约束。文章表示，如果在长管柱中间添加一些铰支约束，这对管柱的稳定性产生的影响非常小。并不能达到提高稳定性，预防屈曲行为产生的目的。然而，这一方法对于短杆的屈曲则影响明显。高德利[36]基于微元矢量法，构建了井下管柱的平衡微分方程。根据动力学准则，推导出不可伸长弹性管柱的动态控制微分方程。文章还采用静力平衡法对底部钻具组合进行研究，分析了井下管柱的弹性稳定性。李子丰[37]等研究了井下管柱的动态平衡问题。根据几何非线性动力分析，构建了井下管柱的动力学控制方程。同时，文章还建立了管柱三维小扰度与大扰度静力分析模型。

1996 年 Mitchell[38]等在分析延展 Dawson[15]等的研究基础上，解析求解得到直井中管柱正弦屈曲临界载荷与螺旋屈曲临界载荷值。Hishida[39]等在不考虑管柱自重与摩擦的情况下，采用有限元法分析了垂直井中管柱的屈曲行为。文章分析了井斜角与扭矩对井下管柱轴力变化的影响。高国华[40-41]等在假设井下管柱角位移为较小值的前提下，采用摄动法求解了垂直于水平井中的管柱屈曲控制微分方程，并获得了井下管柱相应的弯曲应力与弯矩。王世圣[42]等分析了水平井中两端均为固定端约束的管柱屈曲行为。获得了井下管柱的接触载荷、轴力与临界屈曲载荷。刘巨保[43]等在忽略管柱自重与径向约束的前提下，分析了水平井中管柱的平面圆弧曲梁单元。

1997 年 Mitchell[44]等使用伽辽金法求解直井中的管柱屈曲平衡微分方程，研究了井斜角对井下管柱屈曲行为的影响。在忽略管柱边界条件对屈曲影响的情况下，文章获得了管柱与井壁的接触载荷和相应的弯矩。Wu[45]等假设管柱螺旋屈曲后的螺距为某一常数，采用能量法研究了曲井与斜直井中管柱屈曲行为。结果显示，管柱所受扭矩将使螺旋屈曲临界载荷值降低。然而，扭矩对螺距和管柱轴向位移的影响却非常微弱。并且管柱进入螺旋屈曲后的旋向将由扭矩的方向所决定。高宝奎[46]等根据 Newton 迭代法与有限差分法求解井下管柱屈曲微分方程组，解得螺旋屈曲临界载荷与相应的接触载荷。于永南[47-48]等在考虑管柱自重的情况下，研究了斜井中的管柱正弦屈曲行为。通过假设正弦屈曲构型函数，求解获得斜直井中管柱的正弦屈曲临界载荷。李子丰[49]在对压杆稳定性分析的基础上，提出斜直井中的管柱将由直线平衡态、正弦屈曲形态与螺旋屈曲形态三种组成，且后两种形态均为三维变形。

1998 年张永弘[50]等通过理论与实验两种方式研究了直井中管柱与井壁间接触力。实验结果显示：由于井口端位于井眼中心，因此井壁与管柱将有一段是不接触的。而且自接触点起，管柱与井壁间接触载荷将逐渐增加，直到获得某一稳定值。于永南[51]等采用有限元法研究了曲井与斜直井中的管柱正弦屈曲行为。文章将管柱屈曲模型简化为非线性方程组的特征值问题进行求解。结果显示，井眼曲率、井斜角和管柱自重都会对正弦屈曲临界载荷产生较大影响。刘凤梧[52]等研究了扭矩对螺旋屈曲行为的影响。研究发现，当轴力与扭矩同时作用于井下管柱时，螺旋屈曲管柱的旋向将由扭矩的方向确定。但是，若先施加轴力后添加扭矩作用，这管柱的旋向则不确定。

1999 年 Mitchell[53]等延展了他之前的研究结果。在不考虑边界条件对屈曲影响的情况下，研究了管柱屈曲长度与轴力之间的变化关系，并获得了相应的管柱角位移和弯曲应力。刘凤梧[54-55]等采用摄动法求解了井下管柱的四阶非线性屈曲微分方程。文章获得了井下管柱屈曲变形的解析解与位于封隔器附近管柱段的轴力和弯矩。

2000 年李子丰[56]研究了水平井中管柱轴力的变化和螺旋管柱的螺距之间的关系。张广清[57]等采用能量法分析了扭矩对井下管柱屈曲行为的影响。研究显示，在轴力与扭矩作用下的井下管柱，管柱的正弦屈曲临界载荷随着井斜角的增加而呈非线性式增长。扭矩将大大降低正弦屈曲临界载荷，但该降幅会受到井斜角的影响。随着扭矩载荷的不断增加，井下管柱的临界屈曲载荷的降幅则越来越大。张福祥[58]等研究了摩擦对管柱轴力的影响。通过分析求解获得管柱自锁点、中性点和管柱进入自锁状态的相应自锁力。Huang[59]等在考虑管柱重力的情形下，研究了斜直井中管柱螺旋屈曲行为。文中首次采用 Rayleigh 商的形式表示管柱螺旋屈曲临界载荷。

2001 年高国华[60]等采用变分法与最小势能原理研究了水平井中的管柱屈曲问题。通过对井下管柱总能量的求导，获得两个分别对应于正弦屈曲与螺旋屈曲的分叉点，并求解获得井下管柱屈曲过程中相应的正弦屈曲与螺旋屈曲临界载荷。2002 年 Mitchell[61-62]等在忽略边界条件对临界屈曲载荷影响的情况下，采用假设管柱角位移构型函数求解直井中的管柱屈曲微分方程。研究显示，在螺旋屈曲诱发后，管柱可能出现反螺旋情况。Mcspadden[63]等在研究井下管柱屈曲时，率先考虑了卷轴对油管柱产生的塑性弯曲变形。文章放弃采用常规的柔索模型，充分考虑管柱的残余应力与弯曲刚度。刘凤梧[64]等采用变分原理分析了仅受轴向载荷作用下的井下管柱屈曲行为。通过能量方法得到了管柱处于正弦屈曲状态时变形与载荷的关系，并证明了正弦屈曲中管柱的平衡状态是稳定的，求出了初始正弦屈曲的临界载荷和能保持正弦屈曲状态的最大载荷。

2003 年焦永树[65]等研究了钻柱的转动效应对铅垂井段钻柱屈曲行为的影响，指出随着钻柱转速的提高，发生各阶屈曲的临界钻压将降低。2004 年高德利[66]等研究了高温高压井中钻柱的屈曲行为。结果显示在高温高压井中钻柱的塑性变形不可忽略，且钻柱的变形不仅和初始状态有关而且也与加载过程有关，井中的摩擦阻力能阻止载荷的传导，因此钻柱只有一小部分会出现很严重的变形。2007 年[67] Mitchell 等研究了旋转形态下的管柱屈曲行为。结果显示，在轴力和扭矩作用下的井下管柱，旋转将使得管柱增加临界屈曲载荷。2008 年他又继续研究了井下管柱连接接头对管柱屈曲行为的影响[68]，同时获得了该情况下的临界屈曲载荷。2010 年陈耀华[69]等在研究井下管柱各临界载荷的情形下，提出了采用较大直径连续油管来增强管柱抗屈曲能力的方案。文章还指出要建立井下管柱的力学信息传递系统，使操作者能对井下管柱的轴力变化进行实时监测，以达到避免管柱屈曲的目的。

2012 年 Miska[70]等人在不考虑摩擦与扭矩作用的情况下，运用弹性梁理论研究了连接头对井下管柱屈曲的影响。研究结果显示，连接头对正弦屈曲临界载荷的影响主要取决于两个连接头之间的距离和连接头与管柱之间的外径差异。2013 年 Mitchell[71-72]在考虑管柱自重的情况下，推导获得垂直井和水平井中的螺旋屈曲平衡微分方程，并分析了位移、接触力与弯曲应力对螺旋屈曲的影响。文中研究了连接器、钻柱与井壁接触的情况，但没有考虑端部约束对屈曲的影响。2014 年 Huang[73]等研究了管柱接头对井下管柱屈曲的影响。文章指出管柱接头将对井下管柱与井壁间的接触长度、弯矩和接触力都有较大的影响，同时管柱的自重、摩擦力和扭矩都会影响临界屈曲载荷，但没给出具体关系式。2015 年高德利[74]等采用弯扭梁理论导出了水平井中管柱屈曲控制微分方程，并研究了边界条件对较短杆的屈曲行为的影响。文中对比了第一类边界条件与第二类边界条件分别对管柱屈曲行为中临界屈曲载荷和轴力的影响关系。

最早开始管柱在径向约束条件下进行屈曲行为研究的是 Lubinski[75]等。他们采用能量法对垂直井中的管柱做出了螺旋屈曲行为研究。然而，在问题的研究过程中做了一系列假设。例如，管柱在屈曲过程中的螺距将不随轴力变化而变化，忽略管柱自重和摩擦力等因素的影响。目前看来，这些假设前提为进一步研究提供了巨大的空间。所得出的螺旋屈曲临界载荷给实际工程运用提供了方向性的指导，具有划时代的意义。另外，Mitchell[76]等采用解析法分析轴向载荷作业下管柱中力的传导，获得了有重钻柱在直井中正弦屈曲与螺旋屈曲的解。然而文中在通过伽辽金法[77-78]与解析法[79]求解的过程中，依然没有考虑边界条件和摩擦力等因素对管柱屈曲行为的影响。Wu[80]等采用能量法对斜直井中的管柱在轴力与扭矩载荷作用下的屈曲行为进行研究。研究显示，扭矩将一定程度加剧屈曲行为的诱发与传递。我国工程院院士高德利[81-82]等也通过解析法对管柱的屈曲行为进行了大量的研究。研究结果显示，第二类边界条件对管柱的屈曲行为具有较大影响。同时也在不考虑摩擦力的情况下，获得了管柱正弦屈曲的临界载荷。李子丰[82-84]等也采用解析法对无重管柱在轴向力与扭矩共同作用下的管柱螺旋屈曲行为做出了深入研究。于永南[85-87]等采用能量法对有重管柱的正弦屈曲行为与螺旋屈曲行为进行了分析研究。研究结果显示，管柱的临界屈曲载荷不仅与管柱截面积和长度有关，而且将受到井斜角的明显影响。同时，横向作用力也将对管柱的屈曲行为诱发起着促进作用。张广清[88]等通过能量法研究了扭矩与轴向作用力耦合作用下的管柱屈曲行为问题，并对此进行了实井测试的实验研究[89]。黄涛[90]等也对直井中的钻柱稳定性进行了相关的实验研究。结果显示，用一定限度的轴向振动可以降低管柱与井壁间的摩擦力，提高井下管柱轴力的传递效率。但是，却降低了管柱的稳定性，从而容易诱发屈曲行为的产生。

Mitchell[96]等在欧拉杆模型的基础上提出径向约束的管柱屈曲分析模型。在不考虑重力与边界条件影响的情况下构建了斜直井中管柱屈曲的控制微分方程。不久以后，Mitchell[91]等又继续对该分析模型进行总结完善，采用了管柱与井壁间未连续接触的假设。在考虑管柱自重的情况下，将管柱屈曲变形微分方程组[92]中的两个轴向位移变化量转化为一个关于角位移的变化量进行简化分析。该举措大大简化了井下管柱屈曲微分方程求解过程中的复杂性，为后续的分析求解奠定了坚实的基础。Kwon[93]等在考虑管柱自重的前提下，采用梁柱稳定性理论推导出了以管柱角位移为主变量的高阶非线性管柱屈曲微分方程。高国华[94]等也采用假设管柱具有最小角位移，从分析管柱断面的某一微元体出发，构建了水平井中管柱的正弦屈曲微分方程组。Dawson[95]等在考虑管柱自重对屈曲行为影响的前提下，推导出了直井中管柱正弦屈曲的临界载荷。Kyllingstad[96]等基于最小势能原理，根据管柱的角位移变化关系也对井下管柱的屈曲问题进行了分析求解。Fujikubo[97]等采用非线性有限元法分析了管柱在双向轴力作用情况下的屈曲问题。结果显示屈曲行为的产生与轴向载荷的大小具有直接关系。而且，对于复合加载情况下，加载方法对于屈服极限范围内的管柱屈曲行为的影响是可以被忽略的。Chen[98]等开展了水平井中的管柱屈曲行为研究。管柱最初在水平井的低边开始诱发正弦屈曲行为，并逐渐演化为贯穿整个井眼截面的螺旋屈曲变形，并获得了水平井中管柱正弦屈曲临界载荷。Qiu[99]等对斜直井中连续油管的屈曲行为做出了研究分析。文章在不考虑扭矩与井内流体影响的状态下，根据能量守恒与虚功原理构建了管柱屈曲微分方程。构建了管柱正弦屈曲与螺旋屈曲的分析模型，并推导出正弦屈曲与螺旋屈曲的临界屈曲载荷表达式。Asafa[100]等通过实验和数值模拟(CFD)的方式研究了管柱内钻井液的横向环流对连续油管屈曲行为的影响。随着井内钻井液进入湍流状态，摩擦损失将会随着螺距的下降而升高。

Wu[101]等通过理论分析和室内实验对水平井与斜井中的管柱螺旋屈曲进行了研究。他提出真实的螺旋屈曲临界载荷大概是不考虑摩擦系数时计算出载荷的1.3倍，是正弦屈曲临界载荷的1.8倍。同时，文章给出了一系列预防管柱屈曲的措施。例如，增加管柱自重与合理使用封隔器等。这些结论对于常规钻柱屈曲位置的预测与如何预防屈曲行为的产生等问题的研究具有十分重大的意义。通过这一系列措施，不仅可以预防屈曲，而且可使钻井效率得到大幅提升。

Chen[102]等对斜井中的管柱螺旋屈曲行为进行了分析研究。文中研究了管柱半径和管柱自重在轴线上分量等因素对屈曲行为的影响。同时，井斜角也将对管柱螺弦屈曲临界载荷产生明显影响，文章给出了近似解的关系表达式。Cheatham[103]等研究了斜井中无重管柱的螺旋屈曲行为。文章分析了管柱在已经进入螺旋屈曲状态后，螺距与轴力之间的关系。并对此进行了室内的简化实验研究，结果显示螺距主要受到摩擦系数的影响，而对于轴向力的变化则相对较小。这对Miska等提出的螺距不变假设给出了有力的印证。

Miska[104]等通过能量守恒法则和虚功原理研究了斜井中的管柱螺旋屈曲。文中假设管柱无限长，且忽略边界条件与摩擦力对管柱屈曲行为的影响。研究结果显示，管柱所受扭矩能明显降低临界屈曲载荷，而且降幅较大，将会超过10%。扭矩还将引起管柱螺旋屈曲过程中螺距的降低。扭矩对于小井眼或管柱与井壁之间间隙较小的管柱相比大井眼情况下临界屈曲载荷的影响，则更为明显。文章还通过实验指出：对于某一给定的钻柱，井斜角与摩擦系数都将明显影响管柱轴向力与扭矩的传递。

Newman[105]等采用有限元法分析了井下连续油管的非线性稳定性。研究显示井斜管柱的屈曲将会受到连续油管预弯曲的影响，从而降低井下管柱的稳定性。同时建议，在连续油管注入至井下前，应对其进行必要的校直。对于这一问题，许多研究者也做了类似研究，并提出通过注入头处的夹持块进行对连续油管校直的观点。目前的主流观点依然认为，注入头的主要作用是提供注入力和提升力，而对管柱的校直起辅助作用。Daily[106]等采用 ABAQUS 软件中的显示有限元法模拟分析了斜直井与弯曲井中的管柱屈曲行为。该模拟验证了目前理论分析的正确性，并提出，当钻柱两接头较近时，刚度对管柱临界屈曲载荷影响较大的观点。

McCann[107]等通过实验研究了井眼曲率与摩擦对管柱屈曲行为的影响。研究表明摩擦力能明显延缓正弦屈曲与螺旋屈曲行为的产生，并且能引起后屈曲行为的停滞现象。也正是因为这一停滞现象，导致未屈曲时的轴向载荷一定低于相应的屈曲临界载荷。同时，曲率的上升也会延缓曲井中管柱屈曲行为的产生。

Kyllingstad[108]等对比分析了前人的结论，并通过室内实验与现场应用研究了曲井中的连续油管屈曲行为。文章指出，井眼曲率对管柱临界屈曲载荷具有明显的影响。当曲率上升时，临界屈曲载荷将明显上升。反之，这一临界屈曲载荷将会有所下降。在计算管柱在井中的最大钻井深度时，如果忽略该曲率对其螺旋屈曲的影响，那么将会造成该计算深度不准确。值得注意的是，这一不准确计算值不是一味地偏高或偏低，而呈现忽高忽低的态势。同时，研究表明方位变化率也将会对临界屈曲载荷产生较大影响。

Mitchell[109]等通过静力平衡法和能量法对常曲率井中的屈曲行为进行了分析研究，而且通过两种方法均获得了关于正弦临界载荷同样的结论。该解析式明确地反映了正弦屈曲临界载荷与曲率之间的变化关系。

Weiyong[110]等采用能量法对具有初始曲率的连续油管在曲井中的稳定性进行了研究。结果显示，连续油管在滚筒上缠绕所形成的残余弯曲对管柱在曲井中的正弦屈曲产生的影响非常明显。同时残余弯曲对螺旋屈曲的临界载荷也有较大影响。随着残余弯曲的增大，螺旋屈曲临界载荷则逐渐降低。

Hill[111]等通过 Kyllingstad 的屈曲变化关系研究了在不同曲率、不同井眼直径和不同管径情形下的管柱屈曲变化关系。给出了一系列屈曲变化曲线，为工程实践曲井中相关屈曲载荷的计算提供了方便快捷的图表参考。

高国华[112]等采用静力平衡法研究了弯曲井眼中受压管柱的屈曲行为。在不考虑管柱自重的情况下，文章获得了曲井中管柱正弦屈曲与螺旋屈曲的临界载荷。并对此进行了实验验证，取得了良好的一致性。

综上所述，研究斜直井中管柱屈曲行为主要有两类简化方法。第一类是将管柱屈曲的问题简化为一个求特征值的问题；另一类则是将屈曲过程简化为一个准静态加载过程。最后通过求解所构建的屈曲微分方程来获得临界屈曲载荷。这两种方法均能达到较为理想的研究效果。但是在这些研究中却存在诸多的不完善。例如未考虑边界条件、扭矩、摩擦力、井斜角和径向约束等因素中的某一个或几个因素的影响，造成了对井下管柱屈曲行为研究的不完善。

1.2.2 等曲率井中钻柱屈曲的研究进展概述

在石油天然气工程领域，以往人们认为弯曲井中的管柱由于受到弯曲井眼的约束将不会诱发管柱屈曲行为的产生，但这一构想却未得到相关理论验证。近年来由于广泛采用大位移井与定向井，这一问题再次被提上了研究者的日程。接下来本文将对曲井中管柱屈曲行为的相关研究工作，展开一个简要概述。

1995 年 Kyllingstad[113] 等采用等螺距假设，根据最小势能原理构建了曲井中管柱屈曲控制微分方程。并通过假设管柱角位移函数，分析求解获得管柱的正弦屈曲与螺旋屈曲临界载荷。Wu[114] 等也开展了对曲井中连续油管屈曲行为的分析。文中假设管柱自诱发正弦屈曲到发生螺旋屈曲这一变化过程中，管柱所受到的轴向载荷与管柱长度之间的变化关系是线性的。1996 年高国华[115] 等在不考虑管柱自重的假设条件下，通过对井下管柱微元的受力分析，最后根据静力平衡法推导获得了曲井中的管柱屈曲控制方程。文章还通过摄动法对该方程进行了分析求解。覃成锦[116] 等考虑了稳定器对弯曲井眼中管柱屈曲行为的影响。研究获得最大径向变形量的计算公式，并得出临界跨度和临界轴向压力之间的关系式。然而，文章并未充分考虑井壁对钻柱的约束。计算表明当管柱下入深度越大时失稳程度也越大。1997 年于永南[117-118] 等分析了作用于管柱的各力做功，根据能量法构建了曲井中管柱的屈曲控制微分方程。在考虑井下管柱重力与井眼曲率的条件下，求解该微分方程获得了曲井中管柱正弦屈曲临界载荷。1998 年 Qiu[119-120] 等开展了对曲井中管柱屈曲行为的研究。文章假设当管柱进入螺旋屈曲或正弦屈曲后，管柱长度的变化将与所受轴力呈线性关系。根据这一假设，文中推导获得了曲井中管柱螺旋屈曲与正弦屈曲的临界载荷关系式。1999 年 Mitchell[121] 等在不考虑摩擦力做功的情况下，根据最小能量法构建了曲井中管柱屈曲平衡方程。通过假设曲井中管柱的角位移构型函数，求解获得正弦屈曲临界载荷，并分析了曲率对该临界值的影响。2000 年高德利[122] 等通过静力平衡法构建了曲井中的管柱屈曲微分方程，并求解获得了正弦屈曲与螺旋屈曲的解析表达式。然而，文章并未考虑管柱的重力和摩擦力，且未分析边界条件对管柱屈曲的影响。

2013 年 He[123] 等进一步研究了曲井中的管柱屈曲现象。研究显示随着曲率的增加，曲井中管柱临界屈曲载荷将随之增加。对此，文章还做了实验验证，实验结果与理论研究结论具有良好的一致性。此外，文中提出管柱只有在进入螺旋屈曲后，才可能诱发井下管柱自锁行为的产生。

平面和空间的梁理论是研究平面曲井与三维曲井中管柱屈曲问题的理论基础，数年来许多学者也将这一理论应用于井下管柱稳定的研究中。1994 年 Cai[124] 等推导获得了任意形状平面曲杆在空间载荷作用下的刚度阵。因此，在研究曲杆时可不再使用分段逼近的手段，进一步提升了计算的精度与效率。1995 年黄剑源[125] 等根据薄壁曲线梁翘曲扭转理论构建了空间螺旋形薄壁曲线梁的平衡微分方程，并采用初参数法对该平衡方程进行了分析求解。吕和祥[126] 等采用 Lagrange 法、修正的 Lagrange 法和动坐标迭代法求解了梁的几何非线性问题。1996 年刘巨保等[127] 采用有限元法分析了适合水平井管柱受力变形分析的圆弧曲梁单元及刚度矩阵。相对直梁单元而言，这在计算精度不变的情况下可以缩短计算时间，也能很好地应用到曲率较大的水平井钻柱非线性力学分析中。陈波[128] 等采用变分原理推导获得了两节点二维曲梁单元几何非线性的单元切线刚度矩阵。1997 年周文伟[129] 等建立了空间弹性曲杆在三维变形中的曲率——位移方程，依据有限变形理论推导出了空间曲梁单元在三维变形中的应变——位移关系的显式表达式，分析中考虑了剪切变形的影响。陈大鹏[130] 等采用自然曲线坐标系构建了空间曲杆的控制方程和一种收敛精度较高的曲杆单元。2004 年谈梅兰[131] 对任意井中钻柱的静力问题进行了系统的研究，澄清了现有文献中钻柱静力分析中的一些错误概念，并给出了一种简单、收敛性好的空间曲梁单元[132]。

McCann[133] 等通过实验研究了井眼曲率与摩擦对管柱屈曲行为的影响。研究表明摩擦力能明显延缓正弦屈曲与螺旋屈曲行为的产生，并且能引起后屈曲行为的停滞现象。也正是因为这一停滞现象，导致未屈曲时的轴向载荷一定低于相应的屈曲临界载荷。同时，曲率的上升也会延缓曲井中管柱屈曲行为的产生。

Kyllingstad[134] 等对比分析了前人的结论，并通过室内实验与现场应用研究了曲井中的连续油管屈曲行为。文章指出，井眼曲率对管柱临界屈曲载荷具有明显的影响。当曲率上升时，临界屈曲载荷将明显上升。反之，这一临界屈曲载荷将会有所下降。在计算管柱在井中的最大钻井深度时，如果忽略该曲率对其螺旋屈曲的影响，那么将会造成该计算深度不准确。值得注意的是，这一不准确计算值不是一味地偏高或偏低，而呈现忽高忽低的态势。同时，研究表明方位变化率也将会对临界屈曲载荷产生较大影响。

Mitchell[135]等通过静力平衡法和能量法对常曲率井中的屈曲行为进行了分析研究，而且通过两种方法均获得了关于正弦临界载荷同样的结论。该解析式明确地反映了正弦屈曲临界载荷与曲率之间的变化关系。

Weiyong[136]等采用能量法对具有初始曲率的连续油管在曲井中的稳定性进行了研究。结果显示，连续油管在滚筒上缠绕所形成的残余弯曲对管柱在曲井中的正弦屈曲产生的影响非常明显。同时残余弯曲对螺旋屈曲的临界载荷也有较大影响。随着残余弯曲的增大，螺旋屈曲临界载荷则逐渐降低。

Hill[137]等通过 Kyllingstad 的屈曲变化关系研究了在不同曲率、不同井眼直径和不同管径情形下的管柱屈曲变化关系。给出了一系列屈曲变化曲线，为工程实践的曲井中相关屈曲载荷的计算提供了方便快捷的图表参考。

高国华[138]等采用静力平衡法研究了弯曲井眼中受压管柱的屈曲行为。在不考虑管柱自重的情况下，文章获得了曲井中管柱正弦屈曲与螺旋屈曲的临界载荷。并对此进行了实验验证，取得了良好的一致性。

黄涛[139]等对井下钻柱的稳定性开展了室内实验研究。该研究中采用透明有机玻璃管作为井眼的简化和紫铜管作为井下钻柱的简化，并通过其设计的实验台架改变管柱的倾斜角，模拟了不同井斜角条件下的井下管柱屈曲行为。实验结果显示，无论管柱倾斜角如何变化，井下管柱依然拥有直线形态、正弦屈曲形态和螺旋屈曲形态三种屈曲形式。同时，摩擦力将在一定程度上延缓管柱屈曲行为的产生，增强其稳定性。从测试结果可看出，随着倾斜角的增加，临界屈曲载荷也将不断增加。因此，这一实验结果也映证了本文理论推导结果的正确性。张广清[140]等系统地对斜直井中处于旋转形态下的钻柱屈曲行为进行了实验研究。文章描述了旋转钻柱失稳的过程，分析了旋转状态下影响钻柱稳定性的主要因素。通过与静止状态下钻柱稳定性实验的对比，研究发现二者的实验现象和结果拥有巨大差异。因此，文章判定旋转对于钻柱的稳定性具有重要的影响。

Dawson[141]等在不考虑扭矩的情况下，采用模拟实验研究了斜井中管柱的稳定性。文章分析了斜井中井眼直径与井下角等因素对井下管柱正弦屈曲临界载荷的影响。Chen[142]等在不考虑摩擦对井下管柱屈曲行为影响的假设下，推导了水平井中的管柱正弦屈曲和螺旋屈曲临界载荷，并通过室内的模拟实验予以证明其模型的准确性。He[143]等推导获得了曲井中管柱螺旋屈曲的临界载荷，并通过室内模拟实验验证了该分析模型。文章测定了在不同载荷作用下管柱进入螺旋屈曲后其螺距的变化关系和井眼曲率对临界屈曲载荷的影响。Salies[144]等采用实验的方法研究了斜直井中的管柱屈曲问题。研究结果显示，井斜角对临界屈曲载荷具有较大影响。这一实验结果与本文推导获得的斜井中管柱正弦屈曲和螺旋屈曲临界载荷，与井斜角的变化关系完全一致，从而印证了本文构建模型正确性。该文献同时指出，其实验测得的临界屈曲载荷要高于当时在不考虑摩擦影响情况下推导获得理论研究的结果。Mccann[145]等对井眼曲率和摩擦对井下管柱屈曲行为的影响进行了实验研究。研究表明，摩擦将明显延缓井下管柱屈曲行为的产生。同时，实验结果显示井眼曲率也将增大曲井中的临界屈曲载荷。

综上所述，在对曲井中的钻柱进行屈曲分析时，除了存在和直井中钻柱分析同样的问题外，还未有文章研究井眼直径与曲率半径等因素对临界屈曲载荷的影响。与此同时，目前也没有文章研究曲井与斜直井或水平井中临界屈曲载荷的异同关系。

1.3　本文的主要研究内容

根据已有资料分析可知，众多科研工作者对井下连续油管屈曲行为的研究仍然存在一些不足之处。然而，在现代的石油天然气工程领域却要求较为全面精确地掌握井下连续油管的屈曲行为，以便将连续油管这一新兴技术更为安全、高效以及广泛地应用至各项井下作业中去。目前连续油管技术主要应用在冲砂解堵等井下作业，本文立意研究该作业过程中，连续油管下入时的井下屈曲行为。该研究的目的在于更深入理解井下管柱屈曲的力学状态和寻找出屈曲诱发的初始位置，为预防屈曲和井下减摩工具的研制提供指导。本书在总结各位前辈专家的科研成果基础之上，展开对斜直井与曲井中连续油管的正弦屈曲与螺旋屈曲行为的系统深入研究。文章主要通过研究斜直井中管柱在各力作用下诱发屈曲的临界载荷和曲井中的管柱屈曲载荷，并对各因素对其临界载荷的影响进行分析。寻找出哪些因素将对井下连续油管的屈曲行为产生决定性影响，而哪些因素对管柱屈曲行为影响较小。对井下管柱屈曲行为这一问题进行研究的意义在于，通过全面深入的认识井下连续油管的屈曲行为，以此来指导对预防管柱屈曲的各项措施和工具的研究。如下几项则为本书的主要研究内容：

（1）在考虑管柱重力与摩擦的情况下，推导求出管柱在井下的正弦屈曲与螺旋屈曲临界载荷值。

（2）在考虑管柱重力与摩擦的情况下，推导求出管柱在井下处于正弦屈曲形态与螺旋屈曲形态时的轴力计算表达式。

（3）研究曲井中的管柱正弦屈曲与螺旋屈曲临界载荷，并通过对比找出井下管柱最初诱发屈曲产生的位置，即井下管柱的危险结点。

（4）通过井下管柱屈曲实验对本文所构建的数学力学模型进行实验验证。

根据上述四点主要的研究内容，本书的具体结构如下：

第1章：对井下管柱屈曲行为的研究重要性和相关的理论研究进行了综述。详细介绍了井下连续油管屈曲的研究背景与重大意义。对井下管柱屈曲这一领域的研究方法和研究成果做了分析介绍，并在此基础上提出了本文的研究焦点，即考虑摩擦这一重要因素下的管柱屈曲行为。

第2章：研究了斜直井与水平井中连续油管直线平衡形态、正弦屈曲形态与螺旋屈曲形态，以及这三种形态之间的相互转化。根据构建的力学模型，研究了管柱所受的轴力、管柱与井壁之间接触力、重力和摩擦力，以及它们之间的作用关系。根据轴力、重力、摩擦力和接触力所做功，以及弹性势能构建斜井中管柱的屈曲模型。同时由变分原理和最小能量法研究井下管柱在屈曲过程中的能量变化关系。本章还研究两端均为铰支约束、两端均为固定端约束和一端为固定端约束另一端为铰支约束这三种不同边界条件对管柱临界屈曲载荷的影响。

第3章：研究了管柱的切向移动速度和轴向移动速度，以及由速度变化关系导出的切向摩擦分量与轴向摩擦分量。通过无量纲化获得井下管柱的无量纲总能量，简要分析物体稳定性的基本理论，并根据该理论对无量纲总能量进行分析研究。通过摄动法研究获得井下连续油管正弦屈曲临界载荷的解析解，并分析摩擦力对总能量和正弦屈曲临界载荷的影响，分析井斜角与正弦屈曲临界载荷值之间的变化关系。通过对井下管柱屈曲控制微分方程组的分析求解，求得正弦屈曲形态下管柱的轴力关系表达式。同时，分析研究井斜角与摩擦力对该轴力变化的影响。

第4章：研究斜直井中连续油管的螺旋屈曲行为，并对其自然边界条件进行研究推导。分析螺旋屈曲形态下连续油管的速度变化关系，并由此推导出其井下管柱在螺旋屈曲诱发过程中摩擦力对其变化的影响。通过对井下管柱总能量的研究，推导获得螺旋屈曲临界载荷。研究两端铰支约束与一端铰支约束另一端为自由端这两种边界条件对井下管柱螺旋屈曲临界载荷的影响，同时分析连续油管长度与摩擦系数对螺旋屈曲临界载荷的影响。推导出螺旋屈曲形态下井下管柱的轴力变化关系式，分析井斜角对该轴力变化的影响。此外，文章还将分析井斜角对螺旋屈曲临界载荷的影响。

第 5 章：研究了平面曲井中连续油管的屈曲行为，通过对曲井中管柱的受力与变形的分析，构建曲井中的管柱屈曲模型。推导获得曲井中管柱的正弦屈曲与螺旋屈曲临界载荷，主要研究了井眼直径与井眼曲率半径对正弦屈曲与螺旋屈曲临界载荷的影响。对比研究曲井与斜直井中正弦屈曲与螺旋屈曲临界载荷值的大小关系，以此判断在大位移井中井下管柱最先诱发屈曲行为产生的大致位置。

第 6 章：文章对垂直井中管柱的正弦屈曲与螺旋屈曲临界载荷进行实验研究，以验证本文所建数学力学模型的正确性。设计专用的管柱屈曲实验装置，并通过实验获得试件管柱在不同轴向载荷作用下诱发正弦屈曲与螺旋屈曲的临界载荷，以及这些值随摩擦阻力变化而变化的规律，并将该实验结果与理论研究结果进行对比验证。

第 7 章：总结了全书的研究结论和创新点，并展望了今后的研究趋势。

1.4　研究目标和技术路线

对连续油管临界屈曲载荷的研究目标是：目前的井下管柱屈曲行为主要是在考虑管柱重力、接触力、轴向载荷和浮力等因素作用下推导获得的临界屈曲载荷。因此，这便给目前的井下管柱力学研究工作留下了一定的发展空间，即井下连续油管与井壁间的摩擦力对正弦屈曲与螺旋屈曲临界载荷的影响研究。对于井下管柱屈曲行为的精确预测和相关延缓屈曲产生的井下工具研发而言，获得井下管柱更为精确的临界屈曲载荷是成功的关键因素之一，也是一个亟待解决的关键问题之一。本书的主要核心将专注于研究包含该因素的临界屈曲载荷解析表达式和摩擦对连续油管正弦屈曲与螺旋屈曲临界载荷的影响。

对不同形态下连续油管轴力表达式的研究目标是：为进一步提高对井下管柱诱发屈曲产生位置的精确计算，本文开展了井下管柱轴力的研究。目前对于连续油管井下正弦屈曲段与螺旋屈曲段的开始点与结束点还未拥有一个准确的认识。因此，文章将通过管柱在不同形态下的轴力表达式和临界屈曲载荷，判定出井下管柱处于正弦屈曲与螺旋屈曲形态中的管柱段位置，以找到产生屈曲的危险结点。研究技术路线如图 1-4 所示。

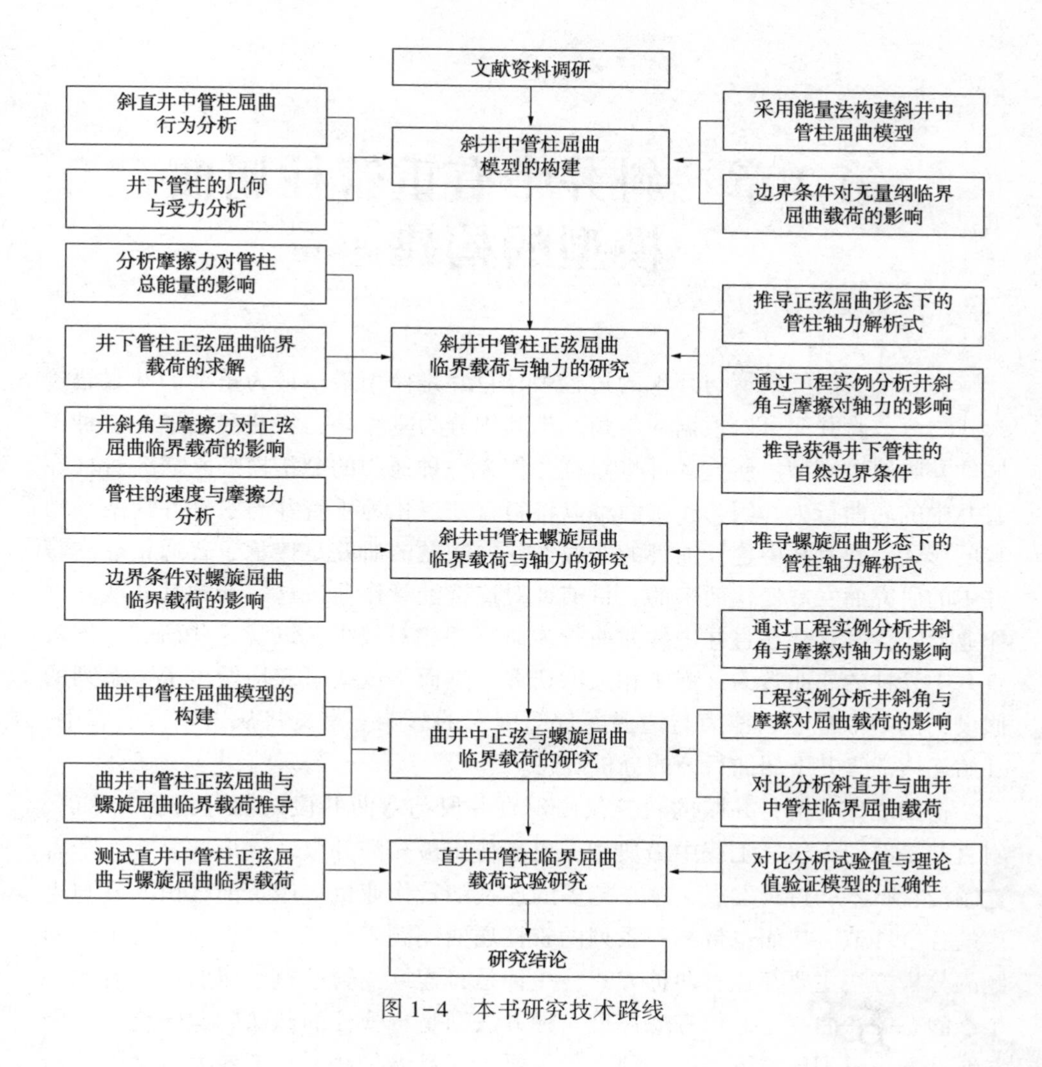

图 1-4　本书研究技术路线

1.5　本章小结

本章对连续油管的工程应用和井下屈曲行为的研究情况做了简要回顾，阐述了连续油管屈曲行为研究的重大意义。介绍了斜直井与曲井中连续油管屈曲问题的研究概况，总结了之前在井下管柱屈曲行为研究这一问题中存在的一些不足。最后，文章给出了其主要研究内容。

第 2 章　斜井中有重管柱屈曲模型的构建

在石油天然气勘探与开采的过程中，直井是使用最多最为重要的井眼轨迹形式之一。直井又可以根据井斜角，将其细分为垂直井、斜井和水平井三种不同的井眼轨迹模型。研究者可将斜直井作为一种通用的分析模型来研究管柱在直井中的屈曲行为。因为，我们可以将斜直井退化为垂直井与水平井这两种独特的形式。斜直井中连续油管的非线性屈曲问题的研究是传承于普通钻柱在直井中的研究而发展变化而来的。目前针对连续油管作业机这一新的钻井或井下作业形式，其管柱在直井中的屈曲行为研究却相对较少。纵观这些研究，均对直井中管柱的屈曲行为开展了相关的研究。然而，这些研究均做出了一系列的假设，例如未考虑摩擦力与边界条件等因素的影响。本文将从这些方面着手，开始连续油管井下屈曲行为的分析研究。

根据理论分析，井眼的轨迹仅由斜直井段与弯曲井段两部分组成。然而，斜直井是石油天然气工程中最典型，也是使用最多的井眼轨迹形式之一。随着连续油管技术的持续发展，越来越多的连续油管作业机应用于油气田开发与生产的各个环节，从而也带来一系列的管柱屈曲问题亟待解决。目前，对于该问题的分析方法主要存在有两种方式，一种是将连续油管的整个屈曲过程看作一个准静态的弯曲变化过程考虑；另一种方法则是将管柱的屈曲问题转化为一个非线性方程组进行求解。第一种方式主要是通过能量法，求解各力所做的功与转化而成的弹性势能，以使研究者获得管柱的变化轨迹与管柱屈曲的临界屈曲力。第二种方式则是将这一非线性屈曲问题转化成非线性方程组的特征值和特征向量求出，来分析管柱的屈曲过程。

本章将从斜直井中连续油管的实际工况出发，充分考虑摩擦力对管柱屈曲的影响，建立管柱屈曲的力学模型。通过分析求解该理论模型，从而导出连续油管在斜直井中的屈曲控制微分方程组，并对其进行泛函分析。最后，通过对连续油管边界条件的分析，得出了边界条件对管柱正弦屈曲临界力的影响关系。这将为接下来的管柱屈曲研究奠定必要的理论基础。

2.1 杆的屈曲行为

欧拉[146]等最早对杆的屈曲行为进行较深入的研究，他们主要对杆在轴向力作用下失稳的情况进行了深入量化分析。杆的屈曲行为可以做如下定义：当作用于杆上的压力达到临界值之后，杆将会从一个直杆的平衡状态转变为具有一定弯曲度的新平衡状态。

2.1.1 轴向载荷作用下的屈曲行为

图 2-1 用一端铰支的直杆表示出了杆屈曲的基本概念。如果施加一个轴向压缩载荷在杆的中心线上，这将会出现以下两种情况。第一，随着载荷的缓慢增加，当该载荷没有达到最小的临界屈曲力时，杆将会一直保持为直线状态。然而，在既施加一定的轴向载荷，又施加一个水平横向载荷时，即便这个横向载荷很小，也会发生横向屈曲变形。第二，当没有施加横向载荷的时候，只有轴向载荷达到最小的临界屈曲载荷时，才会发生屈曲效应。这表明，杆具有两种平衡状态，一种是处于直线时，另一种则是处于一定弯曲的屈曲状态。而引起这两种行为改变的方式则有两种，一种为施加一个较大的轴向力；另一种则是施加一个接近屈曲载荷的轴力与一个横向作用力。从上述分析可以看出，研究平衡状态的关键在于计算出临界屈曲载荷。

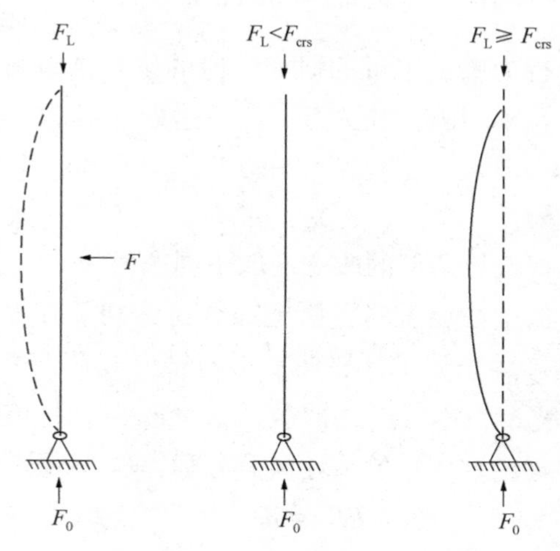

图 2-1　欧拉杆的屈曲

图 2-1 所示，在杆的轴线上施加一个轴向载荷，当达到某一临界值时，杆将会发生微小屈曲变形。另一个分析屈曲的方式是，当施加某一个偏心载荷的时候，杆将容易出现一个无限大的屈曲变形。图 2-2 就表述了一个长为 L 杆的屈曲变形曲线。其中杆的边界条件为：一端为固定状态，加载端则为自由端。当轴向载荷接近载荷 $F=\dfrac{EI\pi^2}{4L^2}$ 的时候，不管偏心距 e 为多少，所有的弹性曲线都趋于无限状态。

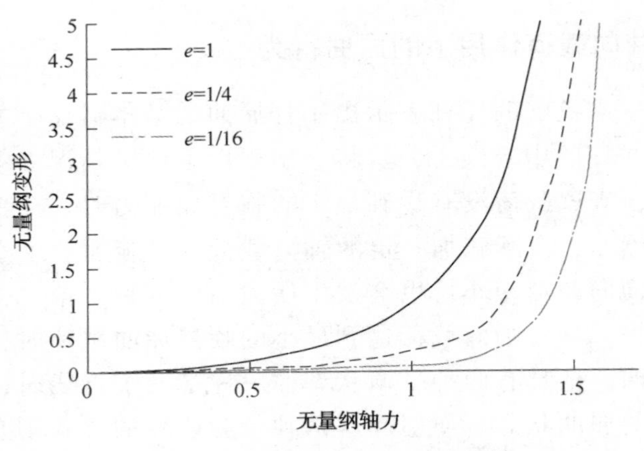

图 2-2　偏心压力作用下杆的屈曲

2.1.2　轴向载荷作用下的临界屈曲力

欧拉对经典屈曲行为做了定量的研究。他的研究结果显示，对于不同的边界条件临界屈曲值也是不同的，其关系可以表达如下：

$$F_{cr}=\frac{k\pi^2 EI}{L^2} \tag{2-1}$$

此处，参数 k 根据边界条件的改变而取不同的值，如图 2-3 所示。

当轴力施加在杆的中心位置时，所施加载荷达到了临界载荷就将发生屈曲弯曲变形。图 2-4 清晰地表述了杆屈曲变形与轴向载荷值之间的关系。当轴向载荷 $F<F_{cr}$ 时，变形量 Δ 为零。当轴向载荷 $F\geqslant F_{cr}$ 时，杆将会产生一个极大的变形。根据无穷变形理论和弯矩的线性微分方程，这变形量可以通过下式算出：

$$EIy''=M(x) \tag{2-2}$$

然而，对于某一长度的杆，当不忽略偏心距平分项的影响时，这弯矩的精确微分方程可以表述为：

$$EI\frac{\mathrm{d}\beta}{\mathrm{d}s}=M(x) \tag{2-3}$$

因此，图 2-4 中竖直的虚线将会被这实线表示的曲线代替。假设整个变形过程都处于弹性限度范围内，那么这个弹性变形量将可以用一个与轴向加载力相关的方程进行表述。

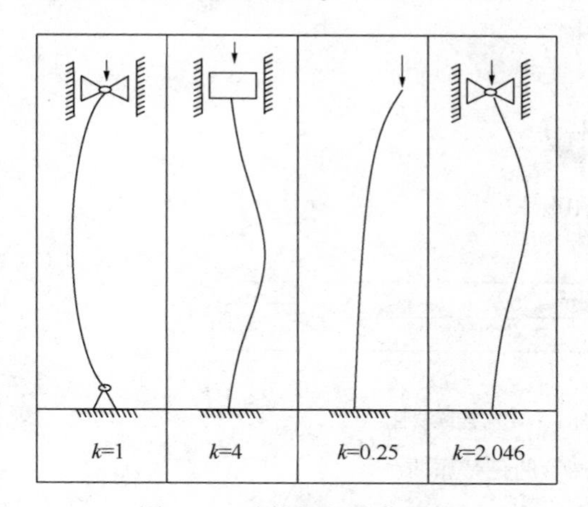

图 2-3　欧拉杆的屈曲因数

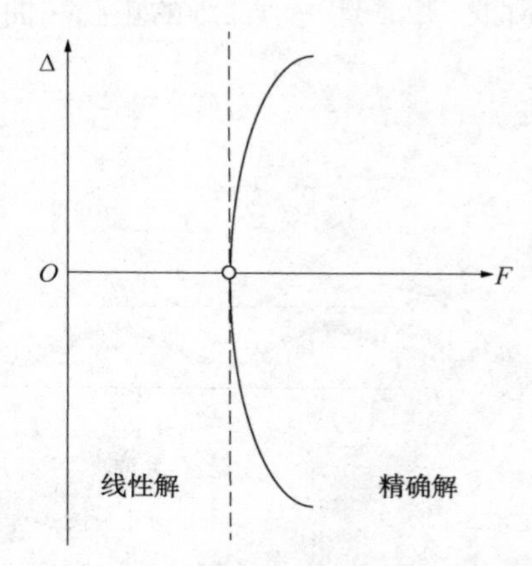

图 2-4　变形与临界屈曲力的关系示意图

2.2　直井中管柱屈曲行为

尽管已经获得了一系列的杆屈曲方面的研究结果，但是关于井中的管柱屈曲问题却知之甚少，需要做进一步的研究。这些被推出的结果却不能直接应用于石油天然气钻井过程中所遇到的井下管柱屈曲问题和降阻问题(降低管柱与井壁间的摩擦阻力)。这是由于管柱在径向约束的条件下具有不同于欧拉杆屈曲行为的边界条件。因此，对径向约束的管柱屈曲行为研究，将更能够解决我们对连续油管井下作业的屈曲行为的理解与工程实际应用。

2.2.1　水平井中管柱屈曲行为

在考虑管柱径向约束的时候，欧拉杆屈曲的结论不可直接使用。然而欧拉研究杆屈曲的方法，却可以被借鉴于研究井下管柱的屈曲行为。受水平井约束的连续油管屈曲行为与欧拉等研究者所分析的自由杆屈曲有着不一样的边界约束条件。

首先，在研究欧拉杆的屈曲行为时，杆并没有水平径向约束。因此，杆在受到轴向压力作用下，发生的屈曲行为始终处于二维平面内。然而，在水平井中的管柱则由于重力的作用平躺于井的底部。当受到轴向压力，诱发管柱的正弦屈曲时，油管将沿着井壁缓慢移动，形成三维正弦屈曲形态，如图 2-5 所示。当从水平井的正上方看时，管柱屈曲的形态近似为一个二维正弦屈曲形状。当沿井的轴线观察时，管柱则显示为一小段圆弧形态。因此，水平井中的管柱正弦屈曲，并非是一个二维的正弦屈曲结构。

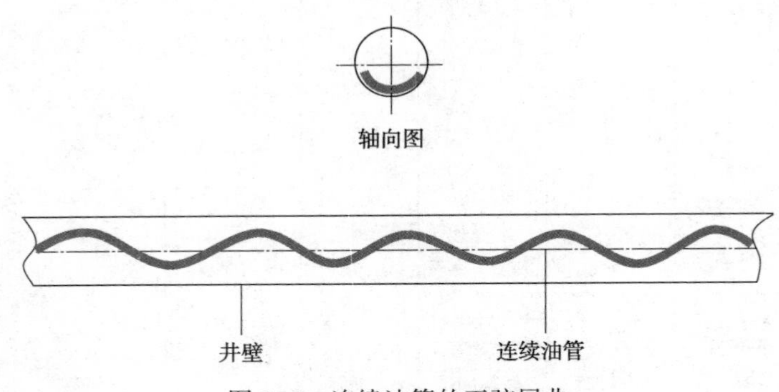

图 2-5　连续油管的正弦屈曲

其次，欧拉杆的屈曲行为总是以一阶响应的形式出现，形成一个半正弦波，如图 2-1 所示。但是，水平井中的管柱屈曲行为，则呈现高阶响应的形式，形成至少一个完整的正弦波，乃至发展为多个正弦波的屈曲形态，如图 2-5 所示。之所以出现这一区别是因为在欧拉杆的分析过程中，没有考虑水平力的作用。因此，管柱仅仅是在轴力作用下发生半正弦波的屈曲效应。然而，水平井中的管柱则受到了井壁与管之间的水平作用力和管柱自重的双重作用，所以出现了高阶响应的现象。但是，当管柱处于井眼轴线上时，研究垂直井中较短管柱的屈曲问题，其边界条件与约束条件就和欧拉杆的情况完全一致。此时，我们便可直接采用欧拉杆的研究结论。值得注意的是，井下管柱的屈曲行为并不在这一假设模型之中。当管柱屈曲时，油管在水平井的限制作用下，缓慢沿井壁向上延伸。此时的管柱自重与摩擦力则扮演着阻力的角色，作用在油管上，使管柱周期性地出现了正弦波的屈曲形态。从稳定性的角度分析，水平井中的管柱屈曲行为要比欧拉杆的屈曲更为稳定。这是由于油气井中的管柱呈现完整的正弦屈曲时，部分做功已经转化为重力势能和弹性势能，另外一部分则由摩擦力做功所耗散了。然而，欧拉杆的半正弦波屈曲行为，则将全部的能量转化为弹性势能储存。因此，欧拉杆的屈曲行为过程所呈现的总弹性势能要高于井下管柱，所以形成的屈曲形态稳定性相对较差。

第三，当欧拉杆已经诱发屈曲后，杆的屈曲形态将不会发生质的变化。仅仅是随着轴向力的增大，半正弦波的振幅变大，最终导致杆在超出其许用应力时诱发断裂现象。与此相对应的，水平井下管柱屈曲行为则完全相反。当管柱所承受的轴向力大于其螺旋屈曲临界载荷时，井下管柱将由正弦屈曲形态转变为螺旋屈曲形态，如图 2-6 所示。出现这种现象是因为油气井壁的径向约束使得三维正弦屈曲转化为三维螺旋屈曲，且处于螺旋屈曲形态下的管柱相比正弦屈曲状态下的油管而言，其具有的总势能更小，也更稳定。管柱的螺旋曲线是由初始的正弦曲线与后续变形所出现的水平井顶部附近的正弦曲线所共同组成的。因此，从井眼的轴线方向观察，管柱在井中则呈现一个紧贴井壁的环形，如图 2-6 所示。

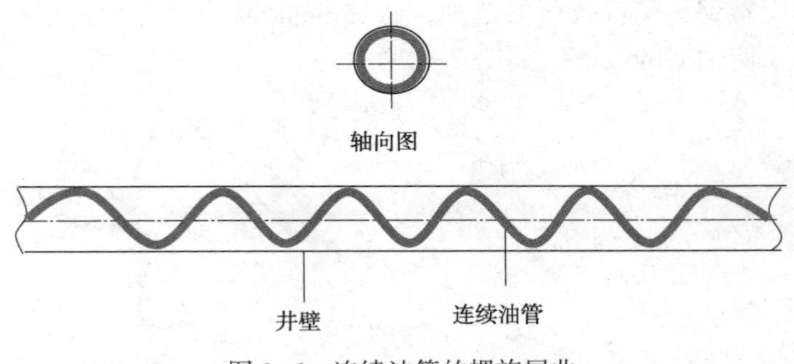

图 2-6　连续油管的螺旋屈曲

第四，由于螺旋屈曲是正弦形状屈曲变化的结果，所以对应于螺旋形成的螺旋屈曲临界载荷将明显大于正弦屈曲临界载荷。若要使管柱产生更大的屈曲变形，那么施加于管柱轴线上的作用力就必须相应的增加。这部分做功将转化为管柱的弹性势能、重力势能和摩擦力做功所产生的热能。因此，管柱即便在由正弦屈曲变化为螺旋屈曲的过程中管柱的轴向位移与周向位移是非常小的，这也需要将施加于轴线上的载荷提升到一个非常大的值，才能使得管柱进入螺旋屈曲状态。这也是一个与传统欧拉杆屈曲行为非常不同的一个方面，因为它的屈曲过程具有阶段性。这也为我们后面章节对井下管柱的屈曲行为研究，提出了分阶段研究的思路。本文将从正弦屈曲和螺旋屈曲两个变形过程来研究井下连续油管的屈曲问题。

最后，除去上述四个方面的不同之外，井下管柱的屈曲问题还将受到井下液体的密度、流体性能、管柱与井壁间的摩擦系数等一系列的影响。然而，天然气井中的连续油管则相对比较接近欧拉杆的一些边界条件。综上所述，通过井下管柱与欧拉杆的对比分析，我们已经认识了水平井中连续油管的屈曲过程，以及一些边界条件和约束条件带来的对管柱屈曲行为的影响。

2.2.2 斜井中管柱屈曲行为

通过上述对水平井中连续油管屈曲行为的分析，可知管柱的屈曲行为分为正弦屈曲与螺旋屈曲两种形式。接下来，本文将研究斜井中的管柱屈曲行为。因为这是一个直井中管柱屈曲行为的通用形式，而水平井和垂直井中的管柱屈曲仅仅是斜直井中屈曲行为的一个极端特例，即井斜角为90°和0°的情况。

受斜直井约束的管柱，由于其横向变形受约束井壁的限制，其屈曲行为与一般欧拉杆的屈曲行为有明显的不同，仅以受斜直井约束的连续油管为例：通过实验可以观察到，随着载荷的增加，管柱的屈曲构型将经历正弦屈曲、螺旋屈曲等不同平衡构型的改变，如图 2-7 所示。

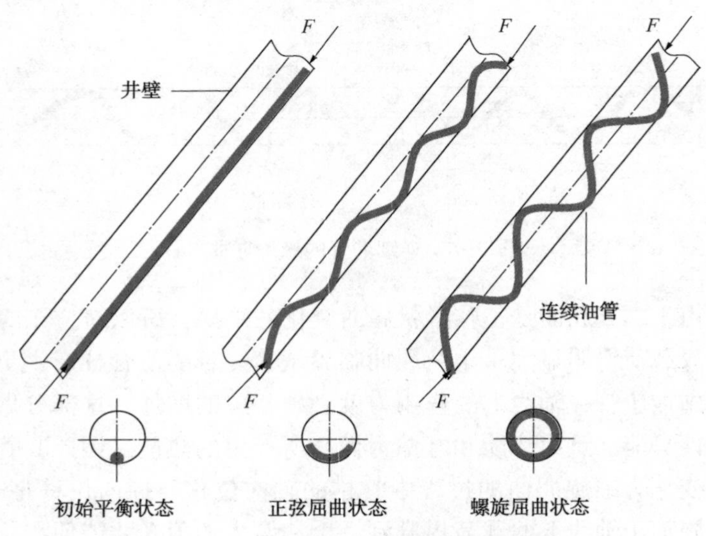

图 2-7 斜井中管柱的三种稳定平衡状态

当作用于管柱两端的载荷较小时，由于自重的作用，管柱将处于斜井的底部并保持直线平衡状态；当载荷达到某一临界值时，管柱的直线平衡形式就不再稳定，载荷的微小增加将使管柱沿约束井眼的底部屈曲成正弦形状，这时称管柱发生了正弦屈曲，管柱发生正弦屈曲后，载荷的继续增加将使管柱正弦屈曲构型的横向变形增加；但当载荷达到另一临界值时，管柱的屈曲构型将会变成螺旋形状，并与斜井的内壁保持连续接触，这时称管柱发生了螺旋屈曲，管柱发生螺旋屈曲后，若载荷继续增加将会使管柱与井壁之间的接触力激增；严重的螺旋屈曲发生后，载荷的增加与管柱和井壁之间摩阻的增加相平衡，即不能将管柱一端的载荷传递到另一端，这时便称管柱发生了“锁死”。

受斜直井约束的管柱发生屈曲之后，屈曲构型随载荷的增加而变化，除了保持稳定的正弦屈曲构型、螺旋屈曲构型及它们之间的转化外，在每种屈曲构型中管柱的模态也会随载荷的增加而变化，因此可以说受约束管柱的屈曲为复杂的多次屈曲。另外管柱的屈曲涉及管柱的三维屈曲构型、弯扭耦合作用、屈曲微分方程的强非线性、管柱与约束井壁接触和脱离、屈曲构型的跳跃性变化、摩擦与屈曲进程的耦合及管柱自重、约束井壁的形状、端部约束条件等因素的组合影响，使得问题变得非常复杂。

受圆管约束管柱(如钻柱、油管、套管和挠性油管等)的屈曲对石油工程中的诸多方面(如钻井、完井、测井、试井、压裂、封堵、采油等)都有严重的影响。钻柱的屈曲会引起钻头的偏斜，形成“狗腿”；带封隔器管柱的屈曲会引起封隔器的脱封甚至破坏。油管的屈曲增加了套管和油管的磨损，增加了能耗；特别是近几年来，水平井、大位移井及挠性油管的广泛应用，管柱经常处于后屈曲状态工作，严重的屈曲会引起管柱的破坏和管柱锁死，因而限制了连续油管的应用和大位移井的延伸，这已成为石油工程中的关键问题之一。

2.3 斜井中管柱的几何与受力分析

上一节，本文分析了水平井与斜井中管柱的屈曲形态变化过程。由于水平井中管柱的屈曲行为仅是斜直井的一种特殊情况，所以该部分将针对斜井中管柱的屈曲行为这一通用模型进行坐标系的建立和管柱受力分析方面的研究。

2.3.1 基本假设

(1) 管柱的整个变形过程都处于弹性变形范围内；

(2) 井的倾斜角与半径保持不变；

(3) 连续油管与井壁一直处于连续接触状态；

(4) 连续油管的半径保持不变；

(5) 连续油管与井眼轴线之间的间歇 r_c 是一个极小的值；

(6) 由摩擦力做功所引起的热能非常小，因此忽略该部分热能对管柱的影响。

2.3.2 坐标系的建立

本文中将采用笛卡尔坐标系、极坐标系和随动坐标系来对连续油管进行变形分析。首先，笛卡尔坐标系的坐标原点位于斜井轴线的底部。X 轴是由坐标原点指向井的底边方向的；Y 轴是垂直于 XOZ 平面向纸面里延伸的方向；Z 轴则是沿着油井的轴线方向指向井口位置方向。单位向量 $\vec{i}$、$\vec{j}$ 和 $\vec{k}$ 分别代表 X、Y 和 Z 轴的方向向量。对于极坐标的表述，我们可以用 $u(z)$、$r(z)$ 和 $\theta(z)$ 进行表示。其中，$u(z)$ 表示连续油管 O' 点处沿井轴线方向的位移量；$r(z)$ 则表示 O' 点沿井的半径方向的位移；$\theta(z)$ 表示连续油管 O' 点的周向角位移。另外，假设井的轴线与竖直方向所成的井斜角为 α。最后，采用 $e_T(z)$ 表示连续油管上随动坐标系的切线方向；$e_N(z)$ 为主法线方向的单位向量和 $e_B(z)$ 表示副法线方向的单位向量，具体如图 2-8 所示。

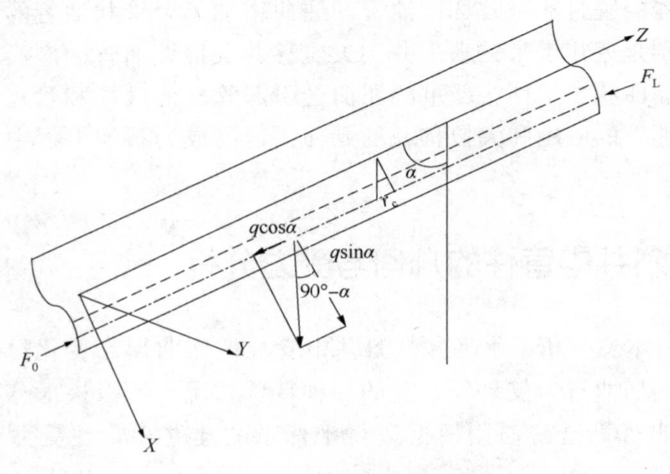

图 2-8 连续油管的坐标系统

当在连续油管的轴向位置施加一个轴向力 F，若轴力达到屈曲的临界值时，管柱将会发生一定的屈曲变形。假设连续油管与油井的井壁一直处于连续接触的状态，那么对于井底部的 A 点位置将会由于屈曲变形移动到 A' 的位置，其中 A 点位置的坐标为 $(-r_c, 0, z)$。由于轴向力使得管柱发生正弦或余弦屈曲，管柱将会产生大小为 u 的轴向位移和 θ 的周向角位移。

由于本文考虑了管柱自重的影响，且井斜角为 α，所以重力沿管柱轴线上的分量为 $q\cos\alpha$，而沿 X 轴方向的分量为 $90°-\alpha$。假设管柱在轴向力作用下诱发屈曲时，油管沿着井壁缓慢爬升，形成正弦屈曲形态。管柱屈曲后在 X 轴方向

上的位移为 $r_c\cos\theta$，在 Y 轴方向上的位移则为 $r_c\sin\theta$，具体如图 2-9 所示。

因此可采用向量 $r_A(z)$ 表示由坐标原点 O 指向 A' 的管柱位置变化关系，如下：

$$r_{A'}(z)=r_c\cos\theta\ \vec{i}+r_c\sin\theta\ \vec{j}+(z-u)\ \vec{k} \quad (2-4)$$

因为 $\dfrac{du}{dz}<<1$，所以连续油管的单位切向量 $\vec{e}_T(z)$、主法线单位向量 $\vec{e}_N(z)$ 和副法线单位向量 $\vec{e}_B(z)$ 可分别表达如下：

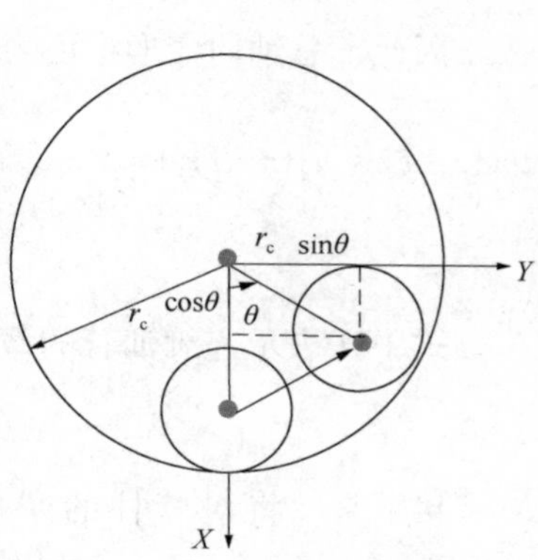

图 2-9 连续油管周向位移图

$$\vec{e}_T(z)=\frac{dr}{dz}\vec{\tau}+r\frac{d\theta}{dz}\vec{\psi}+\vec{k} \quad (2-5)$$

$$k\ \vec{e}_N(z)=\frac{de_T}{dz}=k_1\vec{\tau}+k_2\vec{\psi} \quad (2-6)$$

$$k\ \vec{e}_B(z)=-k_2\vec{\tau}+k_1\vec{\psi} \quad (2-7)$$

式中参数 $k_1=\dfrac{d^2r}{dz^2}-r\left(\dfrac{d\theta}{dz}\right)^2$，$\vec{\tau}=\cos\theta\ \vec{i}+\sin\theta\ \vec{j}$，$k_2=2\dfrac{dr}{dz}\dfrac{d\theta}{dz}+r\dfrac{d^2\theta}{dz^2}$，$k^2=k_1^2+k_2^2$，和 $\vec{\psi}=-\sin\theta\ \vec{i}+\cos\theta\ \vec{j}$。

2.3.3 管柱的受力分析

作用在斜井中连续油管上的力主要有轴向压缩力 F_L；管柱与井壁之间的接触力 N；连续油管在钻井液中的示重 q 和管柱与井壁之间的滑动摩擦力 f。其中作用在连续油管轴线上的压力 F_L 位于井口位置，由于在实际工况中，该压力主要显示为注入头对油管的注入力作用，在轴向压力 F_L 的作用下，连续油管会产生一定量的屈曲变形，这种变形主要由两部分组成。一部分是指由压力 F_L 产生的轴向弹性变形，在此用参数 $u_a(z)$ 表示。另一部分变形量却是由油管的横向弯矩或屈曲效应产生的变形，本文采用参数 $u_b(z)$ 表示。这两种变形可以分别表示如下：

$$u_a(z,\ t)=\frac{1}{EA}\int_0^z F(z,\ t)\,dz \quad (2-8)$$

$$u_b(z,\ t)=\frac{1}{2}\int_0^z\left[\left(\frac{dr}{dz}\right)^2+\left(r\frac{d\theta}{dz}\right)^2\right]dz \quad (2-9)$$

因此，总轴向变形量可表述为：

$$u(z,\ t)=u_{a}(z,\ t)+u_{b}(z,\ t)=\frac{1}{EA}\int_{0}^{z}F(z,\ t)\,dz+\frac{1}{2}\int_{0}^{z}\left[\left(\frac{dr}{dz}\right)^{2}+\left(r\frac{d\theta}{dz}\right)^{2}\right]dz \tag{2-10}$$

式中 A 表示连续油管的截面积，单位为 m^2，具体表示如下式：

$$A=\pi(R_{p}^{2}-r_{p}^{2}) \tag{2-11}$$

接下来，将对管柱的摩擦力进行详细的分析。若引入无量纲参数 $\phi=\left(\frac{q}{EIr_{c}}\right)^{0.25}$，$\xi=\phi z$ 和 $\beta=\frac{F}{2}\sqrt{\frac{r_{c}}{EIq}}$，则式(2-10)可简化为：

$$u(\xi,\ t)=\kappa_{1}r_{c}\int_{0}^{\xi}\beta(s,\ t)\,ds+\kappa_{2}r_{c}\int_{0}^{\xi}\left(\frac{d\theta}{d\xi}\right)^{2}d\xi \tag{2-12}$$

式中

$$\kappa_{1}=\frac{2I\phi}{Ar_{c}},\ \kappa_{2}=\frac{1}{2}\phi r_{c} \tag{2-13}$$

由于速度是位移函数的一阶导数，因此根据式(2-12)可得出轴向速度为：

$$v_{1}(\xi,\ t)=\kappa_{1}r_{c}\int_{0}^{\xi}\dot{\beta}(s,\ t)\,ds+2\kappa_{2}r_{c}\int_{0}^{\xi}\frac{d\dot{\theta}}{d\xi}\frac{d\theta}{d\xi}d\xi \tag{2-14}$$

与此同时，连续油管的切向速度可以表示为：

$$v_{2}(\xi,\ t)=r_{c}\dot{\theta} \tag{2-15}$$

在本文研究中，由于连续油管在轴向压力 F_{L} 的作用下是准静态过程，因此可忽略振动所带来的影响。同时，我们采用$\frac{d\theta}{d\xi}$简化表示$\frac{\partial\theta}{\partial\xi}$。那么，摩擦系数轴向分量 $f_{1}(\xi,\ t)$ 与摩擦系数切向分量 $f_{2}(\xi,\ t)$ 可以分别表示为：

$$f_{1}(\xi,\ t)=\frac{|v_{1}(\xi,\ t)|f}{\sqrt{v_{1}^{2}(\xi,\ t)+v_{2}^{2}(\xi,\ t)}} \tag{2-16}$$

$$f_{2}(\xi,\ t)=\frac{|v_{2}(\xi,\ t)|f}{\sqrt{v_{1}^{2}(\xi,\ t)+v_{2}^{2}(\xi,\ t)}} \tag{2-17}$$

式中 f 表示连续油管与井壁之间的动摩擦系数。

通过上述分析，我们已经获得了摩擦力的大小关系。接下来，文章将对摩擦力的方向做出分析与定义。假设连续油管的长度为 L，在井口位置施加轴向

载荷 F_L 时，管柱产生的单位长度接触力为 N，则接触力可以表示为：

$$\vec{N}=N\vec{p} \tag{2-18}$$

当连续油管在轴向力作用下发生屈曲效应时，管柱将会沿着井壁做周向移动。在向左或者向右移动的过程中，管柱所受的切向方向摩擦力总是与管柱的运动方向相反的。例如，当管柱由最低处沿着井壁向右边移动时，切线方向摩擦力是指向井的低边，如图 2-10(a)所示。然而，当管柱向左边移动时，切线方向摩擦力仍然是与运动方向相反，指向井的低边，如图 2-10(b)所示。假定连续油管移动到右边时，角位移 $\theta(z)$ 大于零。与此相反，当移动到左边时，取 $\theta(z)$ 小于零。对于管柱的轴向摩擦力，其方向则一直未发生任何改变，均沿着 Z 轴方向向上。综上所述，管柱的轴向摩擦力 $\vec{F}_{f_1}$ 与切线方向摩擦力可表示为：

$$\vec{F}_{f_1}=f_1N\vec{k} \tag{2-19}$$

$$\vec{F}_{f_2}=\begin{cases}-f_2N\vec{\kappa}; & 当\ \theta(z)\geqslant 0\\ f_2N\vec{\kappa}; & 当\ \theta(z)<0\end{cases} \tag{2-20}$$

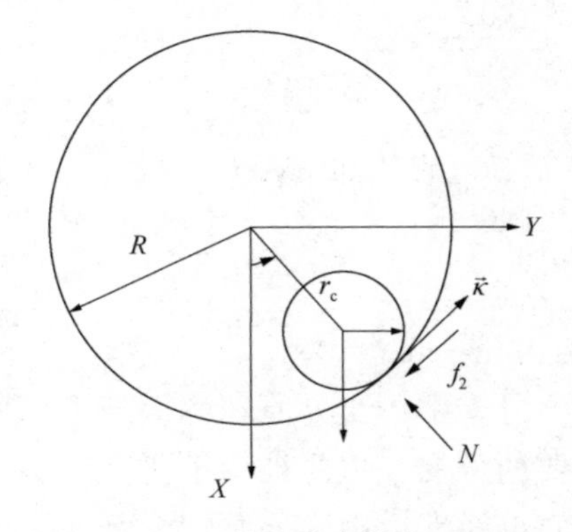

图 2-10(a)　管柱的摩擦力，$\theta(z)>0$

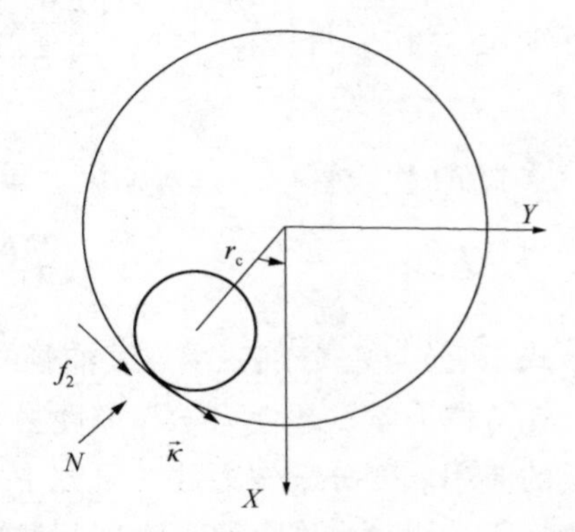

图 2-10(b)　管柱的摩擦力，$\theta(z)<0$

2.4　斜井中管柱屈曲模型的构建

由于管柱在轴力作用下产生屈曲的过程中始终满足能量守恒定律，仅是轴向力做功转化为重力势能、弹性势能与其他作用力做功。所以本节将根据能量守恒及变分原理构建斜井中管柱屈曲的控制微分方程组，并对其进行无量纲化，以便于后续的分析计算。

2.4.1 构建屈曲微分方程组

本文采用 W 表示所有作用在连续油管上的力做的功，U 则表示弹性势能。因此，当管柱在受到轴向压力后，根据能量守恒定律，其总能量 Π 可表述为：

$$\Pi = U - W \tag{2-21}$$

弹性变形能可以分为两部分，第一部分为由于轴向弹性变形所引起的弹性势能。具体表示如下：

$$U_{\mathrm{a}} = \frac{1}{2}\int_0^L \left[F(z)\ \frac{\mathrm{d}u_{\mathrm{a}}}{\mathrm{d}z} \right] \mathrm{d}z \tag{2-22}$$

第二部分是由于弹性压缩后产生的弯矩所引起的，可用下式表达：

$$\begin{aligned} U_{\mathrm{b}} = {} & \frac{EI}{2}\int_0^L k^2 \mathrm{d}z = \frac{EI}{2}\int_0^L (k_r^2 + k_\theta^2)\ \mathrm{d}z = \frac{EI}{2}\int_0^L r^2 \left[\left(\frac{\mathrm{d}^2\theta}{\mathrm{d}z^2} \right)^2 + \left(\frac{\mathrm{d}\theta}{\mathrm{d}z} \right)^4 \right] \mathrm{d}z + \\ & EI\int_0^L r\left[2\ \frac{\mathrm{d}r}{\mathrm{d}z}\ \frac{\mathrm{d}\theta}{\mathrm{d}z} \frac{\mathrm{d}^2\theta}{\mathrm{d}z^2} - \left(\frac{\mathrm{d}\theta}{\mathrm{d}z} \right)^2 \frac{\mathrm{d}^2 r}{\mathrm{d}z^2} \right] \mathrm{d}z + \\ & \frac{EI}{2}\int_0^L \left[\left(\frac{\mathrm{d}^2 r}{\mathrm{d}z^2} \right)^2 + 4\left(\frac{\mathrm{d}\theta}{\mathrm{d}z} \right)^2 \left(\frac{\mathrm{d}r}{\mathrm{d}z} \right)^2 \right] \mathrm{d}z \end{aligned} \tag{2-23}$$

式中 EI 代表管柱的抗弯刚度，单位 $\mathrm{N \cdot m^2}$。可表达如下：

$$EI = \frac{E\pi}{4}(R_{\mathrm{p}}^4 - r_{\mathrm{p}}^4) \tag{2-24}$$

式中 R_{p} 与 r_{p} 分别表示连续油管的外径与内径，m。

在流体力学、塑性力学和弹性力学等力学分支中，变分原理都得到了长期广泛的应用。变分学作为数学研究中一个重要的分支，主要被用于研究泛函的驻值问题。同时在许多数学物理问题中，我们也经常运用变分原理去解释一下物理现象。因为在一个物理问题研究中，可以通过变分建立物理性状与某种泛函之间的对应关系。简单说就是在物理系统中考虑一切可能出现的状态，并根据这些状态构建一个泛函。最后真实的物理状态即为使这些泛函获得它们各自驻值的一系列驻值条件。研究者的主要工作便是求解这些驻值条件，因为它们就是研究系统的控制方程。变分原理不但展现了数学分析上的准确可靠，而且展现了对物理问题中各变化状态的深刻解读，同时又能广泛地应用于工程实践。因此，变分原理着实代表了物理与数学的纷繁交融，以及理论与实践的完美统一。尤其是自 20 世纪 60 年代以来，有限元分析法在诸多工程领域得到广泛使用。从而使得作为有限元主要理论基础的变分原理越发受到研究者的青睐与重视，并取得了新的发展与进步。变分原理在固体力学中也得到了广泛应用，例如在一些结构计算、稳定性分析和固体受力极限分析等领域[147-153]。

对于大多数弹性力学问题而言由于其复杂的非线性关系，所以非常难求取其精确解，甚至许多问题是不可能获得准确解的。研究者尽量使构建的数学模型更接近实际问题，以便追求解的近似性。因此，对于实际工程中的弹性力学问题，求取其近似解析解便显得至关重要。变分直接解法即为求取这些数学模型近似解一种较为简便适用的方法之一。变分法的本质是将弹性力学求定解问题转化为泛函分析求极值问题，最终将问题简化为求解非常简单的线性代数方程组的解。在通过变分原理分析力学问题时，经常需要涉及相关的能量原理。若研究系统处于平衡形态，那么就需要求取系统中某一能量关系的驻值。例如，在研究管柱屈曲变形问题中，就需要使用最小势能原理[154]来求取该驻值。

变分原理的最早雏形是1662年由著名法国数学皮耶·德·费马基于几何光学中的最短时间原理[155]提出的。1687年物理学家牛顿在《自然哲学的数学原理》[156]一书中提出了力学研究中的首个变分问题。即，在"稀疏"介质中的某一转动物体若沿着其轴线方向运动，那么它所受到的阻力将会是最小的。然而，最为广大数学力学研究者熟知的变分问题则是伯努利所提出的最速降线问题[157]，且这一问题是无条件变分的。在1697年，伯努利还研究短程线问题[158]，这一问题却是有条件变分的。欧拉与拉格朗日等也对这些问题做了深入的分析研究。1744年欧拉获得了最优曲线问题[159]的解，即在某一固定长度的任意简单封闭曲线中寻求一条使所围成面积最大的曲线。因此，本文也将通过变分原理获取管柱屈曲变形过程中获得最小势能这一极值时的条件，从而获得变形控制微分方程组。

分别对式(2-22)与式(2-23)中的各项进行变分求解得：

$$\delta\int_0^L r^2\left(\frac{\mathrm{d}^2\theta}{\mathrm{d}z^2}\right)^2 dz = 2\int_0^L r\left(\frac{\mathrm{d}^2\theta}{\mathrm{d}z^2}\right)^2\delta r\mathrm{d}z + 2\int_0^L\frac{\mathrm{d}^2}{\mathrm{d}z^2}\left(r^2\frac{\mathrm{d}^2\theta}{\mathrm{d}z^2}\right)^2\delta\theta\mathrm{d}z \tag{2-25}$$

$$\delta\int_0^L r^2\left(\frac{\mathrm{d}\theta}{\mathrm{d}z}\right)^4\mathrm{d}z = 2\int_0^L r\left(\frac{\mathrm{d}\theta}{\mathrm{d}z}\right)^4\delta r\mathrm{d}z - 4\int_0^L\frac{\mathrm{d}}{\mathrm{d}z}\left[r^2\left(\frac{\mathrm{d}\theta}{\mathrm{d}z}\right)^3\right]\delta\theta\mathrm{d}z \tag{2-26}$$

$$\begin{aligned}\delta\int_0^L r\frac{\mathrm{d}r}{\mathrm{d}z}\frac{\mathrm{d}\theta}{\mathrm{d}z}\frac{\mathrm{d}^2\theta}{\mathrm{d}z^2}\mathrm{d}z = &\int_0^L\frac{\mathrm{d}r}{\mathrm{d}z}\frac{\mathrm{d}\theta}{\mathrm{d}z}\frac{\mathrm{d}^2\theta}{\mathrm{d}z^2}\delta r\mathrm{d}z - \int_0^L\frac{\mathrm{d}}{\mathrm{d}z}\left(r\frac{\mathrm{d}\theta}{\mathrm{d}z}\frac{\mathrm{d}^2\theta}{\mathrm{d}z^2}\right)\delta r\mathrm{d}z - \\ &\int_0^L\frac{\mathrm{d}}{\mathrm{d}z}\left(r\frac{\mathrm{d}r}{\mathrm{d}z}\frac{\mathrm{d}^2\theta}{\mathrm{d}z^2}\right)\delta\theta\mathrm{d}z + \int_0^L\frac{\mathrm{d}^2}{\mathrm{d}z^2}\left(r\frac{\mathrm{d}r}{\mathrm{d}z}\frac{\mathrm{d}\theta}{\mathrm{d}z}\right)\delta\theta\mathrm{d}z\end{aligned} \tag{2-27}$$

$$\delta\int_0^L r\left(\frac{\mathrm{d}\theta}{\mathrm{d}z}\right)^2\frac{\mathrm{d}^2 r}{\mathrm{d}z^2}\mathrm{d}x=\int_0^L\left(\frac{\mathrm{d}\theta}{\mathrm{d}z}\right)^2\frac{\mathrm{d}^2 r}{\mathrm{d}z^2}\delta r\mathrm{d}z+\int_0^L\frac{\mathrm{d}^2}{\mathrm{d}z^2}\left[r\left(\frac{\mathrm{d}\theta}{\mathrm{d}z}\right)^2\frac{\mathrm{d}^2 r}{\mathrm{d}z^2}\right]\delta r\mathrm{d}z-2\int_0^L\frac{\mathrm{d}}{\mathrm{d}x}\left(r\frac{\mathrm{d}\theta}{\mathrm{d}z}\frac{\mathrm{d}^2 r}{\mathrm{d}z^2}\right)\delta\theta\mathrm{d}z \tag{2-28}$$

$$\delta\int_0^L\left(\frac{\mathrm{d}^2 r}{\mathrm{d}z^2}\right)^2\mathrm{d}z=2\int_0^L\frac{\mathrm{d}^4 r}{\mathrm{d}z^4}\delta r\mathrm{d}z \tag{2-29}$$

$$\delta\int_0^L\left(\frac{\mathrm{d}\theta}{\mathrm{d}z}\right)^2\left(\frac{\mathrm{d}r}{\mathrm{d}z}\right)^2\mathrm{d}z=-2\int_0^L\frac{\mathrm{d}}{\mathrm{d}z}\left[\frac{\mathrm{d}r}{\mathrm{d}z}\left(\frac{\mathrm{d}\theta}{\mathrm{d}z}\right)^2\right]\delta r\mathrm{d}z-2\int_0^L\frac{\mathrm{d}}{\mathrm{d}z}\left[\frac{\mathrm{d}\theta}{\mathrm{d}z}\left(\frac{\mathrm{d}r}{\mathrm{d}z}\right)^2\right]\delta\theta\mathrm{d}z \tag{2-30}$$

$$\delta U_{\mathrm{b},\ \delta r}=EI\int_0^L\left[\left(\frac{\mathrm{d}\theta}{\mathrm{d}z}\right)^4-3\left(\frac{\mathrm{d}^2\theta}{\mathrm{d}z^2}\right)^2-4\frac{\mathrm{d}\theta}{\mathrm{d}z}\frac{\mathrm{d}^3\theta}{\mathrm{d}z^3}\right]r\delta r\mathrm{d}z+EI\int_0^L\left\{\frac{\mathrm{d}^4 r}{\mathrm{d}z^4}-6\frac{\mathrm{d}}{\mathrm{d}z}\left[\frac{\mathrm{d}r}{\mathrm{d}z}\left(\frac{\mathrm{d}\theta}{\mathrm{d}z}\right)^2\right]\right\}\delta r\mathrm{d}z \tag{2-31}$$

$$\delta U_{\mathrm{b},\ \delta\theta}=EI\int_0^L\left\{\frac{\mathrm{d}^4\theta}{\mathrm{d}z^4}-2\frac{\mathrm{d}}{\mathrm{d}z}\left[\left(\frac{\mathrm{d}\theta}{\mathrm{d}z}\right)^3\right]\right\}r^2\delta\theta\mathrm{d}z+4EI\int_0^L\left\{\frac{\mathrm{d}r}{\mathrm{d}z}\left[\frac{\mathrm{d}^3\theta}{\mathrm{d}z^3}-\left(\frac{\mathrm{d}\theta}{\mathrm{d}z}\right)^3\right]\right\}r\delta\theta\mathrm{d}z+4EI\int_0^L\left(\frac{\mathrm{d}^3 r}{\mathrm{d}z^3}\frac{\mathrm{d}\theta}{\mathrm{d}z}+\frac{3}{2}\frac{\mathrm{d}^2 r}{\mathrm{d}z^2}\frac{\mathrm{d}^2\theta}{\mathrm{d}z^2}\right)r\delta\theta\mathrm{d}z \tag{2-32}$$

由上述变分计算，可得弹性势能的总变分为：

$$\begin{aligned}\delta U&=\delta U_{\mathrm{a}}+\delta U_{\mathrm{b}}\\&=\int_0^L\frac{\mathrm{d}F(z)}{\mathrm{d}z}\delta U_{\mathrm{a}}(z)\mathrm{d}z+EI\int_0^L\left[\left(\frac{\mathrm{d}\theta}{\mathrm{d}z}\right)^4-3\left(\frac{\mathrm{d}^2\theta}{\mathrm{d}z^2}\right)^2-4\frac{\mathrm{d}\theta}{\mathrm{d}z}\frac{\mathrm{d}^3\theta}{\mathrm{d}z^3}\right]r\delta r\mathrm{d}z+\\&\quad EI\int_0^L\left\{\frac{\mathrm{d}^4 r}{\mathrm{d}z^4}-6\frac{\mathrm{d}}{\mathrm{d}z}\left[\frac{\mathrm{d}r}{\mathrm{d}z}\left(\frac{\mathrm{d}\theta}{\mathrm{d}z}\right)^2\right]\right\}\delta r\mathrm{d}z+EI\int_0^L\left\{\frac{\mathrm{d}^4\theta}{\mathrm{d}z^4}-2\frac{\mathrm{d}}{\mathrm{d}z}\left[\left(\frac{\mathrm{d}\theta}{\mathrm{d}z}\right)^3\right]\right\}r^2\delta\theta\mathrm{d}z+\\&\quad 4EI\int_0^L\left(\frac{\mathrm{d}^3 r}{\mathrm{d}z^3}\frac{\mathrm{d}\theta}{\mathrm{d}z}+\frac{3}{2}\frac{\mathrm{d}^2 r}{\mathrm{d}z^2}\frac{\mathrm{d}^2\theta}{\mathrm{d}z^2}\right)r\delta\theta\mathrm{d}z+4EI\int_0^L\left\{\frac{\mathrm{d}r}{\mathrm{d}z}\left[\frac{\mathrm{d}^3\theta}{\mathrm{d}z^3}-\left(\frac{\mathrm{d}\theta}{\mathrm{d}z}\right)^3\right]\right\}r\delta\theta\mathrm{d}z\end{aligned} \tag{2-33}$$

分析完弹性势能，接下来对轴向力做功进行分析。本文将对作用于管柱上

的各力分解在 X、Y 和 Z 三轴上进行分析，因为这样既简便又清晰。

(1) X 方向上的轴向力做功

作用在 X 方向上的力主要有：重力在 X 方向上的分力和接触力。其做功分别采用 W_{G_2} 与 W_N 表述，其具体表达式为：

$$W_{G_2} = -\int_0^L q\sin\alpha(r_c - r\cos\theta)\,dz \tag{2-34}$$

$$W_N = -\int_0^L N(r_c - r\cos\theta)\,dz \tag{2-35}$$

对其分别求变分，可得：

$$\delta W_{G_2} = q\sin\alpha\int_0^L \cos\theta\delta r dz - q\sin\alpha\int_0^L r\sin\theta\delta\theta dz \tag{2-36}$$

$$\delta W_N = -\int_0^L N\delta r dz \tag{2-37}$$

(2) Y 轴上力的做功

分解在 Y 轴方向上的力仅有切向摩擦力一项，文中采用 W_{f_2} 表示其所做的功。具体表达式如下：

$$W_{f_2} = -\int_{\theta(z)<0}\int_0^{|\theta(z)|} f_2 Nr d\varphi dz - \int_{\theta(z)>0}\int_0^{\theta(z)} f_2 Nr d\varphi dz = -\int_0^L \text{sign}(\theta)\int_0^{\theta(z)} f_2 Nr d\varphi dz \tag{2-38}$$

对其求变分，可得：

$$\delta W_{f_2} = -\int_0^L f_2 Nr\,\text{sign}(\theta)\,\delta\theta dz \tag{2-39}$$

(3) Z 轴上力的做功

对于分解在 Z 轴方向上的轴力，主要会引起两种位移。其一是弹性变形位移 $u_a(z)$，另一种是由屈曲引起的变形 $u_b(z)$。本文采用 $W_{Fz,a}$ 和 $W_{Fz,b}$ 分别代表在 Z 轴方向的力所做的功。其中 $W_{Fz,a}$ 所引起的弹性变形位移为 $u_a(z)$，而 $W_{Fz,b}$ 所产生的屈曲变形位移为 $u_b(z)$。具体表达式为：

$$W_{Fz} = W_{Fz,a} + W_{Fz,b} \tag{2-40}$$

$$W_{Fz,a} = \int_0^{u_a(L)} F_L du_a(L) - \int_0^L\int_0^{u_a(z)} f_1(z)N(z)\,du_a(z)\,dz + \int_0^L\int_0^{u_a(z)} q\cos\alpha du_a(z)\,dz \tag{2-41}$$

$$W_{Fz,\ b} = \int_0^{u_b(L)} F_L \mathrm{d}u_b(L) - \int_0^L \int_0^{u_b(z)} f_1(z) N(z) \mathrm{d}u_a(z) \mathrm{d}z + \int_0^L \int_0^{u_b(z)} q\cos\alpha \mathrm{d}u_a(z) \mathrm{d}z \tag{2-42}$$

式中 F_L 表示作用在连续油管轴线上的加载载荷。对上述两种轴功求其变分，可得：

$$\delta W_{Fz,\ a} = F_L \delta u_a(L) - \int_0^L f_1(z) N(z) \delta u_a(z) \mathrm{d}z + \int_0^L q\cos\alpha \delta u_a(z) \mathrm{d}z \tag{2-43}$$

$$\delta W_{Fz,\ b} = F_L \delta u_b(L) - \int_0^L f_1(z) N(z) \int_0^z \delta\left[\frac{\mathrm{d}u_b(z)}{\mathrm{d}z}\right] \mathrm{d}z\mathrm{d}z + \int_0^L q\cos\alpha \int_0^z \delta\left[\frac{\mathrm{d}u_b(z)}{\mathrm{d}z}\right] \mathrm{d}z\mathrm{d}z \tag{2-44}$$

根据下列积分变换次序的关系，我们可以对 x 与 s 的积分次序进行互换。

$$\int_0^L H(x) \int_0^x G(s)\ \mathrm{d}s\mathrm{d}x = \int_0^L \int_0^x H(x) G(s)\ \mathrm{d}s\mathrm{d}x = \int_0^L \int_s^L H(x) G(s)\ \mathrm{d}x\mathrm{d}s = \int_0^L G(s) \int_s^L H(x) \mathrm{d}x\mathrm{d}s \tag{2-45}$$

因此，式(2-44)可以简化为：

$$\delta W_{Fz,\ b} = \int_0^L \left[F_L - \int_z^L (f_1 N - q\cos\alpha) \mathrm{d}z\right] \delta\left[\frac{\mathrm{d}u_b(z)}{\mathrm{d}z}\right] \mathrm{d}z = \int_0^L F(z) \delta\left[\frac{\mathrm{d}u_b(z)}{\mathrm{d}z}\right] \mathrm{d}z \tag{2-46}$$

式中 $F(z)$ 为管柱在任意位置的轴向力，其具体表达式为：

$$F(z) = F_L - \int_z^L [f_1(z) N(z) - q\cos\alpha] \mathrm{d}z \tag{2-47}$$

$u_b(z)$ 主要表示由弯矩或屈曲所引起的 Z 轴方向位移，它的一阶导数为：

$$\frac{\mathrm{d}u_b(z)}{\mathrm{d}z} = \frac{1}{2}\left[\left(\frac{\mathrm{d}r}{\mathrm{d}z}\right)^2 + r^2(z)\left(\frac{\mathrm{d}\theta}{\mathrm{d}z}\right)^2\right] \tag{2-48}$$

对式(2-48)求其变分得：

$$\delta\left[\frac{\mathrm{d}u_b(z)}{\mathrm{d}z}\right] = \frac{\mathrm{d}r}{\mathrm{d}z}\delta\left(\frac{\mathrm{d}r}{\mathrm{d}z}\right) + r\delta r\left(\frac{\mathrm{d}\theta}{\mathrm{d}z}\right)^2 + r^2 \frac{\mathrm{d}\theta}{\mathrm{d}z}\delta\left(\frac{\mathrm{d}\theta}{\mathrm{d}z}\right) \tag{2-49}$$

根据式(2-46)与式(2-49)可得：

$$\delta W_{Fz,\ \mathrm{b}} = \int_0^L F(z)\delta\left[\frac{\mathrm{d}u_{\mathrm{b}}(z)}{\mathrm{d}z}\right]\mathrm{d}z$$

$$= \int_0^L -\frac{\mathrm{d}}{\mathrm{d}z}\left(Fr^2\frac{\mathrm{d}\theta}{\mathrm{d}z}\right)\delta\theta\mathrm{d}z + \int_0^L Fr\left(\frac{\mathrm{d}\theta}{\mathrm{d}z}\right)^2\delta r\mathrm{d}z + \int_0^L -\frac{\mathrm{d}}{\mathrm{d}z}\left(F\frac{\mathrm{d}r}{\mathrm{d}z}\right)\delta r\mathrm{d}z \tag{2-50}$$

当连续油管的轴线与井眼轴线的距离 r 小于 r_{c} 时，这意味着连续油管与井壁未产生接触，因此管柱与井壁之间的接触力 $N(z)$ 将为零。仅当井眼轴线的距离 r 等于 r_{c} 时，接触力 $N(z)$ 才会大于等于零。本文假设管柱与井壁是连续接触的，因此管柱与井眼轴线间的距离 r 大小一直等于 r_{c}。由此上述计算弹性势能与各种加载于连续油管的力做功时，其中$\frac{\mathrm{d}r}{\mathrm{d}z}$项将变为$\frac{\mathrm{d}r_{\mathrm{c}}}{\mathrm{d}z}$。当给定一组连续油管尺寸与井眼大小后，那么两轴线间的距离 r_{c} 将变为一个常数，所以$\frac{\mathrm{d}r_{\mathrm{c}}}{\mathrm{d}z}$将等于零。根据上述分析，去掉弹性势能 U 与各项力所做的功 W 中的$\frac{\mathrm{d}r}{\mathrm{d}z}$项后，总能量 Π 可表示为：

$$\Pi = U - W$$

$$= \frac{EIr_{\mathrm{c}}^2}{2}\int_0^L\left[\left(\frac{\mathrm{d}^2\theta}{\mathrm{d}z^2}\right)^2 + \left(\frac{\mathrm{d}\theta}{\mathrm{d}z}\right)^4\right]\mathrm{d}z - \int_0^{u_{\mathrm{b}}(L)} F_{\mathrm{L}}\mathrm{d}u_{\mathrm{b}}(L) + \int_0^L\int_0^{u_{\mathrm{b}}(z)} f_1(z)N(z)\mathrm{d}u_{\mathrm{a}}(z)\mathrm{d}z -$$

$$\int_0^L\int_0^{u_{\mathrm{b}}(z)} q\cos\alpha\mathrm{d}u_{\mathrm{a}}(z)\mathrm{d}z + q\sin\alpha r_{\mathrm{c}}\int_0^L(1-\cos\theta)\mathrm{d}z + \int_0^L\mathrm{sign}(\theta)\int_0^{\theta(z)} f_2Nr_{\mathrm{c}}\mathrm{d}\varphi\mathrm{d}z \tag{2-51}$$

假设在井口的加载端施加于连续油管的轴向力 F_{L} 为一常数，那么系统的总能量表达式(2-51)可简化为：

$$\Pi = \frac{EIr_{\mathrm{c}}^2}{2}\int_0^L\left[\left(\frac{\mathrm{d}^2\theta}{\mathrm{d}z^2}\right)^2 + \left(\frac{\mathrm{d}\theta}{\mathrm{d}z}\right)^4\right]\mathrm{d}z - \frac{r_{\mathrm{c}}^2}{2}\int_0^L F(z)\left(\frac{\mathrm{d}\theta}{\mathrm{d}z}\right)^2\mathrm{d}z - \tag{2-52}$$

$$r_{\mathrm{c}}q\sin\alpha\int_0^L(\cos\theta-1)\mathrm{d}z + r_{\mathrm{c}}\int_0^L\mathrm{sign}(\theta)\int_0^{\theta(z)} f_2N\mathrm{d}\varphi\mathrm{d}z$$

根据变分原理，当屈曲的连续油管由一个位置移动到另一个变形位置时，所有外力做的功将转变为弹性势能，所以总能量的变分 $\delta\Pi=0$。由上述各式的变分计算，可得出总的弹性势能与所有外力做功及其变分。因此，对于总能量的变分可表示为：

$$\delta\Pi=\delta U-\delta W \tag{2-53}$$

根据变分原理，对 $\delta\Pi$ 分别求出其 $\delta u_{a}(z)$、δr 和 $\delta\theta$ 三项表达式为：

$$\int_0^L \frac{\mathrm{d}F(z)}{\mathrm{d}z}\delta u_{a}(z)\,\mathrm{d}z-\int_0^L f_1(z)N(z)\delta u_{a}(z)\,\mathrm{d}z+\int_0^L q\cos\alpha\delta u_{a}(z)\,\mathrm{d}z=0 \tag{2-54}$$

$$EI\int_0^L\left[\left(\frac{\mathrm{d}\theta}{\mathrm{d}z}\right)^4-3\left(\frac{\mathrm{d}^2\theta}{\mathrm{d}z^2}\right)^2-4\frac{\mathrm{d}\theta}{\mathrm{d}z}\frac{\mathrm{d}^3\theta}{\mathrm{d}z^3}\right]r\delta r\mathrm{d}z+$$

$$EI\int_0^L\left\{\frac{\mathrm{d}^4r}{\mathrm{d}z^4}-6\frac{\mathrm{d}}{\mathrm{d}z}\left[\frac{\mathrm{d}r}{\mathrm{d}z}\left(\frac{\mathrm{d}\theta}{\mathrm{d}z}\right)^2\right]\right\}\delta r\mathrm{d}z-q\sin\alpha\int_0^L\cos\theta\delta r\mathrm{d}z+$$

$$\int_0^L N\delta r\mathrm{d}z-\int_0^L-\frac{\mathrm{d}}{\mathrm{d}z}\left(F\frac{\mathrm{d}r}{\mathrm{d}z}\right)\delta r\mathrm{d}z-\int_0^L Fr\left(\frac{\mathrm{d}\theta}{\mathrm{d}z}\right)^2\delta r\mathrm{d}z=0 \tag{2-55}$$

$$EI\int_0^L\left\{\frac{\mathrm{d}^4\theta}{\mathrm{d}z^4}-2\frac{\mathrm{d}}{\mathrm{d}z}\left[\left(\frac{\mathrm{d}\theta}{\mathrm{d}z}\right)^3\right]\right\}r^2\delta\theta\mathrm{d}z+\int_0^L\frac{\mathrm{d}}{\mathrm{d}z}\left(Fr^2\frac{\mathrm{d}\theta}{\mathrm{d}z}\right)\delta\theta\mathrm{d}z+\int_0^L f_2Nr\mathrm{sign}(\theta)\,\delta\theta\mathrm{d}z+$$

$$4EI\int_0^L\left\{\frac{\mathrm{d}r}{\mathrm{d}z}\left[\frac{\mathrm{d}^3\theta}{\mathrm{d}z^3}-\left(\frac{\mathrm{d}\theta}{\mathrm{d}z}\right)^3\right]\right\}r\delta\theta\mathrm{d}z+q\sin\alpha\int_0^L r\sin\theta\delta\theta\mathrm{d}z+$$

$$4EI\int_0^L\left(\frac{\mathrm{d}^3r}{\mathrm{d}z^3}\frac{\mathrm{d}\theta}{\mathrm{d}z}+\frac{3}{2}\frac{\mathrm{d}^2r}{\mathrm{d}z^2}\frac{\mathrm{d}^2\theta}{\mathrm{d}z^2}\right)r\delta\theta\mathrm{d}z=0 \tag{2-56}$$

由于 $\delta u_{a}(z)$、δr 和 $\delta\theta$ 三项变分均不可能等于零，所以式(2-54)、式(2-55)和式(2-56)必须满足下列关系：

$$\frac{\mathrm{d}F(z)}{\mathrm{d}z}=f_1(z)N(z)-q\cos\alpha \tag{2-57}$$

$$N=EIr_{c}\left[3\left(\frac{\mathrm{d}^2\theta}{\mathrm{d}z^2}\right)^2+4\frac{\mathrm{d}\theta}{\mathrm{d}z}\frac{\mathrm{d}^3\theta}{\mathrm{d}z^3}-\left(\frac{\mathrm{d}\theta}{\mathrm{d}z}\right)^4\right]+q\sin\alpha\cos\theta+Fr_{c}\left(\frac{\mathrm{d}\theta}{\mathrm{d}z}\right)^2 \tag{2-58}$$

$$EIr_{c}^2\frac{\mathrm{d}^4\theta}{\mathrm{d}z^4}-6EIr_{c}^2\left(\frac{\mathrm{d}\theta}{\mathrm{d}z}\right)^2\frac{\mathrm{d}^2\theta}{\mathrm{d}z^2}+r_{c}^2\frac{\mathrm{d}}{\mathrm{d}z}\left(F\frac{\mathrm{d}\theta}{\mathrm{d}z}\right)+q\sin\alpha r_{c}\sin\theta+f_2Nr_{c}\mathrm{sign}(\theta)=0 \tag{2-59}$$

由此便得出了管柱的屈曲方程组。该分析模型是考虑了摩擦力对屈曲的影响的，因此可以看到式(2-57)与式(2-59)两式中均含有参数 f。当忽略摩擦力的影响时，屈曲方程组将变为：

$$\frac{\mathrm{d}F(z)}{\mathrm{d}z}=f_1(z)N(z)-q\cos\alpha \tag{2-60}$$

$$N=EIr_{c}\left[3\left(\frac{\mathrm{d}^2\theta}{\mathrm{d}z^2}\right)^2+4\frac{\mathrm{d}\theta}{\mathrm{d}z}\frac{\mathrm{d}^3\theta}{\mathrm{d}z^3}-\left(\frac{\mathrm{d}\theta}{\mathrm{d}z}\right)^4\right]+q\sin\alpha\cos\theta+Fr_{c}\left(\frac{\mathrm{d}\theta}{\mathrm{d}z}\right)^2 \tag{2-61}$$

$$EIr_c^2\frac{d^4\theta}{dz^4}-6EIr_c^2\left(\frac{d\theta}{dz}\right)^2\frac{d^2\theta}{dz^2}+r_c^2\frac{d}{dz}\left(F\frac{d\theta}{dz}\right)+q\sin\alpha r_c\sin\theta=0 \tag{2-62}$$

当忽略摩擦力对屈曲的影响时 $f=0$，得出的屈曲方程组与 R. F. Mitchell 所推导出的结果完全一致。由此，也证明了本文在考虑摩擦力的情况下，对连续油管屈曲分析的建模是正确的。

2.4.2 无量纲化屈曲微分方程组

由于上述的屈曲方程属于强非线性性质，因此为简化方程结构，引入下列无量纲参数：无量纲长度 $\zeta=\mu z$；无量纲轴向载荷 $m=\dfrac{q\sin\alpha}{EIr_c\mu^4}$；无量纲接触力 $n=\dfrac{N}{EIr_c\mu^4}$；无量纲总能量 $\Omega=\dfrac{\Pi}{r_c q\sin\alpha L}$和中间参数 $\mu=\sqrt{\dfrac{F}{2EI}}$。根据这些引入的无量纲参数，屈曲方程组式(2-57)、式(2-58)和式(2-59)可无量纲化为：

$$\frac{1}{m}\frac{dm}{d\zeta}=\mu f_1 nr_c-\mu m\cot\alpha \tag{2-63}$$

$$n=3\left(\frac{d^2\theta}{d\zeta^2}\right)^2+4\frac{d\theta}{d\zeta}\frac{d^3\theta}{d\zeta^3}-\left(\frac{d\theta}{d\zeta}\right)^4+m\cos\theta+2\left(\frac{d\theta}{d\zeta}\right)^2 \tag{2-64}$$

$$\frac{d^4\theta}{d\zeta^4}-6\left(\frac{d\theta}{d\zeta}\right)^2\frac{d^2\theta}{d\zeta^2}+2\frac{d^2\theta}{d\zeta^2}+m\sin\theta+f_2 n\,\mathrm{sign}(\theta)=0 \tag{2-65}$$

总能量方程(2-52)可无量纲化为：

$$\Omega=\frac{1}{\zeta_L}\frac{1}{2m}\int_0^{\zeta_L}\left[\left(\frac{d^2\theta}{d\zeta^2}\right)^2+\left(\frac{d\theta}{d\zeta}\right)^4-2\left(\frac{d\theta}{d\zeta}\right)^2\right]d\zeta+\frac{1}{\zeta_L}\frac{1}{m}\int_0^{\zeta_L}\mathrm{sign}(\theta)\int_0^{\theta(\zeta)}f_2 n\,d\theta d\zeta+\frac{1}{\zeta_L}\int_0^{\zeta_L}(1-\cos\theta)\,d\zeta \tag{2-66}$$

2.5 边界条件对临界屈曲载荷的影响

通过上一节的分析，推导出了管柱屈曲变形的控制微分方程组，清晰地表示了管柱在变形过程中的本构关系。对于式(2-63)、式(2-64)和式(2-65)所给出的无量纲化屈曲微分方程组，即使在不考虑边界条件的情况下，仍然可以解耦求出其临界屈曲力。然而这明显跟工程实际情况不相符合，所以本书接下来将对斜直井中管柱的三种不同边界条件对其临界屈曲载荷的影响作出量化分析。这三种边界条件分别是：两端均为铰支约束、一端为固定端约束另一端为铰支端约束和两端均为固定端约束。

当研究边界条件对管柱临界屈曲载荷的影响时，则可忽略摩擦力对它的影响，因此方程(2-65)可简化为：

$$\frac{d^4\theta}{d\zeta^4}-6\left(\frac{d\theta}{d\zeta}\right)^2\frac{d^2\theta}{d\zeta^2}+2\frac{d^2\theta}{d\zeta^2}+m\sin\theta=0 \tag{2-67}$$

对于较小的角位移 θ，可简化为 $\sin\theta\approx\theta$，所以方程(2-67)可线性化表达为：

$$\frac{d^4\theta}{d\zeta^4}+2\frac{d^2\theta}{d\zeta^2}+m\theta=0 \tag{2-68}$$

设方程(2-68)解的形式为：

$$\theta(\zeta)=A_1\sin(B_1\zeta)+A_2\cos(B_1\zeta)+A_3\sin(B_2\zeta)+A_4\cos(B_2\zeta) \tag{2-69}$$

式中各参数为 $B_1=\sqrt{1-\sqrt{1-m}}$，$B_2=\sqrt{1+\sqrt{1-m}}$，和 $m=1-\frac{(B_2^2-B_1^2)^2}{4}$。

通过施加一定的边界条件，将解得形式方程(2-69)代入到屈曲方程(2-68)中即可求得在不同约束条件下连续油管的角位移值。根据连续油管的现场工况，可将管柱简化为两端铰支约束的边界条件。对于两端均为铰支的边界条件可表述为：

$$\left.\frac{d^2\theta}{d\zeta^2}\right|_{\zeta=0}=0,\ \theta(0)=0,\ \left.\frac{d^2\theta}{d\zeta^2}\right|_{\zeta=\zeta_L}=0,\ \theta(\zeta_L)=0 \tag{2-70}$$

将式(2-69)代入上式，即可获得该边界条件下各参数分别满足如下关系：$A_2=0$，$A_4=0$，$A_1\sin(B_1\zeta_L)+A_3\sin(B_2\zeta_L)=0$ 和 $A_1B_1^2\sin(B_1\zeta_L)+A_3B_2^2\sin(B_2\zeta_L)=0$。因此该解必须满足下列条件，所设解的形式才完全满足边界条件：

$$\begin{vmatrix}\sin(B_1\zeta_L) & \sin(B_2\zeta_L)\\ B_1^2\sin(B_1\zeta_L) & B_2^2\sin(B_2\zeta_L)\end{vmatrix}=0 \tag{2-71}$$

分析上面的行列式可得：仅当 $\sin(B_1\zeta_L)=0$ 或 $\sin(B_2\zeta_L)=0$ 时，式(2-71)才能成立。若必须使这两式的正弦值为零，则可得：

$$B_1=\frac{k\pi}{\zeta_L},\ B_2=\frac{\zeta_L}{k\pi}\sqrt{m} \tag{2-72}$$

将式(2-72)代入 $m=1-\frac{(B_2^2-B_1^2)^2}{4}$，则可获得正弦屈曲的无量纲临界载荷值为：

$$m_{crs}=2\frac{k^2\pi^2}{\zeta_L^2}-\frac{k^4\pi^4}{\zeta_L^4} \tag{2-73}$$

通过对其无量纲临界屈曲载荷表达式的力学参数还原，可导出管柱在正弦屈曲状态诱发时所需的最小临界载荷值，具体可表示为：

$$F_{\mathrm{crs}}=EI\left(\frac{\pi}{L}\right)^2\left[k^2+\frac{1}{k^2}\,\frac{q\sin\alpha}{EIr_{\mathrm{c}}}\left(\frac{L}{\pi}\right)^4\right] \tag{2-74}$$

式中整数 k 表示连续油管在屈曲过程中所产生的正弦半波数量。当研究对象为水平井时，即井斜角 $\alpha=0$，方程(2-74)将与 Paslay 在 1964 年所推导出的结果完全一致。通过对比分析可以看出，在不考虑摩擦力影响时，管柱在水平井中的屈曲行为和某一井斜角中的屈曲临界值之间，仅仅是重力分量上的区别，其他影响因素的作用相同。此外，本文结果也与 Paslay 等的研究结果形成了相互印证。

与此相似，当连续油管一端为固支端约束另一端为铰支端约束时，管柱的边界条件可表示如下：

$$\left.\frac{\mathrm{d}^2\theta}{\mathrm{d}\zeta^2}\right|_{\zeta=0}=0,\ \theta(0)=0,\ \left.\frac{\mathrm{d}\theta}{\mathrm{d}\zeta}\right|_{\zeta=\zeta_{\mathrm{L}}}=0,\ \theta(\zeta_{\mathrm{L}})=0 \tag{2-75}$$

同理，将式(2-69)代入式(2-75)可得所设管柱角位移变形的各参数关系为 $A_2=0$，$A_4=0$ 和

$$\begin{vmatrix} \sin(B_1\zeta_{\mathrm{L}}) & \sin(B_2\zeta_{\mathrm{L}}) \\ B_1\cos(B_1\zeta_{\mathrm{L}}) & B_2\cos(B_2\zeta_{\mathrm{L}}) \end{vmatrix}=0 \tag{2-76}$$

对于管柱两端均为固定端约束时，其边界条件为：

$$\left.\frac{\mathrm{d}\theta}{\mathrm{d}\zeta}\right|_{\zeta=0}=0,\ \theta(0)=0,\ \left.\frac{\mathrm{d}\theta}{\mathrm{d}\zeta}\right|_{\zeta=\zeta_{\mathrm{L}}}=0,\ \theta(\zeta_{\mathrm{L}})=0 \tag{2-77}$$

将管柱角位移所设解得形式方程(2-69)代入式(2-77)，若要获得一个角位移的非零解，必须满足如下关系：

$$\begin{vmatrix} 0 & 1 & 0 & 1 \\ B_1 & 0 & B_2 & 0 \\ \sin(B_1\zeta_{\mathrm{L}}) & \cos(B_1\zeta_{\mathrm{L}}) & \sin(B_2\zeta_{\mathrm{L}}) & \cos(B_2\zeta_{\mathrm{L}}) \\ B_1\cos(B_1\zeta_{\mathrm{L}}) & -B_1\sin(B_1\zeta_{\mathrm{L}}) & B_2\cos(B_2\zeta_{\mathrm{L}}) & -B_2\sin(B_2\zeta_{\mathrm{L}}) \end{vmatrix}=0 \tag{2-78}$$

根据上述讨论的三种不同的边界条件，可求出在不考虑摩擦力影响的情况下，连续油管的正弦屈曲临界值。图 2-11 便清晰地表达了这三种不同边界条件下，管柱无量纲正弦屈曲临界力 m_{crs} 与油管无量纲长度 ζ_{L} 之间的变化关系。

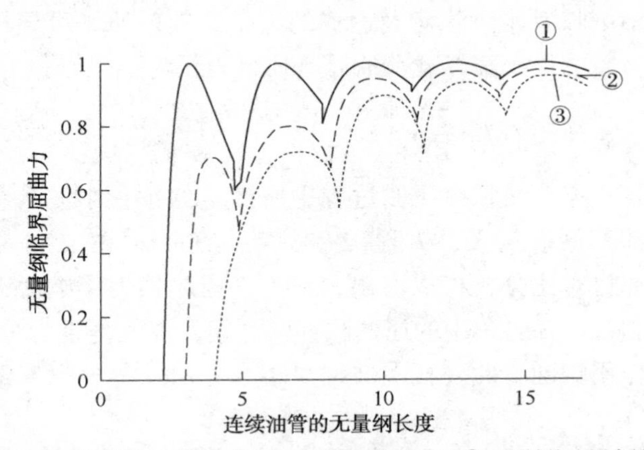

①—两端均为铰支约束；②—固定端与铰支约束；③—两端均为固定端约束

图 2-11 不同边界条件下的无量纲临界屈曲力

首先，我们分析两端均为铰支约束这一类边界条件。观察图 2-11 中的曲线①可知，随着油管无量纲长度的增加，管柱正弦屈曲临界力 m_{crs} 在不断地振荡中逐渐稳定，并趋近于一个稳定的常数 1。之所以出现振荡的原因是由于油管在由直线形态进入正弦屈曲形态的时候，它是以正弦波的形式完成的；从而在图中显示出来的振荡周期均为 π。从无量纲临界屈曲力的振荡幅度来分析，其幅度值越来越小。这说明在较短的管柱长度时，临界屈曲载荷更容易受到管柱变形过程中正弦波数的影响。简而言之，在较小的油管长度下，正弦波数目的激变将明显引起轴力的变化。而对于一个较长的油管柱而言，随着轴力的增大，正弦波数目增多一个对轴力的波动影响却相对较小。接下来，我们将分析管柱无量纲长度为 2 至 3 这一段的临界屈曲力。从右向左分析这一段曲线①，可以发现随着管柱的长度越来越短，要使得油管诱发正弦屈曲的无量纲临界屈曲力则是越来越小。值得注意的是，无量纲临界力 m_{crs} 与临界屈曲载荷 F_{crs} 之间的关系是呈反比的。所以随着管柱长度的减小，临界屈曲载荷 F_{crs} 急剧上升直至无穷大。出现这一现象的原因是在于管柱长度非常小的时候，受压作用下的油管很难再出现正弦屈曲，所以理论显示需要无穷大的力迫使管柱出现微弱的弯曲变形。在实际工况中，长度非常小的管柱受压时出现的弯曲变形，我们的肉眼几乎观察不到，而是直接出现压裂破坏。

其次，分析管柱一端为固定端约束而另一端为铰支约束这一类边界条件。与管柱两端均为铰支约束这一情况相似，无量纲正弦屈曲临界力也是在不断的振荡过程中逐渐趋近于常数 1。并且，无量纲临界力的振荡周期大致为 π。力的振幅也变得越来越小，最后随着管柱长度的增大而趋于稳定值。相比较两端均为铰支约束这一类边界条件而言，一端为固定端约束的管柱在管柱长度较小时，无量纲临界力离它最终趋于平衡的值相对较远。这一点在两端均为固定端约束这一情况下更为明显。这是否说明固定端约束对正弦波的形成具有某一类的影响，还有待做进一步的研究。当两端均为固定端约束时，无量纲临界力仍然是在不断地振荡过程中逐渐趋近于常数 1。

最后，通过对比这三种不同边界条件下的无量纲临界屈曲力可得，随着管柱长度不断地增大，无论边界条件的约束是何种情况，临界屈曲力都将趋近于同一常值。这说明，在较长的管柱屈曲行为研究时，可以忽略边界条件对管柱屈曲临界力的影响。反之，对于不同的边界条件，在管柱长度处于较小值时，无量纲临界屈曲力则是有较大区别的。这说明边界条件在管柱长度较小时，对于正弦临界屈曲力是有较大的影响。因此，我们可以得出：当管柱无量纲长度超过 15 时，边界条件对正弦屈曲的临界载荷影响可以忽略不计。这一结论对于井下连续油管作业工程的设计与应用具有非常重要的意义。

上一部分，文中分析了当管柱无限长时，管柱边界条件对正弦屈曲临界载荷的影响。接下来，本文将开始研究当管柱趋近于零时，边界条件对临界屈曲载荷的影响；并将所得结果与 Euler 等的研究结论进行对比分析。从图 2-12 可以看出，当管柱的无量纲长度趋近于零时($\zeta_L \to 0$)，$\psi = \frac{\zeta_L^2}{m_{crs}\pi^2}$的极限为 $\psi_0 = \lim\limits_{\zeta_L \to 0}\frac{\zeta_L^2}{m_{crs}\pi^2}$。下面举例说明一种边界条件的变化，当管柱两端均为铰支约束时，可以得到极限$\lim\limits_{\zeta_L \to 0}\frac{\zeta_L^2}{m_{crs}\pi^2} = 0.5$。此时，管柱的临界屈曲载荷为：

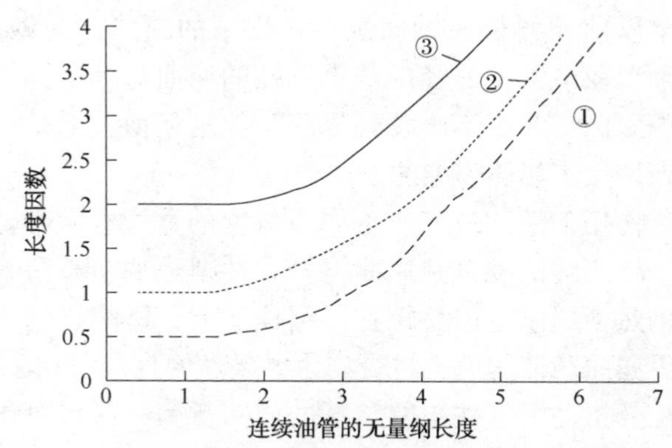

①—两端均为铰支约束；②—固定端与铰支约束；③—两端均为固定端约束

图 2-12　长度因素与无量纲长度的关系图

$$F_{crs}=2\psi EI\left(\frac{\pi}{L}\right)^2\rightarrow 2\psi_0 EI\left(\frac{\pi}{L}\right)^2 \tag{2-79}$$

分析公式(2-79)，发现当管柱两端均为铰支端约束，管柱长度趋近于零时，ψ 的极限为 0.5。此时，管柱正弦屈曲的临界屈曲载荷值变为 $F_{crs}=EI\left(\frac{\pi}{L}\right)^2$。表 2-1 中罗列出来压杆长度因素 μ 的值。显然，当管柱两端均为铰支约束时，$\mu=1$，所以式(2-80)所得正弦屈曲值便与式(2-79)的结果完全一致了。本文所得结果与欧拉杆的临界屈曲载荷相同，从而也证明了此屈曲模型是正确可靠的。同理，对于两端为固定端约束和一端铰支另一端固定约束的情况，也可将极限参数代入进行对比分析，结果完全相同。

表 2-1　压杆的长度因数 μ

压杆的约束条件	长度因素	压杆的约束条件	长度因素
两端铰支	$\mu_e=1$	两端固定	$\mu_e=\frac{1}{2}$
一端固定、另一端自由	$\mu_e=2$	一端固定、另一端铰支	$\mu_e\approx 0.7$

作为本文结果与欧拉公式的对比，表 2-1 列出了材料力学中欧拉杆的长度因素，以及欧拉公式的普遍形式。具体可表示为：

$$F_{crs}=\frac{\pi^2 EI}{(\mu_e l)^2} \tag{2-80}$$

2.6　本章小结

欧拉等在很早以前便对杆在轴向载荷作用下的屈曲行为做了深入的研究。然而，我们对石油工业中常见的径向约束管柱的屈曲行为却知之甚少。对比井下管柱与欧拉杆的屈曲行为，不难发现尽管其原理相似，但是径向约束与边界条件的变化极大地增加了屈曲模型的复杂程度。

（1）轴向载荷作用下的欧拉杆产生屈曲效应的方式有两种：一种是在轴力超过临界载荷时，杆便会诱发正弦屈曲。另一种则是轴向载荷与横向集中载荷共同作用下，杆仍然会屈曲。偏心距在一定程度上会影响杆的临界屈曲力。同时，欧拉杆的临界屈曲载荷的值也将受到边界条件的直接影响。

（2）通过对比分析井下管柱与欧拉杆的屈曲行为，深入对比了受径向约束管柱的三种形态：直线形态、正弦屈曲形态和螺旋屈曲形态。分析表明，井下管柱的屈曲行为与欧拉杆具有五个方面的不同，包括屈曲形态变化和边界条件的影响等等。水平井与斜井中的管柱屈曲行为具有较多相似之处，而且可将斜井中管柱的屈曲模型退化为水平井这一特例模型。

（3）通过基本假设与对斜井中连续油管的几何分析和受力分析，在对斜直井中管柱实际工况合理简化的基础上，构建了管柱在斜井中屈曲模型。根据最小势能原理，建立了油管柱在斜直井约束条件下的力学模型，并通过变分原理推导出了管柱在斜井中的屈曲微分方程组。通过能量法求出了管柱在斜井中受轴向压力作用下的总能量。这将为接下来的泛函分析，求出总能量的极值，以至于获得油管柱的临界屈曲力奠定理论基础。

（4）鉴于欧拉杆的临界屈曲载荷受到边界条件的巨大影响，本文对管柱的三种不同的边界条件进行了对比分析。结果显示，当管柱无量纲长度超过 15 时，井下管柱的临界屈曲载荷受到边界条件的影响可以忽略不计。与此同时，当无量纲长度趋近于零时，较短管柱的临界屈曲力与欧拉等的研究结果则是完全吻合的。从而印证了本文所建立力学模型的正确性，为下一步的研究工作奠定了坚实的理论基础。

第3章　斜井中连续油管正弦屈曲研究

本章在分析连续油管屈曲过程中的运动速度与摩擦力基础之上，获得了管柱在井口端施加轴力 F_L 作用下的管柱无量纲总能量。根据弹性稳定性理论，讨论摩擦力对屈曲状态下管柱无量纲总能量的影响。进而获得了在不同摩擦力情况下的管柱无量纲总能量 Ω 与角位移振幅 a 之间的关系。通过泛函分析求极值的原理，将推导出连续油管柱在考虑摩擦力情况下的正弦屈曲临界力，并通过对正弦屈曲临界力的分析，获得了各参数对临界屈曲力的影响关系。通过对上一章中管柱屈曲控制微分方程的求解，文章导出了管柱正弦屈曲状态下的轴力变化关系式。分析了不同井斜角情况下的轴力变化情况，并且确定了管柱首次诱发正弦屈曲的具体位置。章节最后研究了摩擦力对正弦屈曲状态下管柱轴力的影响。

3.1　无量纲总能量

当在连续油管两端进行一定载荷加载时，即便不增加两端的作用力，管柱加载端处的位移仍会缓慢增加。形成这一现象的原因在于，管柱在受到轴向力作用时出现了一定范围的弹性变形。且在管柱屈曲的整个过程中，这部分弹性变形量 $u_a(z)$ 不会改变。弹性变形量仅与管柱的固有特性和作用在加载端力的大小有关系。由于此时的弹性变形量为某一个定值，所以该部分的弹性势能 U_a 与 Z 轴方向作用力所做的功 $W_{Fz,a}$ 也仍为某一常数。因此，在运用虚功原理求解管柱的临界屈曲载荷时，可以忽略这部分弹性势能和做功。因为对任意常数求变分，其值均为零。

当连续油管处于某一井斜角 α 的斜井中时，由于井斜角与轴向摩擦力的影响，会出现管柱的某一端的轴力大于其他任意位置。而且轴力的变化曲线是沿着一端向另一端呈现缓慢下降的趋势。具体的轴力变化情况，本文将在下一节做详细阐述。当管柱的轴力一旦超过正弦屈曲临界载荷时，在轴向力较大的一端将会率先诱发正弦屈曲效应。该屈曲过程将会随着其他管柱位置轴力的增加而向另一端延伸，直到轴力较小的一端出现正弦屈曲，继而整段管柱均变为正弦屈曲。本章将研究管柱的正弦屈曲问题，因此设管柱的正弦屈曲变形量为：

$$\nu(\zeta,\ t)=A(t)\sin(B\Delta\zeta) \tag{3-1}$$

式中 $\Delta\zeta=\zeta-\zeta_0$，其中 ζ_0 表示出现正弦屈曲的位置。在屈曲的诱发过程中，变形幅值 $A(t)$ 将会由 0 增至 a。当正弦屈曲发展至稳定状态后，其角位移形式可表达为：

$$\theta(\zeta)=a\sin(B\Delta\zeta) \tag{3-2}$$

在考虑摩擦对屈曲影响的情况下，管柱的水平移动速度与轴向移动速度可由下列位移对时间的一阶导表示，其具体表示如下：

$$v_1(\zeta,\ t)=\frac{\mathrm{d}u_{\mathrm{b}}(\zeta,\ t)}{\mathrm{d}t}\approx\frac{1}{2}\mu r_{\mathrm{c}}^2A\ \frac{\mathrm{d}A}{\mathrm{d}t}\Delta\zeta \tag{3-3}$$

$$v_2(\zeta,\ t)=r_{\mathrm{c}}\ \frac{\mathrm{d}A}{\mathrm{d}t}\sin(p\Delta\zeta) \tag{3-4}$$

将式(3-3)与式(3-4)分别代入第二章中所推导出的摩擦力表达式(2-16)与式(2-17)可得：

$$f_1(x)=\frac{|v_1|f}{\sqrt{v_1^2+v_2^2}}=\frac{\mu r_{\mathrm{c}}A\zeta f}{\sqrt{4\sin^2(B\zeta)+(\mu r_{\mathrm{c}}A\Delta\zeta)^2}} \tag{3-5}$$

$$f_2(x)=\frac{|v_2|f}{\sqrt{v_1^2+v_2^2}}=\frac{2|\sin(B\zeta)|}{\sqrt{4\sin^2(B\zeta)+(\mu r_{\mathrm{c}}A\Delta\zeta)^2}} \tag{3-6}$$

在实际工程运用中 $\mu r_{\mathrm{c}}A\Delta\zeta<<1$，因此在研究管柱正弦屈曲诱发的瞬间时，可以忽略轴向摩擦的影响($f_1=0$)。此时，切线分量摩擦力 f_2 的大小与总摩擦力 f 的大小非常接近，本文采用近似简化 $f_2\approx f$ 将不会引起较大误差，这在工程运用领域是可以接受的。

根据上述摩擦力的分析可知，当管柱处于诱发屈曲的瞬间，由于屈曲所引发的轴向位移 $u_{\mathrm{b}}(z)$ 是独立于我们所施加的轴向载荷存在的，所以通过积分变换，轴功 W_{Fb}[见式(2-42)]可简化为：

$$W_{Fb}=\frac{1}{2}r_{\mathrm{c}}^2\int_0^L F(z)\left(\frac{\mathrm{d}\theta}{\mathrm{d}z}\right)^2\mathrm{d}z \tag{3-7}$$

由上述分析，可得管柱屈曲的总能量为：

$$\Pi = \frac{EI}{2} r_c^2 \int_0^L \left[\left(\frac{d^2\theta}{dz^2} \right)^2 + \left(\frac{d\theta}{dz} \right)^4 \right] dz - \frac{1}{2} r_c^2 \int_0^L F(z) \left(\frac{d\theta}{dz} \right)^2 dz + \\ r_c \int_0^L \mathrm{sign}(\theta) \int_0^{\theta(z)} f_2 N d\varphi dz - r_c q \sin\alpha \int_0^L (\cos\theta - 1) dz \tag{3-8}$$

对总能量进行无量纲化，并引入无量纲参数 $\Omega = \frac{\Pi}{r_c q \sin\alpha L}$，则式(3-8)可简化为：

$$\Omega = \frac{1}{\zeta_L} \frac{1}{2m} \int_0^{\zeta_L} \left[\left(\frac{d^2\theta}{d\zeta^2} \right)^2 + \left(\frac{d\theta}{d\zeta} \right)^4 - 2 \left(\frac{d\theta}{d\zeta} \right)^2 \right] d\zeta + \frac{1}{\zeta_L} \int_0^{\zeta_L} (1 - \cos\theta) d\zeta + \\ \frac{1}{\zeta_L} \frac{1}{m} \int_0^{\zeta_L} \mathrm{sign}(\theta) \int_0^{\theta(\zeta)} f_2 n(\nu) d\theta d\zeta \tag{3-9}$$

为简化方程，在下面的推导过程中可采用 ζ 代替 $\Delta\zeta$，则：

$$\left(\frac{d^2\nu}{d\zeta^2} \right)^2 = B^4 A^2 \sin^2(B\zeta) \tag{3-10}$$

$$\left(\frac{d\nu}{d\zeta} \right)^2 = B^2 A^2 [1 - \sin^2(B\zeta)] \tag{3-11}$$

$$\frac{d\nu}{d\zeta} \frac{d^3\nu}{d\zeta^3} = B^4 A^2 [\sin^2(B\zeta) - 1] \tag{3-12}$$

将式(3-10)~式(3-12)代入式(2-64)可得无量纲接触力：

$$n = 2B^2(1-2B^2)A^2 + (7B^2-2)B^2A^2 \sin^2(B\Delta\zeta) + m\cos\nu + o(a^4) \tag{3-13}$$

由于 $n(-\nu) = n(\nu)$，因此可以得出：

$$\mathrm{sign}(\theta) \int_0^{\theta(\zeta)} n d\nu = \frac{2}{3} B^2 (1 - 2B^2) |a|^3 |\sin B\Delta\zeta| + m \sin|\theta| + o(a^4) + \\ \frac{1}{3} (7B^2 - 2) B^2 |a|^3 |\sin^3(B\Delta\zeta)| \tag{3-14}$$

对于给定无量纲长度 ζ_L 的连续油管，整数 k 表示管柱正弦的半波数，则可得 $B\zeta_L = k\pi$ 或 $k = \frac{B\zeta_L}{\pi}$。因此，我们可得出如下积分表达式：

$$\int_0^{\zeta_L} |\sin(B\zeta)| d\zeta = \frac{k}{B} \int_0^{\pi} \sin t dt = \frac{2k}{B} = \frac{2\zeta_L}{\pi} \tag{3-15}$$

$$\int_{0}^{\zeta_{L}} |\sin^{3}(B\zeta)|\mathrm{d}\zeta = \frac{k}{B}\int_{0}^{\pi}\sin^{3}t\mathrm{d}t = \frac{4k}{3B} = \frac{4\zeta_{L}}{3\pi} \tag{3-16}$$

$$\int_{0}^{\zeta_{L}}\sin|\theta|\mathrm{d}\zeta = \frac{2}{9}\frac{\zeta_{L}}{\pi}|a|(9-a^{2}) \tag{3-17}$$

$$\int_{0}^{\zeta_{L}}\mathrm{sign}(\theta)\int_{0}^{\theta(\zeta)}n\mathrm{d}\theta\mathrm{d}\zeta = \frac{2B^{2}}{3}(1-2B^{2})|a|^{3}\frac{2\zeta_{L}}{\pi} + \frac{(7B^{2}-2)}{3}B^{2}|a|^{3}\frac{4\zeta_{L}}{3\pi} + \frac{2m}{9}\frac{\zeta_{L}}{\pi}|a|(9-a^{2}) + o(a^{4}) \tag{3-18}$$

根据上述的积分可得总能量为：

$$\Omega = \frac{B^{4}a^{2}}{4m} + \frac{1}{m}\frac{4f_{2}}{9\pi}|a|\left[a^{2}B^{2}+a^{2}B^{4}+\frac{m}{2}(9-a^{2})\right] + \frac{3B^{4}a^{4}}{16} - \frac{B^{2}a^{2}}{2m} + \frac{a^{2}}{4} - \frac{a^{4}}{64} + o(a^{4}) \tag{3-19}$$

为简化表达式引入参数 $\varepsilon=\left(\frac{4f_{2}}{3\pi}\right)^{\frac{1}{3}}$，则上式可简化为：

$$\Omega = \frac{1}{m}\left[\frac{B^{4}a^{2}}{4} - \frac{B^{2}a^{2}}{2} + \frac{\varepsilon^{3}a^{3}}{3}(B^{2}+B^{4})\right] - \frac{a^{4}}{64} + \frac{\varepsilon^{3}|a|}{6}(9-a^{2}) + \frac{3B^{4}a^{4}}{16} + \frac{a^{2}}{4} + o(a^{4}) \tag{3-20}$$

3.2 稳定性的基本理论

通过对物体稳定性的分析，可将物体分为稳定状态与不稳定状态。然而，平衡状态又细分有多种形式。若要研究井下管柱处于哪一种稳定状态，则必须对物体的多种平衡状态与各状态之间的变换临界点做出进一步研究。并合理的选取稳定性的判别准则来研究井下管柱正弦屈曲这一临界行为，以获得所需的正弦屈曲临界载荷。

3.2.1 物体的平衡形态

在研究物体的稳定性时，可将其平衡形态分为：随遇平衡的状态、不稳定的平衡状态和稳定平衡状态这三类[160]。

所谓稳定平衡状态是指：物体在某一作用力作用下偏离其最初的平衡位置后，依然能够自主地恢复到其初始状态所处的平衡位置。反之，如果该研究对象在偏离其初始平衡位置之后，无法再自主回到其原始平衡位置，继而持续地远离初始位置，这一状态被称为失稳状态或者不稳定的平衡状态。随遇平衡状态则是指研究对象由某一稳定的形态向失稳状态过渡的一种过渡形态。在这种形态下，研究对象处于随遇平衡位置处的总势能表现为某一个临界值，并没有极大值或极小值。结合井下管柱的屈曲行为来看，管柱直线形态变为正弦屈曲形态，或由正弦屈曲形态变为螺旋屈曲形态这一瞬间，管柱是处于随遇平衡状态的。然而，在轴向力作用下的管柱处于正弦屈曲过程中时，它则是处于失稳状态的。值得注意的，我们在研究管柱屈曲变形的整个变形过程中，管柱是处于弹性变形范围内的。所以这种失稳状态，又可在轴力逐渐减小的情况下，管柱又恢复至原始的直线形态，即稳定平衡状态。因此，井下管柱的屈曲过程将经历以上三种不同的平衡形态。

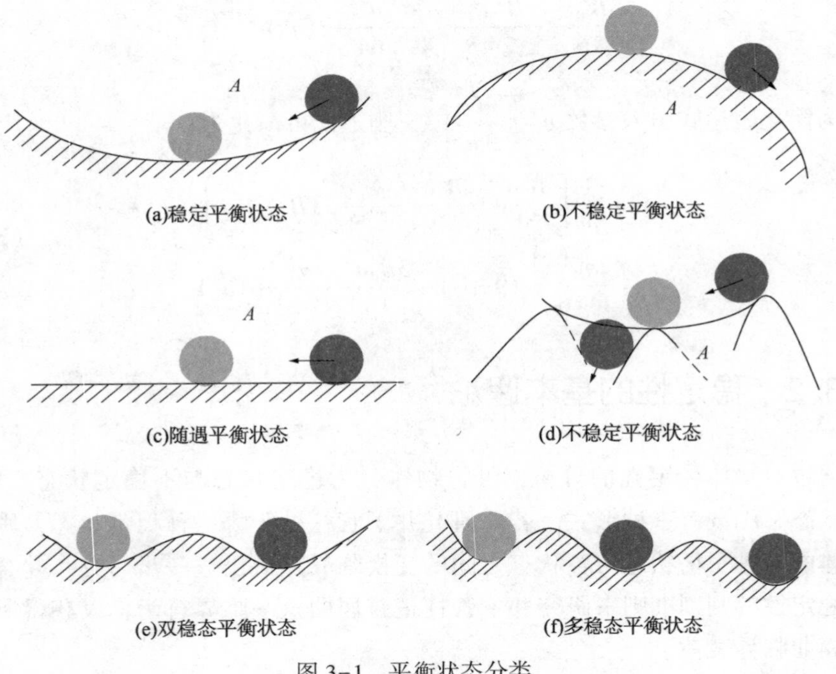

(a)稳定平衡状态　(b)不稳定平衡状态

(c)随遇平衡状态　(d)不稳定平衡状态

(e)双稳态平衡状态　(f)多稳态平衡状态

图 3-1　平衡状态分类

为进一步分析这三种稳定状态，接下来以最为经典的稳定性模型，曲面上的刚性小球为例，逐一展开对不同稳定形态的论述。从图 3-1(a)可看出，当刚性小球处于凹球面最低位置 A 点时，小球是处于稳定平衡状态的。如图 3-1(b)

所示，位于凸球面顶端位置 A 点的小球是处于一个不稳定的平衡状态。因为它将在自重的作用下，沿着倾斜面不断地下滑，而不可能回到最初的平衡位置。如图 3-1(c)所示，尽管平面上的刚性小球处于运动状态，但是它可在任意点停下来，并保持稳定状态。所以这一形态被称之为随遇平衡状态。如图 3-1(d)所示，马鞍面上的刚性小球，在处于 A 位置时，它明显是处于一个临界状态的。然而，对于一个负高斯曲率面而言，它是某些部位处于凸起，而另一些部位则是处于凹陷状态的，所以马鞍面上的小球是处于不稳定状态的。如图 3-1(e)所示，在拥有两个等高凹球面上的小球，它则可能在每一个凹面内停留。因此，刚性小球同时具有两个稳定平衡形态。所以，此时刚性小球处于双稳态情形下。以此类推，如图 3-1(f)所示，小球拥有多个平衡状态，这称为多稳态曲面。此时的小球在某一外力作用下越过一些中间不稳定斜面，由一个稳定状态变为另一个稳定状态。

通常情况下，研究对象的平衡状态将随着移动方向的改变而改变。例如，处于双曲抛物面上的小球，若它沿着某一方向运动，是处于稳定状态的。然而，它沿其他的轨迹运动，则就不一定处于稳定形态了。在实际工程运用中，我们总是希望研究对象处于稳定平衡状态，以便于对物体的控制，这便要求物体沿任意方向运动均为趋于稳定状态。在一定程度上，介于稳定平衡状态与不稳定平衡状态之间的随遇平衡状态，可将其划分至非稳定平衡状态范围内。值得注意的是，随遇平衡状态却是我们研究得最多的一种平衡形态。对于这种刚性小球的平衡状态分类，完全适用处于弹性变形范围内的管柱稳定性分析。它们之间的区别仅仅在于，刚性小球的稳定性是与它所处的曲面状态息息相关，而弹性变形范围内的管柱稳定性仅仅与所承受的载荷有关。这也是本文着重研究这三种平衡状态的意义所在。

对于某一弹性系统稳定性的研究，主要是通过其约束条件、几何变形状态、所受弹性力大小和其载荷的施加方式而决定的。对于同一研究对象，往往是载荷的施加方式不同或约束条件的变化，导致物体的稳定状态也会发生巨大变化。这也是研究者在分析边界条件对物体稳定性影响的意义所在。

3.2.2 两类失稳形式

当某一研究结构在一定载荷的作用下处于平衡状态。然而，在施加某一微小外力的情况下，该结构的平衡状态便产生巨大变化，以至丧失原有的稳定性。那么，我们将这一极限载荷称之为临界载荷或屈曲变形载荷。这一稳定状态剧变的情况称为失稳。结构产生失稳变形具有两种基本的形式，一类是极值点失稳形式，另一类则是分支点失稳形式[161]。接下来，本文将通过经典的压杆稳定性模型加以分析说明。

(1) 分支点失稳形式

如图 3-2 所示，在理想状态下简支杆的受力状态，即研究模型中杆件为绝对直线形态，其所受轴向载荷也是处于杆件的几何中心位置。随着轴向压力 F 的增加，杆件中点处的挠度 Δ 将随之增加。在此我们将研究分析轴向作用力 F 与挠度 Δ 之间的变化关系，并称这一曲线为 F-Δ 关系曲线，如图 3-2(a)所示。

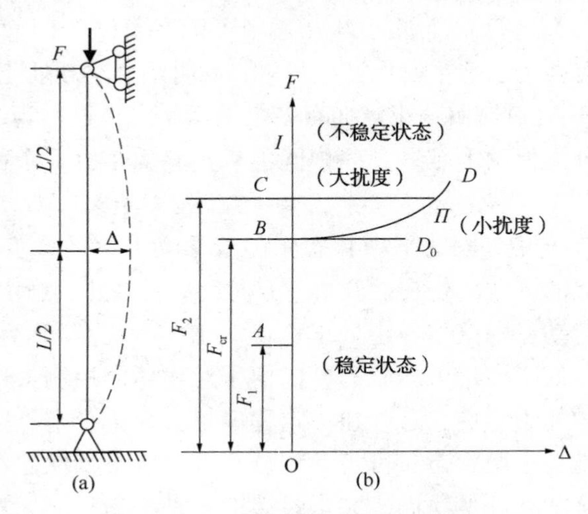

图 3-2 简支杆的稳定性分析

首先，当作用于加载端的轴向载荷 F 小于欧拉杆的临界屈曲载荷时，杆件仅仅是轴向范围内的弹性变形，而并未诱发任何弯曲变形。此时杆件中点处的挠度 Δ 等于零，杆件保持为原始的直线平衡形态。这对应于井下管柱屈曲问题中的管柱直线形态。图 3-2(b)表示轴向载荷 F 与 Δ 的变化关系。若轴向载荷低于临界屈曲载荷时，则可用图中的 OAB 直线段表示其弹性压缩变形关系。若受力杆在外力作用下诱发弯曲变形，那么它将从最初的位置开始偏移。反之，若撤销该外界干扰力，它将由其弹性变形恢复至原始直线形态。从而，当载荷小于临界屈曲载荷时，即 $F_1<F_{cr}$，压杆处于稳定平衡形态。对于径向约束的井下管柱，该结论也同样适用。对比分析压杆稳定与井下管柱屈曲问题，不难发现后者是在前者的基础之上衍生而来的。其中最关键的区别便是，增加了一个径向约束条件。然而，这一变化却为研究者求解临界屈曲载荷和轴力的传递带来了巨大的困难。

其次，当作用于加载端的轴向载荷 F 大于欧拉杆的临界屈曲载荷时，压杆将会拥有直线平衡形态与弯曲变形两种平衡形态。第一种是由于轴向力的作用继续轴向压缩，而另一种则是诱发失稳的弯曲变形，最终进入一个稳定形态。如图 3-2(b) 中曲线 BD 段是采用大挠度理论进行分析计算的。若采用小挠度理论，那么曲线 BD 将变为水平直线，即水平直线段 BD_0。当压杆处于原始平衡形态的 C 点时，压杆是处于不稳定状态的。此时的压杆在外界作用力下将会产生弯曲变形，当撤销外界作用力后，杆件并不会恢复至初始的直线平衡形态，而会继续弯曲变形至图 3-2(b) 中 D 点位置。这便对应于井下管柱在某一固定加载载荷的作用下，不断弯曲变形直至正弦屈曲变形结束为止。当轴力大于临界屈曲载荷时，即 $F_2>F_{cr}$，处于直线平衡路径的 C 点杆件是不稳定的，它正是处于一个屈曲的临界状态。

如图 3-2(b) 所示，直线平衡形态与曲线平衡形态的分支点为 B 点。同时，分支点 B 又可将直线平衡形态的平衡状态分为 OB 段和 BC 段两部分。当轴向力 F 还处于较小值时，即 OB 段，压杆是处于一个稳定的直线平衡形态的。但是当轴力较大时，即 BC 段，压杆则处于一个不稳定的直线平衡形态。在通过大挠度理论分析压杆的弯曲变形时，杆件依然会经过 OB 的直线压缩变形段。而后续的 BC 段则被 BD 段所替代，这说明杆件在此时具有两种不同的平衡形态。此时的杆件表现为双重平衡性，其中最关键的变形点则为 B 点。所以，我们将具有这一独特弯曲变形形态的失稳形式定义为压杆的分支点失稳。其中最为关键的 B 点处的轴力则被称为临界弯曲载荷，它是区分轴向压缩变形与弯曲变形的重要分界点，对应于连续油管由直线平衡形态变为正弦屈曲形态的正弦临界屈曲载荷。不同的是，欧拉杆没有径向约束，将在轴力作用下无限弯曲变形直至断裂破坏。

(2) 极值点失稳形式

如图 3-3(a) 所示，当具有一定初始曲率弯曲杆件在承受轴向载荷时，依然会诱发弯曲变形。图 3-3(b) 则表示理想直杆在偏心载荷的作用下发生弯曲变形。这两种压杆失稳形式，我们统称为非完善体系的压杆。

相比于理想直杆在几何中心处施加轴向载荷这一完善的压杆而言，非完善体系的压杆最大的区别在于：即便施加某一极小值的轴向载荷，杆件也会立刻诱发一定的弯曲变形，如图 3-3(c) 所示。同理，图 3-3(c) 表示轴向载荷与挠度之间的变化关系。图中曲线 OA 表示小挠度理论状态下的挠度变化关系。从图中可以看出，随着轴向载荷的增加，挠度不断增加。在压杆诱发弯曲变形的开始阶段，挠度的增速较为缓慢。但是在后期阶段，挠度却随着轴向载荷的微弱增加而急剧攀升。当轴向载荷 F 接近欧拉杆的临界屈曲载荷 F_{cr} 时，理论上挠度是趋于无穷大的。然而从实际工况来看，此时的压杆则已经产生断裂破坏了。

若采用大挠度理论进行分析研究，那么压杆的载荷与挠度变化关系则如图 3-3(c) 中 OBC 曲线所示。其中 B 点为压杆所受轴向载荷 F 的极值点。当轴向载荷小于该极大值时，压杆是处于稳定状态的。然而，处于 BC 段的压杆则是不稳定的。处于 B 点的压杆，它将由稳定平衡形态立刻转化为不稳定平衡形态。因此，我们将这一失稳形态定义为极值点失稳。极值点 B 处所对应的最大轴向载荷即为临界弯曲载荷。从科学严谨的观点来说，极值点失稳形式更接近于我们的生产生活实践。因为，在工程中我们使用的杆、梁或是管柱都不可能是理想的直杆形态存在的，都或多或少的具有一定的初始曲率。同时，我们在施加轴向载荷时，也不可能做到施加至研究对象的绝对几何中心。

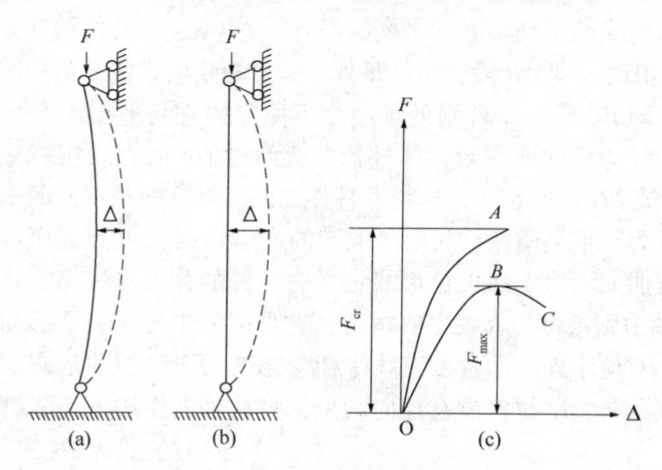

图 3-3　压杆的极值点失稳

通常情况下，处于非完善体系状态下的压杆失稳均为极值点失稳形式。其主要的特点是压杆的平衡形态不会呈现独特的分支现象，然而其载荷与挠度的关系曲线却拥有极大值点。除这两个失稳形式之外，还有一种屈曲类型，即承受横向作用力的双铰拱、柱面或是球面的屈曲模型[162]。在仅受横向均布载荷的作用下，这些结构形式的物体也将诱发屈曲变形。在石油化工行业中最为常见的便是储罐或是水下管柱在横向作用力引起弯曲面的凹陷变形。图 3-4 表示跳跃失稳形态。当研究对象处于 OA 与 BC 变形段时，它们是处于稳定状态的。然而，处于 AB 变形段时，则是处于不稳定状态。当均布载荷在增加至极大值点 A 处时，物体的平衡状态将会发生阶跃式变化，由稳定形态突变为不稳定形态。我们将这一失稳形态定义为跳跃失稳。

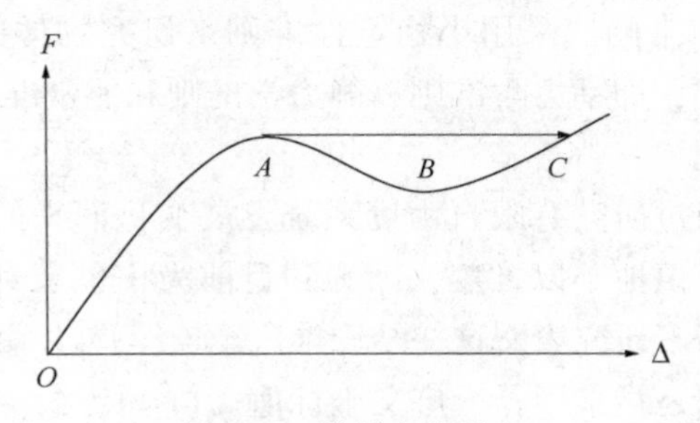

图 3-4　跳跃失稳形态

分支点失稳形式与极值点失稳形式在研究物体屈曲的过程中显得尤为重要。在分支点失稳与极值点失稳这两种失稳形态中起着至关重要作用的最大载荷 F_{cr} 和 F_{max} 被定义为压杆的临界屈曲载荷。而与之对应的临界状态则被称为杆的临界屈曲状态。简而言之，当这两个情况下压杆所受轴向力低于临界屈曲载荷时，杆件便处于稳定形态。而高于该临界值时，杆件将会产生失稳。在压杆未进入临界屈曲状态之前，这一稳定的平衡形态被定义为前屈曲平衡态。而在超过该临界值后，杆件则进入了后屈曲平衡态。对于井下管柱屈曲行为这一问题的研究过程中，我们更多关注的是临界屈曲形态与后屈曲平衡态，以及在管柱进入后屈曲平衡态之后的管柱轴力传递。因为，在井下作业过程中，我们关注的焦点在于预防管柱的井下屈曲行为产生和轴力的传递效率。

通常情况下，在弹性系统的稳定性分析过程中，临界屈曲载荷被视为系统的最大承载力。这一观点对于很多结构而言似乎是正确的，然而却不能适用于所有对象。例如，四边均施加均布载荷的受压薄板或处于静水压力作用下的杆件等研究体系。对于四边均受力的薄板而言，在载荷超过其临界屈曲载荷后，构件仍能承受比这更大的均布载荷。然而，对于一些受静水外压作用下的球壳或轴向载荷作用下的圆柱壳等研究系统，它们的实际承载能力又远远低于其临界屈曲载荷的理论值。这些示例又说明，由屈曲分析而获得的临界屈曲载荷也不能完全确定研究系统的临界承受力。这一概念，对于某些结构是适用的，而对于一些特例情况，它则只能对我们的生产生活实践起着指导性作用。这也为我们进一步研究弹性稳定性理论提供了广阔的空间。

3.2.3　稳定性的判别准则

对于物体稳定性的判别准则主要可分为两类：平衡状态的大稳定性准则与平衡状态的小稳定性准则。其中平衡状态的大稳定性准则是以研究物体曲面平衡位形的非线性理论（大扰度理论）为基础发展而来的。而小稳定性准则是以小扰度线性理论发展而来的。采用小稳定性准则来研究物体的分支点失稳问题，可通过以下三种方式，即动力学准则、静力学准则和能量准则。

（1）动力学准则

动力学准则是通过研究有限自由度系统发展变化而来的。而对于连续弹性系统的应用，则可谨慎地予以推广，因为到目前为止也未对此作出较为科学研究的证明。但是，诸多研究表明这一结论推广至连续弹性系统是适用的。

所谓动力学准则是指采用 n 个广义坐标值 $X_i(i=1, 2, 3, \cdots, n)$ 所定义的某一弹性系统的初始平衡位置，即 $X_i=c_i$，在遭受外界作用力扰动后，在其初始平衡位置附近做往复运动。其坐标可表示为：$\overline{X}_i=X_i-c_i$。在新广义坐标 $\overline{X}_i$ 中随时间变化而变化的速度可表示为 $\dot{\overline{X}}_i$。若所研究的对象处于稳定形态，那么我们总能找到这样的一组初始变量 $\overline{X}_i^0$ 和 $\dot{\overline{X}}_i^0$，使得在此以后时间段的运动始终有 $|\overline{X}_i|$ 和 $|\dot{\overline{X}}_i|$。并且它们将一定不会超越某些预定的，且与基本平衡位置 $X_i=c_i$ 任意接近的这一界限。对于大多数研究系统而言，该动力学准则是适用于弹性系统的。然而，它的建模与求解均会伴随着大量的数学问题而产生。因此，对于一些准静态问题通常会回避该准则，从而简化问题研究。

（2）静力学准则

相较于动力学准则，静力学准则则为广大科研工作者所熟知。从静力学平衡的角度去研究分析系统的稳定性的关键在于系统的平衡位置分析。当研究系统维持原有各作用载荷不变时，对研究对象施加某一微小扰动，使其偏离初始平衡位置。在解除该扰动后，如果该系统经过任意干扰后均能回到初始位置，那么我们称该初始位置是稳定的。反之，若经过某一扰动后，研究对象却逐渐远离其初始位置，则称该系统的初始平衡位置是不稳定的。如果系统在其初始平衡位置之外，至少存在一个平衡位置，而且系统外不含有能促使系统远离该初始平衡位置的干扰，那么此时的初始平衡位置则是呈现中性状态的。

如果作用于系统的外界载荷保持为一个定值，那么我们可以根据系数所处的初始平衡状态，在考虑外界扰动的基础上构建一组静力平衡微分方程组。现在这是一组齐次非线性微分方程组，且具有齐次边界条件。如果该方程组含有至少一个非零解，那么系统则有其他的平衡位置存在，且初始平衡状态便是一个中性平衡状态。通过上述分析，系统的稳定性问题便转化成求齐次方程组，在其给定齐次边界条件情况下的特征值问题了。静力平衡方程组的特征值是对应于临界屈曲载荷的。与各特征值对应的是特征函数，并可通过特征函数求出其分支点。如果我们不能将平衡微分方程积分为有限形式，那么可通过寻求无穷级数解的形式来分析该问题。此时也可通过级数形式表达该特征方程，同时求得研究对象的临界屈曲载荷。

对于既承受横向作用力又有面内压力的研究系统和含有某些原始缺陷的弹性系统而言，依然可以构建考虑变形对其影响的平衡微分方程组。然而，这却是一个非齐次方程组。在建立合适边界条件的基础上，我们便可获得其积分常数。当系统的位移随着作用力 F 的增加而不断增加时，那么该系统便失去其原有的稳定性。这个使系统位移无限增大的作用力 F 便对应于无缺陷系统中的临界屈曲载荷。对于保守系统而言，通过动力学准则与静力学准则都会获得一致的临界屈曲载荷。例如，最初欧拉杆便是采用静力学准则研究压杆的失稳问题的。

（3）能量准则

在外界载荷作用下的系统一定拥有一个总势能 Π。若它对于所有相近形态的总势能而言，它的值是最小的，那么该基本平衡状态为稳定平衡态。即最小势能原理，这也是通过能量准则研究系统稳定性问题的核心。根据 Dirichlet 定律[163]可知，研究系统在平衡位置处的总势能 Π 一定具有极值。若总势能拥有最小值时，该系统便处于稳定平衡形态。反之，若总势能拥有极大值时，该系统便处于不稳定平衡状态。

由于系统处于平衡位置上，所以泛函的一阶变分为零时，即 $\delta\Pi=0$，总势能具有极值。若泛函的二阶变分大于零时，即 $\delta^2\Pi>0$，总势能便具有极小值。此时系统的基本形态为稳定平衡状态。若泛函的二阶变分小于零时，即 $\delta^2\Pi<0$，总势能便具有极大值。此时系统的基本形态为不稳定平衡状态。最后，当泛函的二阶变分为零时，即 $\delta^2\Pi=0$，系统便处于由稳定平衡形态转化为不稳定平衡形态的临界状态。当在研究临界状态下系统后屈曲平衡位形的性能时，则必须分析研究总势能这一泛函表达的三阶、四阶，乃至更高阶的变分量。因为，此时系统总势能的一阶变分和二阶变分均为零，即 $\delta\Pi=0$ 和 $\delta^2\Pi=0$。这也是近现代稳定性理论，即 Koiter 的初始后屈曲理论[164]的出发点。

值得注意的是，上述说法并不是完全充分的。接下来，我们将通过马鞍面小球的示例予以解释说明。如图 3-5 所示，将刚性小球置于马鞍型曲面 $z=F(x, y)$上。该曲面正好代表小球的势能面 $\Pi=Gz$，其中 G 代表小球的自重。

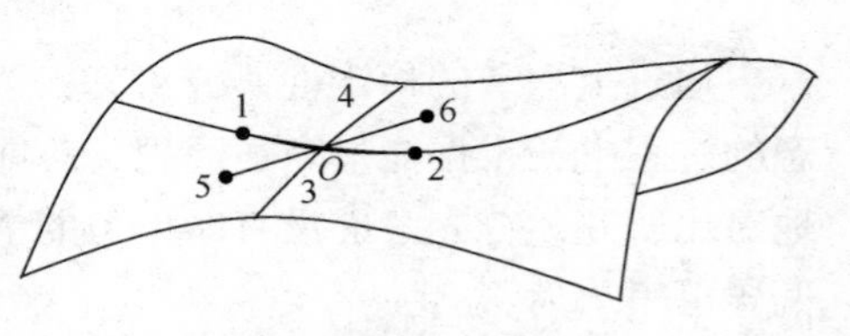

图 3-5　马鞍形势能曲面

当小球位于鞍点 O 处时，小球显然处于不稳定平衡状态。若小球沿着曲线 1-O-2 进行位移变换，那么小球的势能将会明显增加。然而，当小球沿着直线 5-O-6 进行位移变换时，它的势能将会保持不变。由此可见，为保证条件的充分性，我们还需对这一准则加以限制。具体表示如下：

① 如果平衡是稳定的，那么平衡点领域处均满足 $\delta^2\Pi>0$，此时小球的总势能具有极小值；

② 在平衡点领域内，若小球沿任意路径改变位置时有 $\delta^2\Pi<0$，那么该平衡态则是不稳定的；

③ 如果系统的平衡不确定时，那么系统总能量则必须满足 $\delta\Pi=0$ 的必要条件。并要求系统在其邻域内也能达到平衡状态，即 $\delta^2\Pi=0$ 与 $\delta(\delta^2\Pi)=0$。

综上所述，判别一个弹性系统平衡的稳定性，必须考虑到载荷的变化途径和外部扰动的大小。对于保守系统而言，能量准则与静力学准则是等价的。因为通过能量准则转化而来的变分问题的欧拉微分方程组与采用静力学分析法获得稳定性微分方程组是一样的。对比分析上述三种判别方式，动力准则的稳定性判别最为繁杂。静力准则与能量准则对于分析井下管柱屈曲行为较为简单实用。高德利[165]等通过静力分析方法对钻柱的屈曲行为作出了非常详尽细致的研究。本文将通过能量法对考虑摩擦影响的屈曲行为作出分析研究。

3.3 摩擦力对正弦屈曲的影响

由于井下管柱诱发屈曲行为的整个过程是一个保守系统，结合上一节对物体平衡性以及失稳形式的研究，文中将选取能量准则的判别方式来对管柱正弦屈曲的行为作出进一步的研究。通过对屈曲状态下管柱的无量纲总能量求变分的方法，对这一泛函作出极值分析，最终获得管柱无量纲正弦屈曲的临界力 m_{crs}。在求得管柱正弦屈曲临界力 F_{crs} 的基础上，分析了摩擦力与井斜角对其变化的影响。

3.3.1 摩擦力对总能量的影响

通过上一节的稳定性研究可知，当管柱由一个屈曲状态变为另一种屈曲状态的过程中，根据能量守恒原理，总能量对于任意 δa 的变分均为零。为了更好地对比研究，首先考虑没有摩擦力的情况 $f=0$，则无量纲总能量 Ω 对 a 的一阶偏导可表示为：

$$\frac{\partial\Omega}{\partial a}=\left(\frac{1}{2m}B^4-\frac{1}{m}B^2+\frac{3}{4}B^4a^2+\frac{1}{2}-\frac{1}{16}a^2\right)|a| \tag{3-21}$$

显然，$a_0=0$ 是方程$\frac{\partial\Omega}{\partial a}=0$ 的一个定值解。由式(3-21)可得，对于无量纲总能量 Ω 关于参数 a 的二阶偏导为：

$$\frac{\partial^2\Omega}{\partial a^2}=\frac{1}{2m}B^4-\frac{1}{m}B^2+\frac{9}{4}B^4a^2-\frac{3}{16}a^2+\frac{1}{2} \tag{3-22}$$

当 $a=0$ 时，方程$\left(\frac{\partial^2\Omega}{\partial a^2}\right)_{a=0}=0$ 的解是：

$$m(B)=2B^2-B^4 \tag{3-23}$$

因此，当 $m>m(B)$，$\left(\frac{\partial^2\Omega}{\partial a^2}\right)_{a=0}>0$ 时，$a=0$ 不仅是 Ω 获得最小值的唯一解，而且是方程$\frac{\partial\Omega}{\partial a}=0$ 的唯一解。这个解的工程意义是：当 $a=0$ 时，整段连续油管均保持原始的直线状态，未产生任何的屈曲变形。当 $m>m(B)$时，管柱的轴力未达到临界屈曲载荷，此时总能量的变化为零。另一方面，当 $m<m(B)$时，则$\left(\frac{\partial^2\Omega}{\partial a^2}\right)_{a=0}<0$。此时，$a=0$ 变为了 Ω 获得极大值的其中一个解。然而，对于方程(3-21)还有另外两个实解，分别是：

$$a_{1,2}=\pm\sqrt{\frac{8B^4-16B^2+8m}{(1-12B^4)m}} \tag{3-24}$$

当 $m<m(B)$，$\left(\frac{\partial^2\Omega}{\partial a^2}\right)_{a=a_1,a_2}>0$ 时，$a=a_1$ 和 $a=a_2$ 是两个使 Ω 获得极小值的解。因此，当 $m<m(B)$时，管柱的原始直线状态($a=0$)变为了一种不稳定的状态。尽管在这一情况下管柱仍保持为直线形态平躺于井中，但是任意大小的横向作用力均能使管柱由直线型变为正弦屈曲型。

通过上述分析，我们可以采用求解方程$\frac{\partial\Omega}{\partial a}=0$ 和$\frac{\partial^2\Omega}{\partial a^2}=0$ 来确定管柱是否产生屈曲变形。当整数 k 与参数 B 满足关系 $B=\frac{k\pi}{\zeta}$，则方程(3-23)将与式(2-73)完全一致。这表明在两端均为铰支的边界约束条件下，采用分析轴力的研究方式与采用能量法求变分的方式均可得出正弦屈曲的临界载荷，且能互相印证。值得注意的是，我们所设的正弦屈曲结构解 $\theta(\zeta)=a\sin(B\Delta\zeta)$ 是满足管柱两端铰支的边界条件的。那么，$\theta=0$ 和$\frac{d^2\theta}{d\zeta^2}=0$ 将会使得管柱的两端满足下面关系：

$$\zeta=0,\ \zeta=\zeta_{L}=\frac{k\pi}{p} \tag{3-25}$$

显然，可以找到某一 k 值或者 p 值使得 $m(B)$ 获取其最大值，从而得到管柱正弦屈曲的临界载荷。因此，对于一根较长的连续油管，正弦屈曲的临界载荷值为 $m_{crs}=1$。

综上所述，管柱的正弦屈曲临界载荷可通过将 $B=B_{crs}$ 代入方程 $\frac{\partial\Omega}{\partial a}=0$ 和 $\frac{\partial^2\Omega}{\partial a^2}=0$ 中计算获得。例如，当摩擦系数切向分量 $f_2=0$ 和 $B_{crs}=1$ 时，无量纲总能量 Ω 可表示为一个关于参数 a 与 m 的函数。同理可得其他摩擦系数情况下的无量纲总能量。

图 3-6 就清晰地表达了当摩擦系数 $f_2=0$ 时，无量纲总能量 Ω 与 a 之间的变化关系。从图中可以看出，随着无量纲轴向力 m 的降低(换而言之，是轴向力 F 的增加)，无量纲总能量则仅拥有一个极值，变为具有多个极值的情况。其临界点便是 $m=m_{crs}$。当 $m\geqslant m_{crs}=1$ 时，从图中可以看出无量纲总能量 Ω 仅有 0 这一个极小值，同时它也是其最小值。

然而，当 $m<m_{crs}$ 时，无量纲总能量则拥有三个极值点。它们分别是：在 $a=0$ 处取得的一个极大值和在 $a_{1,2}=\pm\sqrt{(8\frac{1}{m}B^4-16\frac{1}{m}B^2+8)/(1-12B^4)}$ 处所取得的两个极小值。当 $m>m_{crs}$ 时，其代表的物理意义便是管柱的轴向力未达到正弦屈曲的临界值。此时的无量纲总能量 Ω 便只有一个极值点，即正弦波的振幅 a 等于零的点。从而管柱在此时并未诱发任何屈曲，也并未产生任何角位移，所以 $a=0$ 是总能量求取极值的唯一取值。与此相似，当 $m<m_{crs}$ 时，则表明管柱的轴向力已经超过诱发屈曲所需的最小临界力。此时的无量纲总能量 Ω 则拥有多个极值点，其物理意义表示管柱可能呈现正弦屈曲形态或螺旋屈曲形态。这些状态都可能是管柱在某一瞬间获得的一个稳态。然而，对于研究者而言，主要关注的则是 $m=m_{crs}$ 这一临界值。

为做对比分析，图 3-7 则勾画出了当摩擦系数切线分量 $f_2=0.3$ 时，无量纲总能量 Ω 与角位移振幅 a 之间的变化关系。与图 3-6 相比，当摩擦系数增大后，无量纲总能量 Ω 的变化趋势并未发生根本上的改变。观察图中不难发现，当无量纲轴向力 m 为 0.34、1 或 3.5 时，Ω 仍然只有一个极值点，且都在 $a=0$ 处取得。然而对于 m 取值为 0.25 或 0.3 时，无量纲总能量 Ω 则拥有多个极值点，其中包括一个极大值点和两个极小值点。显然无量纲正弦临界屈曲力将会处于 0.3 与 0.34 之间，这根据 B 的值将不难求出。然而需要注意的是，随着摩擦系数切向分量的增加，无量纲临界屈曲力也在不断降低。

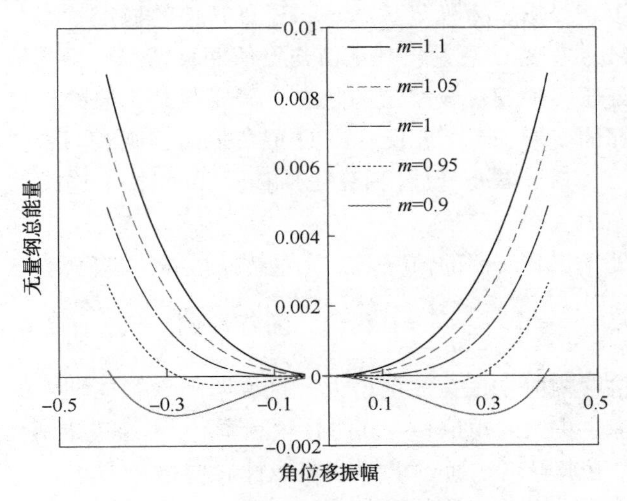

图 3-6　$f_2=0$ 条件下的 Ω 与 a 变化关系

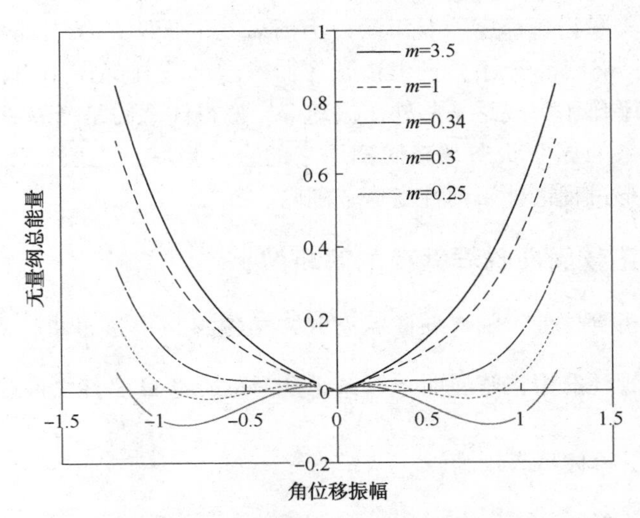

图 3-7　$f_2=0.3$ 条件下的 Ω 与 a 变化关系

与此相似的计算方式，当给定某一摩擦系数 f_2，仍然可计算出相应的正弦屈曲临界值 $m_{crs}(f_2)$。因此，当 $m \geqslant m_{crs}(f_2)$，无量纲总能量 Ω 仍然只有一个极小值。该极小值也是 Ω 的最小值，其值将在 $a=0$ 处获得。这表示，根据虚功原理所求得的无量纲总能量 Ω 仅有 $a=0$ 这一个驻点。其工程意义为连续油管仍然

处于直线状态，整段管柱的轴力均未达到其临界屈曲载荷。然而，当 $m<m_{crs}$ (f_2)时，无量纲总能量 Ω 却拥有三个极值点。这表明当轴向力大于临界屈曲载荷后，管柱除了直线形态为稳定状态外，还有其他的稳定状态存在。对比分析图 3-6 与图 3-7，发现 Ω 总是出现正值与负值两种情况。当其取正值时表明此时的连续油管处于一种相对较稳定的状态，需要与其等值的外界能量输入，才可使管柱诱发屈曲变形。与之相反，当 Ω 取负值时，则表明管柱已经进入一个不稳定的形态了。系统需要释放出 $|\Omega|$的能量，以使整个连续油管柱系统又重新回到稳定状态中去。

对于管柱处于正弦屈曲的情况下，无量纲总能量 Ω 将会有三个极值，其值可通过求解方程 $\frac{\partial\Omega}{\partial a}=0$ 与 $\frac{\partial^2\Omega}{\partial a^2}=0$ 得出。随着 m 的降低，使无量纲总能量 Ω 取得极小值的角位移幅值 a 也在逐渐增大。这说明随着管柱轴力的增加，屈曲状态下的管柱将产生更大的角位移。同时，角频率 B_{crs} 可通过求解无量纲临界屈曲载荷 m_{crs} 的极大值来确定。通过求解该非线性屈曲微分方程的近似解析解，可以得到 m_{crs}、a_{crs} 和 B_{crs} 关于摩擦系数切向分量 f_2 的解析表达式。当 m_{crs}、a_{crs} 和 B_{crs} 取得临界值时，无量纲总能量($\Omega_{crs}>0$)仍一直处于一个较小正值的状态。该值所表示的含义是指管柱还需获得的外力所做功的大小。仅当外部作用力所做功超过 Ω_{crs} 时，连续油管才会发生正弦屈曲。这部分外部作用力，可以是钻井液对管柱的水平作用力或是某些外部振动等。值得注意的是当 $m\geqslant m_{crs}$ 时，连续油管将会由原来的屈曲状态重新回到原来的直线形状。之所以出现这种情况，是源于整个变形过程都处于弹性变形范围内。

3.3.2 正弦屈曲临界载荷的解析解

本节将分析管柱处于临界屈曲状态时，角位移与正弦屈曲临界载荷的近似解析解。一旦管柱产生正弦屈曲，那么无量纲总能量 Ω 必然会有极值点($\frac{\partial\Omega}{\partial a}=0$ 和 $\frac{\partial^2\Omega}{\partial a^2}=0$)，具体可表示为：

$$\frac{\partial\Omega}{\partial a}=\frac{1}{m}\left(\frac{B^4a}{2}-B^2a+\varepsilon^3a^2B^2+\varepsilon^3a^2B^4\right)+\frac{3\varepsilon^3}{2}-\frac{\varepsilon^3a^2}{2}+\frac{3B^4a^3}{4}+\frac{a}{2}-\frac{a^3}{16}=0 \tag{3-26}$$

$$\frac{\partial^2\Omega}{\partial a^2}=\frac{1}{m}\left(\frac{B^4}{2}-B^2+2\varepsilon^3aB^2+2\varepsilon^3aB^4\right)-\varepsilon^3a+\frac{9B^4a^2}{4}+\frac{1}{2}-\frac{3a^2}{16}=0 \tag{3-27}$$

通过简化求解，2×式(3-26)-式(3-27)×a 得

$$m=\frac{\left(B^2-\frac{1}{2}B^4\right)}{\frac{3\varepsilon^3}{a}-\frac{3}{4}B^4a^2+\frac{1}{2}+\frac{1}{16}a^2} \tag{3-28}$$

将方程(3-28)代入(3-27)可得：

$$\begin{aligned}&\left(\frac{3}{\varepsilon^3}-\frac{3a}{2}\right)B^4+\left(\frac{3}{2a^3}+\frac{1}{8\varepsilon^3}+\frac{3}{2a}\right)B^2-\frac{1}{4\varepsilon^3}\\&-\frac{3}{a^3}+\left(\frac{6\varepsilon^3}{a^2}+\frac{a}{8}\right)(1+B^2)-\frac{3B^6a}{2}-\frac{3B^6}{2\varepsilon^3}=0\end{aligned} \tag{3-29}$$

对于某一具体情况，摩擦系数切向分量f_2便可确定，因此中间参数ε可看作为某一常值。由此，方程(3-29)可看作为a关于参数B的泛函。根据式(3-29)，求出a关于B的一阶导为：

$$\frac{\mathrm{d}a}{\mathrm{d}B}=\frac{-3Ba-12\varepsilon^3Ba^2-3Ba^3+\left(9B^4-12B^2-\frac{1}{4}\right)\frac{Ba^4}{\varepsilon^3}-\frac{1}{4}B^2a^5+9B^5a^5}{9-12\varepsilon^3(1+B^2)a+\left(\frac{1}{8}+\frac{B^2}{8}-\frac{3B^4}{2}-\frac{3B^6}{2}\right)a^4-6B^3a^5} \tag{3-30}$$

同理，通过式(3-28)，可求出m的一阶导：

$$\begin{aligned}\frac{\mathrm{d}m}{\mathrm{d}B}=&\frac{2B-2B^3}{\frac{3\varepsilon^3}{a}+\frac{1}{2}+\left(\frac{1}{16}-\frac{3}{4}B^4\right)a^2}-\\&\frac{\left(B^2-\frac{1}{2}B^4\right)\left[-3B^3a^2+\left(\frac{a}{8}-\frac{3B^4a}{2}-\frac{3\varepsilon^3}{a^2}\right)\frac{\mathrm{d}a}{\mathrm{d}B}\right]}{\left[\frac{3\varepsilon^3}{a}+\frac{1}{2}+\left(\frac{1}{16}-\frac{3}{4}B^4\right)a^2\right]^2}=0\end{aligned} \tag{3-31}$$

因此，可通过非线性方程组(3-28)、式(3-29)和式(3-31)求得临界值a_{crs}、B_{crs}和m_{crs}。例如，当$\varepsilon=0$时(即不考虑摩擦力$f_2=0$时)，方程(3-29)变为$a^2\left(3B^4-\frac{1}{4}\right)=0$。显然，$a_{\text{crs}}=0$是方程的一个稳定解。将参数$\varepsilon=0$与$a_{\text{crs}}=0$一起代入方程(3-31)，可得$B_{\text{crs}}=1$。再将$B_{\text{crs}}=1$代入方程(3-28)，那么正弦屈曲的无量纲临界载荷即可得到$m_{\text{crs}}=1$。然而，当$\varepsilon\neq0$时，通过非线性方程组(3-28)、式(3-29)和式(3-31)，仍然可求得其正弦屈曲临界载荷。在此本文就不详加赘述。接下来我们将求解关于任意摩擦系数切向分量的通解形式，以便于应用于工程实践。

当摩擦系数切向分量 f_2 取值范围为 0 至 0.35 时，参数 ε 将在 0 至 0.5 范围内浮动。因此，我们可将 ε 看作为一个小参数，从而利用摄动法对该非线性方程组进行求解。设解得形式为：

$$\frac{a}{\varepsilon}=a_0+a_1\varepsilon+a_2\varepsilon^2+a_3\varepsilon^3+o(\varepsilon^4)\text{，}B=B_0+B_1\varepsilon+B_2\varepsilon^2+B_3\varepsilon^3+o(\varepsilon^4) \quad (3-32)$$

将式(3-32)代入式(3-31)，整理可得：

$$4B_0-4B_0^3+(4B_1-12B_0^2B_1)\varepsilon+o(\varepsilon^2)=0 \quad (3-33)$$

由于 $\varepsilon\neq0$，因此可得 $B_0=1$，$B_1=0$ 以及

$$B=1+B_2\varepsilon^2+B_3\varepsilon^3+o(\varepsilon^4) \quad (3-34)$$

将式(3-32)和式(3-34)代入式(3-29)，整理可得：

$$88a_0a_1a_2\varepsilon^3+(33a_0a_2+11a_0^2a_2+88a_0a_1^2)\varepsilon^2+(33a_0a_1+99a_0^2a_1)\varepsilon+33a_0^2+11a_0^3-16=0 \quad (3-35)$$

同理，由于 $\varepsilon\neq0$，由式(3-35)整理可得：

$$a_0=\left(\frac{4}{11}\right)^{\frac{1}{3}}\text{，}a_1=0\text{，}a_2=0 \quad (3-36)$$

将式(3-32)和式(3-34)与式(3-36)代入式(3-30)，整理可得：

$$\frac{\mathrm{d}a}{\mathrm{d}B}=-\frac{1}{3}\varepsilon(a_0B_2\varepsilon^2+a_0^3\varepsilon+a_0) \quad (3-37)$$

再将式(3-32)和式(3-34)、式(3-36)和式(3-37)代入式(3-31)，整理得：

$$\frac{61a_0^4}{24}-2a_0^2B_2-a_0-(2a_0^2B_3+\frac{11a_0^6}{24}+a_0^3)\varepsilon+(\frac{61a_0^3B_2}{6}-8a_0a_3)\varepsilon^3=0 \quad (3-38)$$

根据上式，分别计算其各项参数可得：

$$B_2=-0.053\text{，}B_3=-0.416\text{，}a_3=-0.034 \quad (3-39)$$

所以，方程组(3-29)与式(3-30)的摄动解可分别表达为：

$$B_{\mathrm{crs}}=1-0.053\varepsilon^2-0.416\varepsilon^3 \quad (3-40)$$

$$a_{\mathrm{crs}}=\varepsilon\left[\left(\frac{4}{11}\right)^{\frac{1}{3}}-0.034\varepsilon^3\right] \quad (3-41)$$

将式(3-40)与式(3-41)代入式(3-28)，即可得到正弦屈曲的无量纲临界屈曲载荷：

$$m_{\mathrm{crs}}=\frac{1}{1+7.699\varepsilon^2} \quad (3-42)$$

将参数 $\varepsilon=\left(\frac{4f_2}{3\pi}\right)^{\frac{1}{3}}$ 与 $m=\frac{4EIq\sin\alpha}{r_{\mathrm{c}}F^2}$ 代入式(3-42)，可得正弦屈曲关于各参

数的临界载荷表达式：

$$F_{\mathrm{crs}}=2\sqrt{\left(7.699\left(\frac{4f_2}{3\pi}\right)^{\frac{2}{3}}+1\right)}\sqrt{\frac{q\sin\alpha EI}{r_{\mathrm{c}}}} \tag{3-43}$$

同理，将参数 $\varepsilon=\left(\frac{4f_2}{3\pi}\right)^{\frac{1}{3}}$ 分别代入式(3-40)、式(3-41)和式(3-42)中，整理可得：

$$B_{\mathrm{crs}}=1-0.02993\,(f_2)^{\frac{2}{3}}-0.1766f_2 \tag{3-44}$$

$$a_{\mathrm{crs}}=0.5364\,(f_2)^{\frac{1}{3}}-0.01084\,(f_2)^{\frac{4}{3}} \tag{3-45}$$

$$m_{\mathrm{crs}}=\frac{1}{1+4.348\,(f_2)^{\frac{2}{3}}} \tag{3-46}$$

3.3.3 井斜角与摩擦力对正弦屈曲临界载荷的影响

上文通过摄动法对管柱屈曲微分控制方程进行了分析求解，并获得了角频率、角位移振幅和无量纲正弦屈曲临界载荷的近似解析解。接下来，本节将研究摩擦力对角频率、角位移振幅和无量纲正弦屈曲临界载荷这三者的影响。

由式(3-44)可见，角频率 B_{crs} 是一个仅关于摩擦系数切向分量 f_2 的函数。从图 3-8 中可看出，随着摩擦系数切向分量 f_2 的缓慢增加，角频率 B_{crs} 呈现一个明显的下降趋势，且为非线性变化关系。其工程意义是，随着摩擦系数的变大，管柱变形产生的正弦波周期也将变大。值得注意的是，曲线的变化率却变化甚微。当不考虑摩擦力影响时($f_2=0$)，此时角频率 B_{crs} 的值为常数 1。这表明，在无摩擦力的情况下，连续油管的正弦屈曲变形为标准的简谐波，其周期 T 为 2π。但是，随着摩擦系数的增大，角频率明显下降。这也导致角位移的变化周期增大。该变化的工程意义为，由于摩擦系数切向分量的增加，从而引起横向摩擦力的增加，很大程度地限制了连续油管沿着井壁向更高处移动。因此，摩擦系数的增加会减缓管柱产生屈曲变形，这与实际工况是吻合的。

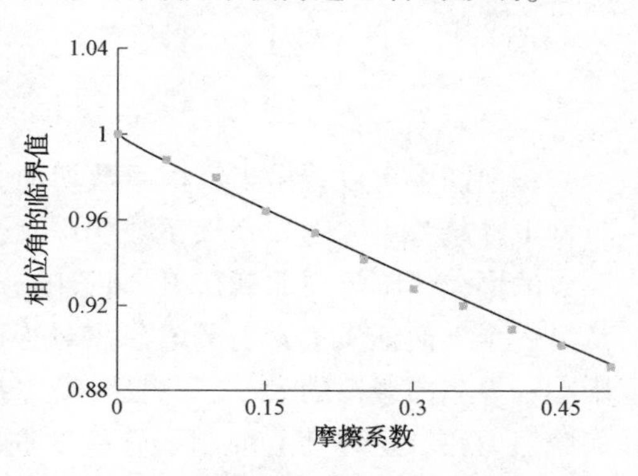

图 3-8　摩擦力 f_2 对于 B_{crs} 的影响

图 3-9 展示了角位移的振幅 a_{crs} 与摩擦系数切向分量 f_2 之间的变化关系。

从图中可以明显地看出，当摩擦系数切向分量缓慢增加时，振幅 a_{crs} 呈现一个非线性增长关系。并且，随着摩擦系数的增大，振幅的变化率由无摩擦情况下的无穷大快速降低至某一相对稳定的值。通常情况下，连续油管与井壁间的摩擦系数维持在 0.3~0.4 之间，所以在屈曲诱发的瞬间，连续油管的角位移振幅保持在 0.357~0.392 之间。

图 3-10 表示了无量纲临界屈曲载荷 m_{crs} 与摩擦系数切向分量的变化关系曲线。由于本文所采用的无量纲参数 m_{crs} 与临界屈曲力 F_{crs} 之间是反比关系，所以随着 m_{crs} 的降低 F_{crs} 是显著升高的。

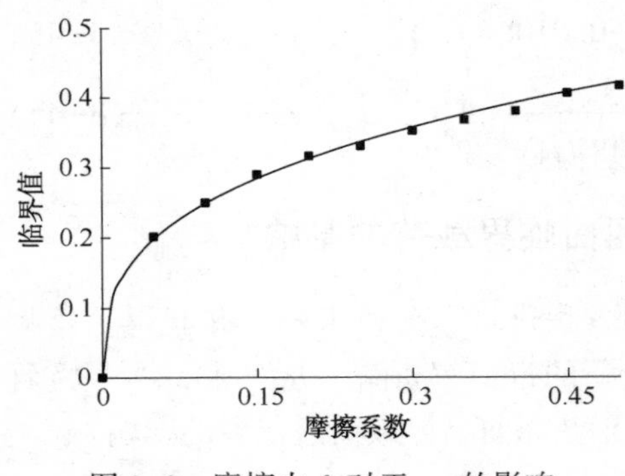

图 3-9　摩擦力 f_2 对于 a_{crs} 的影响

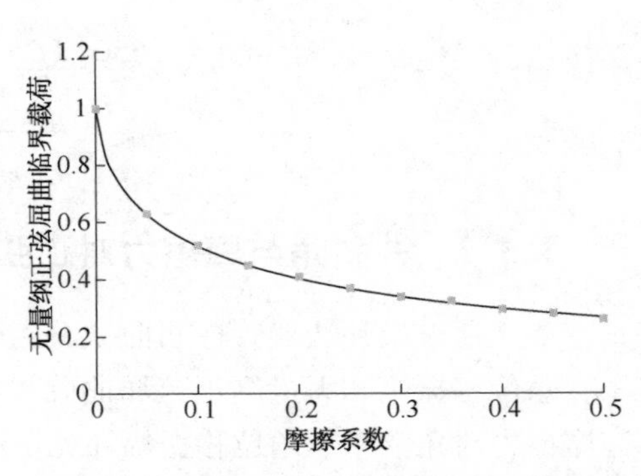

图 3-10　摩擦系数 f_2 对无量纲正弦屈曲临界载荷 m_{crs} 的影响

从上图中可以看出当摩擦系数切向分量增加时，无量纲临界屈曲载荷呈现急剧下降趋势。并随着摩擦系数的增大，变化率却逐渐减小。这表明随着摩擦系数的增大，临界屈曲载荷 F_{crs} 将会随着摩擦系数切向分量的增加而增加。这也从另一个方面证实了，当考虑摩擦对管柱屈曲的影响时，摩擦力的大小会明显影响临界屈曲载荷的大小。并且随着摩擦力的增加，管柱的横向运动受阻，进而摩擦力在一定程度上抑制了管柱的屈曲行为。值得注意的是摩擦系数为 0~0.1 这一段曲线，临界屈曲载荷变化非常剧烈。

通过对图 3-10 的分析，我们获得了无量纲临界载荷与摩擦系数间的变化关系。接下来，本文将研究临界屈曲载荷 F_{crs} 与井斜角 α 和摩擦系数切向分量 f_2 之间耦合的作用关系。将无量纲参数 $m=\dfrac{q\sin\alpha}{EIr_c\mu^4}$ 与 $\mu=\sqrt{\dfrac{F}{2EI}}$ 代入方程(3-46)，整理可得：

$$F_{crs}=2\sqrt{7.699\left(\frac{4f_2}{3\pi}\right)^{\frac{2}{3}}+1}\sqrt{\frac{q\sin\alpha EI}{r_c}} \tag{3-47}$$

上式清楚地表达了管柱临界屈曲载荷与各因素间的影响关系。

3.3.4 工程实例分析

为了研究井斜角与摩擦系数对临界屈曲载荷的影响，将下面工程实例代入上式进行分析研究。例如：当一根外径为 $3\frac{1}{2}$ 英寸，内径为 $2\frac{3}{4}$ 英寸的管柱用于直径为 $6\frac{3}{4}$ 英寸的井中进行井下作业时，其中管柱弹性模量 $E=2.1\times10^{11}(\mathrm{N/m^2})$；惯性矩 $I=1.81\times10^{-6}(\mathrm{m^4})$；管柱单位长度的重力 $q=206.0(\mathrm{N/m})$；管柱间轴线距离 $r_c=0.041272(\mathrm{m})$。将上述工程数据代入式(3-47)，整理得：

$$F_{crs}=87113.4\sqrt{4.348\,(f_2)^{\frac{2}{3}}+1}\sqrt{\sin\alpha} \tag{3-48}$$

当摩擦系数切向分量 $f_2=0.3$ 时，临界屈曲载荷的数值解便可表示为：

$$F_{crs}=149584.5\sqrt{\sin\alpha} \tag{3-49}$$

根据上式可得管柱正弦屈曲临界载荷与井斜角之间的变化关系如图 3-11 所示。图中展现了管柱的临界屈曲载荷与井斜角间的非线性变化关系。从图中可以看出，随着井斜角的增大临界屈曲力明显增加。然而，临界载荷增加的速度却在不断下降。在工程中并没有严格意义的水平直井，所以该结论具有良好的工程指导意义。根据曲线斜率的分析，可以明显看出：对于拥有较小倾斜角的井而言，其井斜角对临界屈曲力的影响非常大。然而对于拥有较大井斜角的情况而言，临界屈曲力反而变化则较为缓慢。

接下来，开始研究摩擦对正弦屈曲临界载荷的影响。与此相似，当井斜角 $\alpha=\frac{\pi}{4}$ 时，临界屈曲载荷的近似解析解可表示为：

$$F_{crs}=73253.3\sqrt{4.348\,(f_2)^{\frac{2}{3}}+1} \tag{3-50}$$

图 3-12 表示了临界屈曲载荷 F_{crs} 与摩擦系数切向分量 f_2 之间的变化关系。随着摩擦系数的增加，临界屈曲载荷缓慢增加。当不考虑摩擦力时，临界屈曲载荷则为 73253.3N，相比于摩擦系数为 0.3 时的 125784.9N 则降低了 41.8%之多。由此，可看出切向摩擦力将显著增加管柱正弦屈曲的临界力。从图中可看出，随着摩擦系数的不断增加，正弦屈曲临界载荷的增速反而在不断下降。这表明，在摩擦系数较小时，它对临界载荷的影响要比较大摩擦系数时更大。

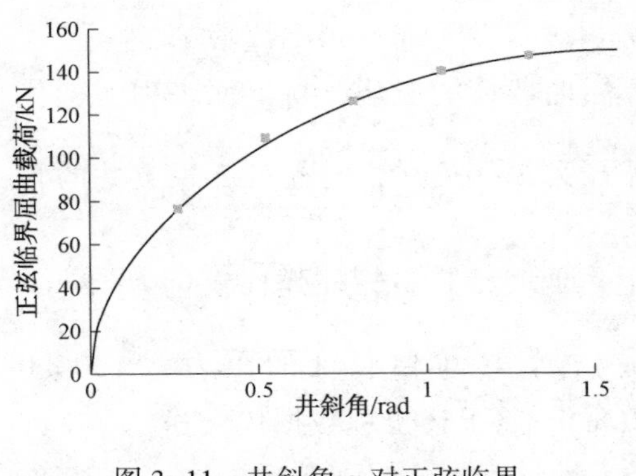

图 3-11　井斜角 α 对正弦临界屈曲载荷 F_{crs} 的影响

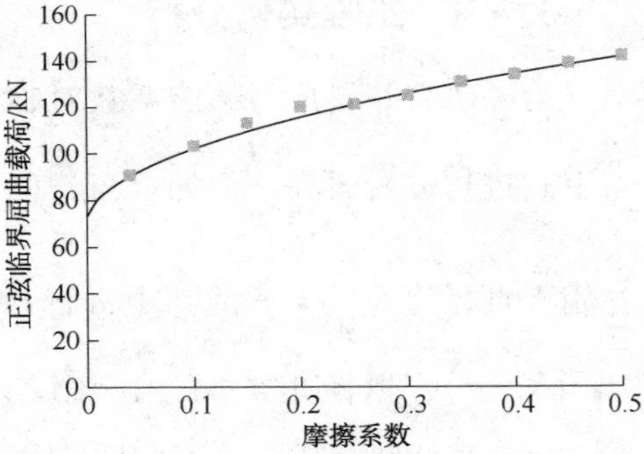

图 3-12　摩擦系数 f_2 对正弦临界屈曲载荷 F_{crs} 的影响

对井斜角与摩擦系数这两者的耦合影响进行研究，如图 3-13 所示。在摩擦力与井斜角的双重影响下，正弦临界载荷呈现为一个三维凸面的增长趋势。从下图可以看出，这两个因素均会推高临界载荷的值。当井斜角 $\alpha=90°$，摩擦系数 $f_2=0$ 时，分析模型就变为无摩擦影响的水平井模型了。其临界屈曲载荷的表达式变为：

$$F_{crs}=2\sqrt{\frac{qEI}{r_c}} \tag{3-51}$$

这一推导结果与 R. Dawson 和 R. Paslay 等在 1966 年所推导的研究结果完全一致。从而验证了本文的数学模型与近似解析解的正确性。

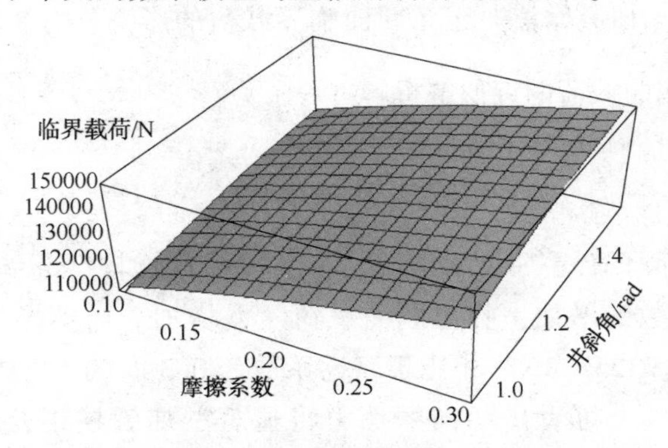

图 3-13　摩擦系数 f_2 与井斜角 α 对临界屈曲载荷 F_{crs} 的耦合影响

3.4 正弦屈曲形态下管柱轴向载荷研究

上一节本文研究了管柱临界屈曲载荷的变化情况，以及各参数对其的影响。接下来，将对连续油管在正弦屈曲状态下的轴力进行研究，同时探讨井斜角与摩擦力对其轴力的影响。通过分析轴力的变化趋势来判断管柱最初诱发正弦屈曲的位置，为工程实践中更好地预防管柱屈曲行为的产生提供必要的理论基础。

3.4.1 正弦屈曲形态下的管柱轴力

一旦管柱发生屈曲现象，管柱的轴向摩擦将成为主要影响因素。因此，在管柱轴力的求解过程中，我们可以将轴向摩擦视为主要的摩擦力($f_1 \approx f$)，而忽略其切向方向的摩擦($f_2=0$)。从而，屈曲方程(2-65)可简化为：

$$\frac{\mathrm{d}^4\theta}{\mathrm{d}\zeta^4}-6\left(\frac{\mathrm{d}\theta}{\mathrm{d}\zeta}\right)^2\frac{\mathrm{d}^2\theta}{\mathrm{d}\zeta^2}+2\frac{\mathrm{d}^2\theta}{\mathrm{d}\zeta^2}+m\sin\theta=0 \tag{3-52}$$

由于当管柱进入正弦屈曲后，正弦波长将不会做出变化。但是当管柱进入屈曲变形后，管柱的角位移振幅将明显改变。因此，可设管柱的正弦屈曲变形角位移解的形式为：

$$\theta(\zeta,\ t)=a(t)\sin(\zeta)+a^2(t)g_2(\zeta,\ t)+a^3(t)g_3(\zeta,\ t)+o(a^4) \tag{3-53}$$

将所设解的式(3-53)代入式(3-52)，整理可得：

$$a\left[m-1+\frac{3a^2}{2}\right]\sin(\zeta)+a^2\left[\frac{\mathrm{d}^4g_2(\zeta,\ t)}{\mathrm{d}\zeta^4}+2\frac{\mathrm{d}^2g_2(\zeta,\ t)}{\mathrm{d}\zeta^2}+mg_2(\zeta,\ t)\right]+$$
$$a^3\left[\frac{\mathrm{d}^4g_3(\zeta,\ t)}{\mathrm{d}\zeta^4}+2\frac{\mathrm{d}^2g_3(\zeta,\ t)}{\mathrm{d}\zeta^2}+mg_3(\zeta,\ t)+\frac{3}{2}\sin(3\zeta)\right]+o(a^4)=0 \tag{3-54}$$

由式(3-54)中各项分别等于零，可得出如下解：

$$a=\sqrt{\frac{2(1-m)}{3}} \tag{3-55}$$

$$g_2(\zeta,\ t)=0 \tag{3-56}$$

$$g_3(\zeta,\ t)=\frac{(126+2m)a\sin\zeta+(1-m)3\sin(3\zeta)}{2m^2+124m-126} \tag{3-57}$$

当在计算正弦屈曲情况下的轴向力时($m_{\mathrm{crh}}<m<m_{\mathrm{crs}}$)，其中 a 的三次方项 $a^3(t)g_3(\zeta,\ t)$是一个非常小的值。在工程运用中，完全可以忽略高阶的小项，这样也不会造成较大的误差。

因此，在管柱正弦屈曲的情况下，其变形角位移的解可表示为：

$$\theta(\zeta,\ t)=\sqrt{\frac{2(1-m)}{3}}\sin(\zeta) \tag{3-58}$$

为计算管柱与井壁的接触力，将式(3-58)代入式(2-64)，整理可得：

$$n=\frac{1}{6}+\frac{5m}{6}-\left(\frac{17}{9}-\frac{41m}{18}+\frac{7m^2}{18}\right)\cos 2\zeta-\frac{1+m^2-2m}{18}\cos(4\zeta) \tag{3-59}$$

忽略摄动部分的影响后，无量纲的接触力可简化为：

$$n=\frac{1}{6}+\frac{5m}{6} \tag{3-60}$$

将无量纲参数 $m=\frac{q\sin\alpha}{EIr_c\mu^4}$、$\mu=\sqrt{\frac{F}{2EI}}$ 与 $n=\frac{N}{EIr_c\mu^4}$ 代入式(3-60)，进行整理还原，即可得管柱与井壁间的接触力，具体可表示为：

$$N=\frac{r_c F^2}{24EI}+\frac{5q\sin\alpha}{6} \tag{3-61}$$

同理，可将其代入轴向力的微分表达式(2-63)，整理可得：

$$\frac{\mathrm{d}F(z)}{\mathrm{d}z}=\frac{fr_c}{24EI}F^2+\frac{5fq\sin\alpha}{6}-q\cos\alpha \tag{3-62}$$

显然，可根据求解上式，从而得到管柱在正弦屈曲变形情况下的轴力。在积分求解轴力表达式之前，我们需要先对管柱在斜井中的受力进行分析。在管柱受力分析中，最重要的便是管柱自重在斜面上的分量和摩擦力。当管柱重力在斜面上的分量大于摩擦力时，管柱将会沿着斜面自然下滑；而管柱的最大轴力端将会出现在靠近井底的位置。反之，管柱由于受到井口压力的作用，最大轴力将会出现在靠近井口一端。由此可见，对于斜井中管柱自由滑动的自锁角分析是十分必要的。

由于自锁角的取值问题，将会对管柱轴力的变化趋势产生明显影响，因此接下来将简要介绍斜井中管柱自由滑动的自锁角这一概念。图 3-14 表示为两个楔形块叠加而成的斜面滑动模型。根据 α 角的不同取值，滑块 A 将会有自由滑动或静止不动两种状态。

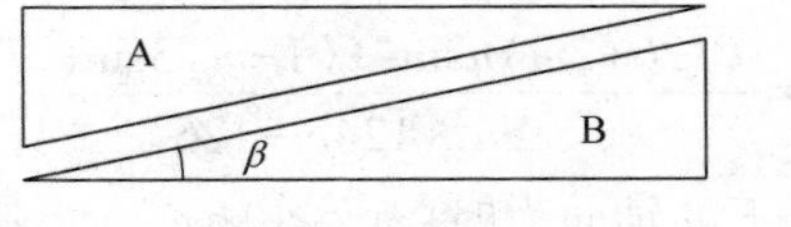

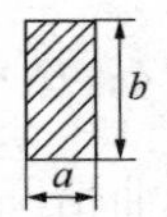

图 3-14　楔形带示意图

上件 A 和下件 B 连接后，依靠楔形带与上、下件之间的接触来传递力，为了阻止楔形带自动滑落，楔形带拼合面的斜度 β 一般应小于滑动的自锁角 β_{crs}，即

$$\beta<\beta_{crs}=\arctan f \tag{3-63}$$

式中 f 为楔形带拼合面的摩擦系数。

由于斜井的井斜角为管柱轴线与竖直方向间的夹角 α，此时的 α 与 β 互余，因此斜井中的管柱自锁角可表示为 $\alpha_{crs}=\arctan\dfrac{1}{f}$。根据自锁角，可将连续油管在斜井中的轴力情况分为两类来研究。当 $\arctan\dfrac{1}{f}\leqslant\alpha$ 时，平躺于井中的管柱将不会下滑。因此，管柱的轴向力由于轴向摩擦力的作用，将会沿着井口向井底缓慢降低。在这种轴力的分布情况下，管柱将首先在加载端附近发生正弦屈曲。然而，另一端则可能出现零轴力的情况。与之相反，当 $\alpha<\arctan\dfrac{1}{f}$时，则管柱在下滑力作用下逐渐向井底移动，使管柱最先出现正弦屈曲的位置发生在靠近井底的一端。下面我们将首先研究井斜角大于自锁角的情况（$\arctan\dfrac{1}{f}\leqslant\alpha$）。当管柱轴向力保持于 $F_{crs}\leqslant F_L^0<F_{crh}$时，积分求解式(3-62)可得：

当$\dfrac{5}{6}f>\cot\alpha$ 时，

$$F(z)=2\sqrt{\frac{EIq(5f\sin\alpha-6\cos\alpha)}{fr_c}}\tan\left[\frac{(z-z_L)}{12}\sqrt{\frac{fr_cq(5f\sin\alpha-6\cos\alpha)}{EI}}+\arctan\left(\frac{F_L}{2}\sqrt{\frac{fr_c}{EIq(5f\sin\alpha-6\cos\alpha)}}\right)\right] \tag{3-64}$$

当$\dfrac{5}{6}f<\cot\alpha$ 时，

$$F(z)=2\sqrt{\frac{EIq(6\cos\alpha-5f\sin\alpha)}{fr_c}}\tanh\left[\frac{(z_L-z)}{12}\sqrt{\frac{fr_cq(6\cos\alpha-5f\sin\alpha)}{EI}}+\arctan\left(\frac{F_L}{2}\sqrt{\frac{fr_c}{EIq(6\cos\alpha-5f\sin\alpha)}}\right)\right] \tag{3-65}$$

在此需要特别注意的是，由于在求解式(3-62)时，无法在不确定井斜角 α 与摩擦系数 f 大小的情况下，采用通式表述微分方程式(3-62)的积分求解。因此，采用了在不同情况下进行分段表达的方式表述管柱正弦情况下的轴力。

同理，对于 $\alpha<\arctan\dfrac{1}{f}$ 的情况，式(3-62)的解为：

$$F(z)=2\sqrt{\frac{EIq(6\cos\alpha-5f\sin\alpha)}{fr_c}}\tanh\left[\frac{(z_{crs}^0-z)}{12}\sqrt{\frac{fr_cq(6\cos\alpha-5f\sin\alpha)}{EI}}+\arctan\left(\frac{F_{crs}}{2}\sqrt{\frac{fr_c}{EIq(6\cos\alpha-5f\sin\alpha)}}\right)\right] \tag{3-66}$$

式中 z_{crs}^0 为管柱发生正弦屈曲的临界 Z 轴位置，可通过下式进行计算求解。

$$z_{crs}^0=z_L-\frac{F_{crs}-F_L}{q\cos\alpha-fq\sin\alpha} \tag{3-67}$$

在此情况下，若要使管柱仅发生正弦屈曲，那么所施加于井口一端的管柱轴向载荷必须处于式(3-68)所表述范围。因为，当管柱轴力超过其最大值，就会在管柱的底端出现螺旋屈曲。当所施加轴力低于下述最小值时，那么即便拥有最大值轴向力的底端也不会诱发正弦屈曲。

$$F_{crs}-(q\cos\alpha-f_1q\sin\alpha)z_L\leqslant F_L<F_{crs}-(q\cos\alpha-f_1q\sin\alpha)(z_L-z_{max}) \tag{3-68}$$

3.4.2 工程实例分析

为分析井斜角对正弦屈曲形态下管柱轴力的变化情况，本文采用如下工程实例把井斜角与摩擦对管柱轴力的影响进行分析说明。当外径为 $3\dfrac{1}{2}$英寸的连续油管在直径为 $6\dfrac{3}{4}$英寸的井中进行井下作业时，其中管柱的弹性模量 $E=2.1\times10^{11}(\mathrm{N/m^2})$；极惯性矩 $I=1.81\times10^{-6}(\mathrm{m^4})$；管柱单位长度的重力 $q=206.0(\mathrm{N/m})$；管柱轴线与井眼轴线之间的距离 $r_c=0.041272(\mathrm{m})$。当管柱长度为 $z_L=2000(\mathrm{m})$；管柱与井壁间的摩擦系数 $f=0.3$；施加于管柱轴线上的作用力 $F_L=80000(\mathrm{N})$。此时，管柱在不同井斜角的情况下，轴力随井深之间的变化关系可表示为图 3-15 所示情况。图中实线部分代表管柱处于正弦屈曲状态下的轴力变化关系。虚线部分则代表管柱处于螺旋屈曲状态或维持原有的直线状态。实线两端的原点分别表示诱发正弦屈曲和螺旋屈曲的临界载荷。由于所选取的井斜角比自锁角大，因此管柱首先出现正弦屈曲的位置在加载端附近。因此，实线左边部分虚线表示已经发生螺旋屈曲变形，而右边部分则代表管柱依然维持原有的直线形态，未发生任何屈曲变形。

从图 3-15 可以看出，随着井斜角的增加，管柱轴力的变化率呈现显著下降趋势。通过对比图中最左边曲线与最右边轴力曲线，不难发现管柱轴力变化率呈现逐渐降低趋势。观察每一段曲线的横坐标值变化情况可知，随着井斜角的增加，处于正弦屈曲状态的管柱段在逐渐增长。这正是由于随着井斜角的增大，重力在 Z 轴方向上的分力在逐渐减小，从而导致管柱的轴力变化较为和缓。

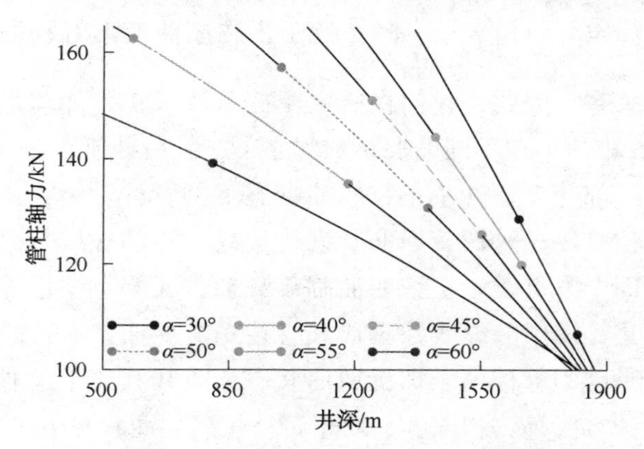

图 3-15　轴力与 $F(z)$、井深 z、井斜角 α 变化关系图

若选取井斜角 $\alpha=\frac{\pi}{3}$ 和摩擦系数 $0<f\leqslant0.5$ 为研究参数时，处于正弦屈曲状态下的管柱轴力可表示为：

$$F(z)=2\sqrt{\frac{EIq(3-5f\sin\alpha)}{fr_c}}\tanh\left[\begin{array}{c}\dfrac{(z_{crs}^0-z)}{12}\sqrt{\dfrac{fr_c q(3-5f\sin\alpha)}{EI}}\\+\arctan\left(\dfrac{F_{crs}}{2}\sqrt{\dfrac{fr_c}{EIq(3-5f\sin\alpha)}}\right)\end{array}\right] \tag{3-69}$$

将上文中的弹性模量、极惯性矩和管柱直径等参数分别代入式(3-47)与式(3-67)，整理可得：

$$F_{crs}=81068.1\sqrt{4.348f^{\frac{2}{3}}+1} \tag{3-70}$$

$$z_{crs}^0=2000-\frac{81068.1\sqrt{4.348f^{\frac{2}{3}}+1}-80000}{103-103\sqrt{3}f} \tag{3-71}$$

将式(3-70)和式(3-71)代入管柱正弦屈曲状态下的轴力表达式(3-69)，整理可得连续油管处于正弦屈曲状态下的管柱轴力变化关系式：

$$F(z)=87113.364\sqrt{\frac{3}{f}-\frac{5\sqrt{3}}{2}}\tanh\left[0.000394\left(2000-\frac{81068.1\sqrt{1+4.348f^{\frac{2}{3}}}-80000}{103-103\sqrt{3}f}-z\right)\sqrt{3f-\frac{5\sqrt{3}f^{2}}{2}}+\operatorname{arctanh}\left(0.931\sqrt{1+4.348f^{\frac{2}{3}}}\sqrt{\frac{f}{3-\frac{5\sqrt{3}f}{2}}}\right)\right] \tag{3-72}$$

上式表示在固定井斜角 $\alpha=\frac{\pi}{3}$ 时，处于正弦屈曲变形管柱段的轴力与摩擦系数之间的变化关系。因此，我们将研究摩擦系数对正弦屈曲形态下管柱轴力的影响。图 3-16 表达了在不同摩擦系数状态下，管柱处于正弦屈曲段的轴力变化情况。图中实线部分表示处于正弦屈曲形态下的管柱轴力，而实线上边的虚线部分则代表管柱已经进入螺旋屈曲状态，实线下边的虚线部分代表管柱处于原始直线状态。图中方点表示正弦屈曲临界载荷，而圆点表示螺旋屈曲临界载荷。值得注意的是，图中的虚线并不代表管柱螺旋屈曲状态或直线状态下的轴力变化关系。这是因为管柱处于螺旋屈曲状态或直线状态下的轴力计算式与正弦状态下的轴力计算式是不相同的。对于管柱螺旋屈曲状态下的轴力变化情况，下一章将会继续研究。

分析图 3-16 可以看出，当施加于管柱轴线上的力 $F_{L}=80000$(N)时，管柱的正弦屈曲临界力和螺旋屈曲临界力均为随着摩擦系数的增加而增加。观察图中实线的横坐标变化区间可以发现，随着摩擦系数的增大，井中处于正弦屈曲状态下的管柱段在不断增加。这便说明摩擦系数将会显著影响油管柱在井中诱发屈曲的位置与正弦状态持续的长度。分析轴力变化率可知，随着摩擦系数的增大，轴力的变化率却在逐步下降。随着井深位置的变化，管柱轴力呈现出比较和缓的增长趋势。

通过上述分析，发现摩擦系数不仅影响诱发管柱屈曲产生位置，而且影响管柱在井下处于正弦屈曲状态的长度。这对工程实践领域的启示在于，必须设法降低管柱与井壁间的摩擦系数。这样可使得处于正弦状态下的管柱段降低，而且可提高轴力的传递效率，减少由于摩擦力带来的损耗。降低井下摩擦系数的方法有很多，例如在钻井液中添加润滑剂、在油管柱上添加振动节等。其中振动形式又可分为：轴向振动、横向振动或耦合振动等。

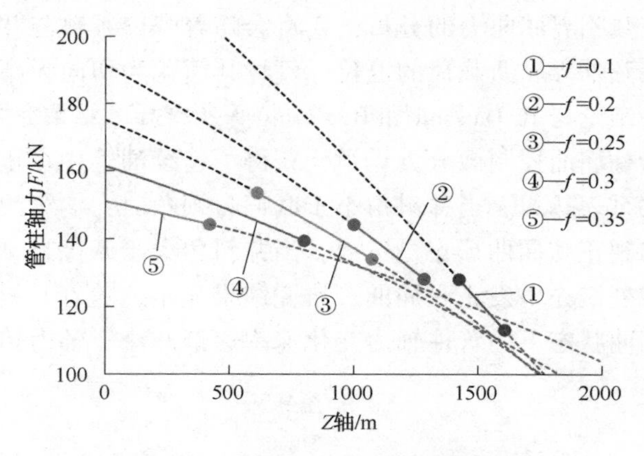

图 3-16　管柱轴力随摩擦系数的变化

3.5　本章小结

由上述各节分析可知，管柱屈曲状态下的总能量、诱发屈曲的临界轴向载荷和正弦状态下的轴力均受到摩擦系数与井斜角等因素的影响。井斜角的变化将不仅影响轴力的传递，而且将会改变正弦屈曲产生的位置，这对工程实践领域的管柱屈曲位置预测具有重要意义。

(1) 根据管柱正弦屈曲变形下的角位移变形量假设，研究了管柱的切向移动速度和轴向移动速度，以及由速度变化关系导出的切向摩擦分量与轴向摩擦分量。通过虚功原理对管柱各力做功的分析，获得了管柱在屈曲状态下的总能量。通过对总能量的无量纲化，获得了无量纲总能量解析式，为管柱临界屈曲的分析奠定了理论基础。

(2) 研究了物体的三种平衡状态，稳定平衡态、不稳定平衡态和随遇平衡态，以及管柱的两类失稳形式，极值点失稳与分支点失稳。最终通过能量准则对管柱的后屈曲行为进行研究分析。研究表明：首先，无量纲总能量取得极值的个数将受到管柱轴力的影响。出现这一现象的根源在于，管柱轴力的变化直接影响了管柱是否进入正弦屈曲状态，从而导致无量纲总能量的极值点变化。与此同时，轴力的变化也将影响管柱屈曲过程中所产生的角位移 θ 的振幅 a 发生变化。其次，摩擦系数的增加也将引起诱发管柱屈曲总能量的增加。

(3) 通过摄动法求取了管柱正弦屈曲状态的无量纲临界屈曲载荷、角位移幅值和相位角关于摩擦的表达式。分析显示，摩擦系数的增加将引起角位移的振动幅度明显增加。然而，无量纲临界屈曲力则将随着摩擦系数的增加而逐渐降低。通过对正弦临界屈曲力的分析，它将会随着摩擦系数与井斜角的增加而增加。经过对正弦临界屈曲载荷的退化，可将其简化为切向无摩擦的管柱正弦屈曲载荷。这一结论与 R. Dawson 和 R. Paslay 等所推导的结果完全一致。

（4）解耦管柱屈曲控制微分方程组，获得了连续油管柱在正弦屈曲形态下轴向力的变化关系表达式。当井斜角小于摩擦自锁角时，连续油管柱将在靠近井底一端最初出现正弦屈曲形态。然而，当井斜角大于摩擦自锁角时，管柱将在靠近井口加载处最先诱发正弦屈曲。研究结果显示，随着井斜角与摩擦系数的增加，正弦屈曲状态下的管柱轴力变化速率逐渐减小，轴力传递效率也逐渐降低。

第4章　斜井中连续油管螺旋屈曲研究

在斜直井中连续油管的螺旋屈曲问题研究中，由于连续油管柱自重的轴向分量与垂直分量均会对管柱的轴力变化产生较大影响，因此在斜井中的管柱将可能产生三种平衡状态同时存在的现象。井斜角与管柱摩擦力的耦合影响也将导致管柱出现螺旋屈曲的位置发生巨大变化。

对于非线性弹性力学问题的研究，可分为物理非线性问题与几何非线性问题两种。由于研究对象的黏弹性或弹塑性性能是非线性的，从而导致物理非线性问题。这些都是由材料固有特性所引起的非线性变化，主要表现在应力与应变的本构方程中。然而，几何非线性问题往往是指研究对象由于力的作用产生较大的位移，引起物体的几何形状发生明显变化；最终使得研究对象的力学平衡方程需要根据变形后的具体位移来构建。因此，这种非线性问题的非线性主要表现在研究对象变形的几何方程与平衡条件这两方面。显然，井下连续油管柱的螺旋屈曲行为是在轴力变化的情况下产生了较大的螺旋屈曲位移，所以该类力学关系是属于几何非线性弹性力学问题。

本章将通过求解该非线性方程组，获取连续油管柱在屈曲变形过程中所产生的角位移与螺旋屈曲临界载荷。在考虑摩擦力、连续油管柱自重与井斜角变化的基础上，推导出连续油管在螺旋屈曲状态下轴力变化关系解析解，并对比分析 A. Lubinski 等的研究结论，导出管柱屈曲行为研究的自然边界条件，这对管柱轴力的求解具有重要意义。此外，对于边界条件、摩擦力和井斜角对连续油管的螺旋屈曲临界载荷与轴力的影响做了深入的探讨分析。

4.1　自然边界条件

在第二章中，已经分析了管柱位于斜直井中的速度和所受摩擦力，并通过能量守恒定律和变分原理解得了管柱屈曲模型的非线性方程组。通常意义上来说，在两端边界条件的应用下，根据式(2-14)、式(2-15)、式(2-16)、式(2-17)、式(2-63)、式(2-64)和式(2-65)这七个方程联立求解，即可求出 $v_1(\xi,\ t)$、

$v_2(\xi, t)$、$f_1(\xi, t)$、$f_2(\xi, t)$、$m(\xi, t)$、$n(\xi, t)$和$\theta(\xi, t)$这七个未知数的值。但是值得大家注意的是，这七个非线性方程组耦合得非常严重，解耦十分不易。即便本文在过屈曲的变形研究中不考虑切向摩擦力的影响，依然难以解出这个方程组所蕴含的解。如果我们进一步简化，不考虑管柱重力的影响。并且选取一种较为简便易求的边界条件，即一端铰支约束($z=0$)，另一端为自由端($z=L$)。具体表示如下式：

$$\theta(0)=0,\ \left.\frac{\mathrm{d}^2\theta}{\mathrm{d}z^2}\right|_{z=0}=0,\ \left.\frac{\mathrm{d}^2\theta}{\mathrm{d}z^2}\right|_{z=L}=0,\ \left.\frac{\mathrm{d}^3\theta}{\mathrm{d}z^3}\right|_{z=L}=0 \tag{4-1}$$

那么管柱屈曲控制微分方程 2-62 则可简化为：

$$\frac{\mathrm{d}^4\theta}{\mathrm{d}z^4}-6\left(\frac{\mathrm{d}\theta}{\mathrm{d}z}\right)^2\frac{\mathrm{d}^2\theta}{\mathrm{d}z^2}+\frac{F}{EI}\frac{\mathrm{d}^2\theta}{\mathrm{d}z^2}=0 \tag{4-2}$$

设方程解的形式为$\theta=\upsilon z$，且该解既满足式(4-1)所列出的边界条件，又满足屈曲方程(4-2)。那么似乎可以求得υ的值，但是却不能求出该值。有趣的是，早在 1962 年$\upsilon=\frac{\mathrm{d}\theta}{\mathrm{d}z}=\sqrt{\frac{F}{2EI}}$这一解便被 A. Lubinski 等通过最小能量法求得了。从上述分析可以发现，若将其简化掉摩擦力与重力，则是可以通过其他的边界条件求得其解析解的。但是，本文所得方程组却面临解不出来的尴尬境遇。通过对本文模型的仔细研究发现，其问题在于边界条件的不完善。接下来，本文将展开对螺旋屈曲状态下，管柱的自然边界条件进行研究。

仔细分析我们所设解的形式$\theta=\upsilon z$，虽然它满足自由端的边界条件，但是却不满足铰支约束与固定端约束的边界条件。例如，在加载端($z^*=L$)，$\theta(L)=\upsilon L\neq0$和$\left(\frac{\mathrm{d}\theta}{\mathrm{d}z}\right)_{z=L}=\upsilon\neq0$均不等于零，不满足铰支约束的边界条件。

接下来，本文将先对管柱的总能量变分进行分析研究。在假定连续油管与井壁进行连续接触的情况下，管柱轴线与油气井轴线间的距离r为一定值$r=r_c$。因此，涉及轴线间距r的各项微分均为零。由此，可得到在通用边界条件下的弹性变形能，具体表示如下：

$$U_b=\frac{EI}{2}\int_0^L k^2\mathrm{d}z=\frac{EI}{2}\int_0^L (k_r^2+k_\theta^2)\mathrm{d}z=\frac{EI}{2}\int_0^L r^2\left[\left(\frac{\mathrm{d}^2\theta}{\mathrm{d}z^2}\right)^2+\left(\frac{\mathrm{d}\theta}{\mathrm{d}z}\right)^4\right]\mathrm{d}z \tag{4-3}$$

同时，对式中各项分别求其变分，整理可得：

$$\delta U_b=EIr_c^2\left\{\left[\frac{\mathrm{d}^2\theta}{\mathrm{d}z^2}\delta\left(\frac{\mathrm{d}\theta}{\mathrm{d}z}\right)\right]_0^L-\left[\frac{\mathrm{d}^3\theta}{\mathrm{d}z^3}\delta\theta\right]_0^L+2\left[\left(\frac{\mathrm{d}\theta}{\mathrm{d}z}\right)^3\delta\theta\right]_0^L\right\}+EIr_c^2\int_0^L\left[\frac{\mathrm{d}^4\theta}{\mathrm{d}z^4}-6\frac{\mathrm{d}^2\theta}{\mathrm{d}z^2}\left(\frac{\mathrm{d}\theta}{\mathrm{d}z}\right)^2\right]\delta\theta\mathrm{d}z \tag{4-4}$$

同理，可求出管柱 Z 轴方向上各力所做功为：

$$W_{Fz,\mathrm{b}}=\int_0^{u_\mathrm{b}(L)}F_\mathrm{L}\mathrm{d}u_\mathrm{b}(L)-\int_0^L\int_0^{u_\mathrm{b}(z)}f_1(z)N(z)\mathrm{d}u_\mathrm{a}(z)\mathrm{d}z+\int_0^L\int_0^{u_\mathrm{b}(z)}q\cos\alpha\mathrm{d}u_\mathrm{a}(z)\mathrm{d}z \tag{4-5}$$

其变分表达式为：

$$\delta W_{Fz,\mathrm{b},\delta\theta}=r_\mathrm{c}^2\int_0^L F\frac{\mathrm{d}\theta}{\mathrm{d}z}\delta\left(\frac{\mathrm{d}\theta}{\mathrm{d}z}\right)\mathrm{d}z=r_\mathrm{c}^2\left[F\frac{\mathrm{d}\theta}{\mathrm{d}z}\delta\theta\right]_0^L-r_\mathrm{c}^2\int_0^L\frac{\mathrm{d}}{\mathrm{d}z}\left(F\frac{\mathrm{d}\theta}{\mathrm{d}z}\right)\delta\theta\mathrm{d}z \tag{4-6}$$

将式(2-36)、式(2-37)、式(4-4)和式(4-6)代入总能量的变分式：

$$\delta\Pi=\delta U_\mathrm{b}-\delta W_{Fz,\mathrm{b}}-\delta W_{G_2}-\delta W_{f_2}=0 \tag{4-7}$$

整理可得：

$$\begin{aligned}\delta\Pi=&\int_0^L\left[\frac{\mathrm{d}^4\theta}{\mathrm{d}z^4}-6\frac{\mathrm{d}^2\theta}{\mathrm{d}z^2}\left(\frac{\mathrm{d}\theta}{\mathrm{d}z}\right)^2+\frac{\mathrm{d}}{\mathrm{d}z}\left(\frac{F}{EI}\frac{\mathrm{d}\theta}{\mathrm{d}z}\right)+\frac{q\sin\alpha}{EIr_\mathrm{c}}\sin\theta+\frac{f_2N\mathrm{sign}(\theta)}{EIr_\mathrm{c}}\right]\delta\theta\mathrm{d}z\\&+\left[\frac{\mathrm{d}^2\theta}{\mathrm{d}z^2}\delta\left(\frac{\mathrm{d}\theta}{\mathrm{d}z}\right)\right]_0^L-\left[\left(\frac{\mathrm{d}^3\theta}{\mathrm{d}z^3}+\frac{F}{EI}\frac{\mathrm{d}\theta}{\mathrm{d}z}-2\left(\frac{\mathrm{d}\theta}{\mathrm{d}z}\right)^3\right)\delta\theta\right]_0^L=0\end{aligned} \tag{4-8}$$

根据能量变分原理，总能量的变分若恒等于零，则变分 $\delta\theta$ 的各项系数必须等于零。由于 $\delta\theta$ 可取任意值，若总能量的变分必须满足关系 $\delta\Pi=0$，那么屈曲方程与自然边界条件必须满足下列关系，即：

$$\frac{\mathrm{d}^4\theta}{\mathrm{d}z^4}-6\frac{\mathrm{d}^2\theta}{\mathrm{d}z^2}\left(\frac{\mathrm{d}\theta}{\mathrm{d}z}\right)^2+\frac{\mathrm{d}}{\mathrm{d}z}\left(\frac{F}{EI}\frac{\mathrm{d}\theta}{\mathrm{d}z}\right)+\frac{q\sin\alpha}{EIr_\mathrm{c}}\sin\theta+\frac{f_2N\mathrm{sign}(\theta)}{EIr_\mathrm{c}}=0 \tag{4-9}$$

$$\left[\frac{\mathrm{d}^2\theta}{\mathrm{d}z^2}\delta\left(\frac{\mathrm{d}\theta}{\mathrm{d}z}\right)\right]_0^L-\left[\left(\frac{\mathrm{d}^3\theta}{\mathrm{d}z^3}-2\left(\frac{\mathrm{d}\theta}{\mathrm{d}z}\right)^3+\frac{F}{EI}\frac{\mathrm{d}\theta}{\mathrm{d}z}\right)\delta\theta\right]_0^L=0 \tag{4-10}$$

显然，若对式(4-9)进行无量纲化处理，不难发现它的表述形式与上文我们推导出的式(2-65)完全一致。而自然边界条件所满足的式(4-10)，则转化为下列形式：

$$\left[\frac{\mathrm{d}^2\theta}{\mathrm{d}\zeta\mathrm{d}^2}\delta\left(\frac{\mathrm{d}\theta}{\mathrm{d}\zeta}\right)\right]_0^{\zeta_\mathrm{L}}-\left[\left(\frac{\mathrm{d}^3\theta}{\mathrm{d}\zeta^3}-2\left(\frac{\mathrm{d}\theta}{\mathrm{d}\zeta}\right)^3+2\frac{\mathrm{d}\theta}{\mathrm{d}\zeta}\right)\delta\theta\right]_0^{\zeta_\mathrm{L}}=0 \tag{4-11}$$

从上述分析可以看出，若我们通过分析管柱的能量关系，在得出管柱的屈曲方程的同时，将会获得与之对应的自然边界条件。将式(4-11)分解为通用表达式，可表示为：

$$\left[\frac{\mathrm{d}^2\theta}{\mathrm{d}\zeta^2}\right]_{\zeta=\zeta^*}=0，\text{或}\left[\delta\left(\frac{\mathrm{d}\theta}{\mathrm{d}\zeta}\right)\right]_{\zeta=\zeta^*}=0 \tag{4-12}$$

$$\left[\frac{\mathrm{d}^3\theta}{\mathrm{d}\zeta^3}-2\left(\frac{\mathrm{d}\theta}{\mathrm{d}\zeta}\right)^3+2\frac{\mathrm{d}\theta}{\mathrm{d}\zeta}\right]_{\zeta=\zeta^*}=0，\text{或}[\delta\theta]_{\zeta=\zeta^*}=0 \tag{4-13}$$

接下来，将所推导出的自然边界条件分解为各约束关系。当管柱为铰支端约束时，则此处的角位移需满足如下关系：

$$\left[\frac{\mathrm{d}^2\theta}{\mathrm{d}\zeta^2}\right]_{\zeta=\zeta^*}=0,\ [\delta\theta]_{\zeta=\zeta^*}=0 \tag{4-14}$$

若管柱为固定端约束时，则应满足如下边界条件：

$$[\delta\theta]_{\zeta=\zeta^*}=0,\ \left[\delta\left(\frac{\mathrm{d}\theta}{\mathrm{d}\zeta}\right)\right]_{\zeta=\zeta^*}=0 \tag{4-15}$$

同理，当管柱为自由端时，管柱的角位移则需满足：

$$\left[\frac{\mathrm{d}^3\theta}{\mathrm{d}\zeta^3}-2\left(\frac{\mathrm{d}\theta}{\mathrm{d}\zeta}\right)^3+2\frac{\mathrm{d}\theta}{\mathrm{d}\zeta}\right]_{\zeta=\zeta^*}=0 \tag{4-16}$$

从上述分析，可看出自然边界条件式(4-11)很好地满足了铰支约束、固定端约束和自由端的边界条件。与此同时，对于通过屈曲方程(4-9)所求得的角位移解，也能很好地满足自然边界条件关系式(4-11)。现在，我们再回顾上文所提出的无重杆屈曲方程式(4-2)的求解问题。当$\frac{\mathrm{d}^2\theta}{\mathrm{d}z^2}=\frac{\mathrm{d}^3\theta}{\mathrm{d}z^3}=0$时，对于任意实数的$v$和$z$均是满足自然边界条件关系式的，即$\left[\frac{\mathrm{d}^2\theta}{\mathrm{d}z^2}\delta\left(\frac{\mathrm{d}\theta}{\mathrm{d}z}\right)\right]_0^L=\left[\frac{\mathrm{d}^3\theta}{\mathrm{d}z^3}\delta\theta\right]_0^L=0$。对于井底处的角位移而言，其变分是等于零的$\delta\theta=z\delta v=0$。因为考虑到连续油管工作的实际工况，本模型假定管柱在井底处位于笛卡尔坐标系的原点，且不产生任何位移，加载端位于井口处的一端。对于井口处的一端，角位移需满足该关系式，即$\delta\theta=L\delta v\neq0$。因此，我们可以通过求解式(4-10)的第二项得到：

$$v\left(v^2-\frac{F}{2EI}\right)L\delta v=0 \tag{4-17}$$

根据变分原理可知，对于任意边界条件下，管柱角位移变化率的任意变分均不可能等于零，即$\delta v\neq0$。管柱的长度L必不可能为零，因此式(4-17)的另外两项至少有一项为零。显然当$v=0$时，则表示管柱未发生任何屈曲，仍然维持原有的直线平衡状态。然而，当$v^2-\frac{F}{2EI}=0$时，我们可以得到$v=\frac{\mathrm{d}\theta}{\mathrm{d}z}=\pm\sqrt{\frac{F}{2EI}}$的通解。其代表的工程意义为，管柱进入了正弦屈曲状态。该求解结果与前面我们讨论的 A. Lubinski 在 1962 年所推导的结果完全一致。因此，这也证实了本文所施加边界条件的正确性与适应性。

4.2 管柱的速度分析

本节将研究水平井中管柱速度变化规律。管柱在正弦屈曲或螺旋屈曲诱发的瞬间，其管柱的横向速度与轴向速度与处于后屈曲变形过程中的管柱速度是具有重大区别的。因此，研究管柱的切向速度与轴向速度变化，对于管柱临界屈曲力与处于后屈曲行为中的管柱轴力求解具有重要作用。

4.2.1 正弦屈曲与螺旋屈曲形态下的角位移

当不考虑摩擦力的时候，即 $f=0$，那么管柱将不受到切向摩擦力与轴向摩擦力的作用。此时，管柱的轴向力 $m(\zeta, t)$ 将等于施加于管柱加载端的载荷 m_L，即 $m(\zeta, t)=m_L$。而且管柱轴向力的一阶导 $\dot{m}(\zeta, t)$ 则是独立于无量纲长度 ζ 而存在的。由于不考虑摩擦力的影响，屈曲方程(2-59)将不含有摩擦项 $q\sin\alpha r_c\sin\theta$。从而，屈曲方程将不再与轴向力方程和接触力方程耦合。这将使得我们很容易得到该种情况下角位移 $\theta(\zeta, t)$ 的解析解。例如，$\theta(\zeta, t)=0$ 明显是不考虑摩擦力情况下屈曲方程的通解。它所表示的工程含义为：管柱虽然受到轴向力的作用，且每一处的轴力大小均相等，但是轴力未达到临界屈曲力，所以管柱仍然处于直线状态。下面，我们开始求解不考虑摩擦情况下的正弦临界屈曲解析解与螺旋状态下的临界屈曲值。

由于不考虑摩擦力的影响，因此式(2-59)通过无量纲化后，可以简化为：

$$\frac{d^4\theta}{d\zeta^4}-6\left(\frac{d\theta}{d\zeta}\right)^2\frac{d^2\theta}{d\zeta^2}+2\frac{d^2\theta}{d\zeta^2}+m\sin\theta=0 \tag{4-18}$$

一旦管柱诱发正弦屈曲，管柱的正弦波波长将不会发生变化。然而，角位移的振幅则会随着轴向载荷的增加而增加。因此，可以设方程(4-18)解的形式为：

$$\theta(\zeta, t)=a(t)\sin(\zeta)+a^2(t)g_2(\zeta, t)+a^3(t)g_3(\zeta, t)+o(a^4) \tag{4-19}$$

将上述所设解的形式式(4-19)代入方程(4-18)，整理可得：

$$\begin{aligned}&a\left[m-1+\frac{3a^2}{2}\right]\sin(\zeta)+a^2\left[\frac{d^4g_2(\zeta, t)}{d\zeta^4}+2\frac{d^2g_2(\zeta, t)}{d\zeta^2}+mg_2(\zeta, t)\right]\\&+a^3\left[\frac{d^4g_3(\zeta, t)}{d\zeta^4}+2\frac{d^2g_3(\zeta, t)}{d\zeta^2}+mg_3(\zeta, t)+\frac{3}{2}\sin(3\zeta)\right]+o(a^4)=0\end{aligned} \tag{4-20}$$

因为该解假设管柱已经诱发屈曲，显然上式中 $a\neq0$。因此，分别对各分项进行求解可得：

$$a=\sqrt{\frac{2(1-m)}{3}} \tag{4-21}$$

$$g_2(\zeta, t)=0 \tag{4-22}$$

$$g_3(\zeta,\ t)=\frac{(126+2m)a\sin\zeta+(1-m)3\sin(3\zeta)}{2m^2+124m-126} \tag{4-23}$$

由于 $a^3(t)g_3(\zeta,\ t)$ 在实际工程运用这一项非常小，数量级为 10^{-3}，因此在求解管柱正弦屈曲过程中可以将其忽略。从而，角位移的近似解析解可以表示为如下：

$$\theta(\zeta,\ t)=\sqrt{\frac{2(1-m)}{3}}\sin(\zeta) \tag{4-24}$$

以上便为管柱在不考虑摩擦力影响时，管柱正弦屈曲状态下的角位移表达式。接下来，我们将求解无摩擦情形下处于螺旋屈曲状态的管柱角位移。当管柱发生螺旋屈曲时，即 $m<1$，设方程(4-18)解的形式为：

$$\theta(\zeta)=\theta_0(\zeta)+m\theta_1(\zeta)+o(m^2) \tag{4-25}$$

$$m\sin\theta=m\sin\theta_0+o(m^2) \tag{4-26}$$

将所设解式(4-25)与式(4-26)代入方程(4-18)，整理可得：

$$\frac{\mathrm{d}^4\theta_0}{\mathrm{d}\zeta^4}-6\left(\frac{\mathrm{d}\theta_0}{\mathrm{d}\zeta}\right)^2\frac{\mathrm{d}^2\theta_0}{\mathrm{d}\zeta^2}+2\frac{\mathrm{d}^2\theta_0}{\mathrm{d}\zeta^2}=0 \tag{4-27}$$

$$\frac{\mathrm{d}^4\theta_1}{\mathrm{d}\zeta^4}+2\frac{\mathrm{d}}{\mathrm{d}\zeta}\left\{\left[1-3\left(\frac{\mathrm{d}\theta_0}{\mathrm{d}\zeta}\right)^2\right]\frac{\mathrm{d}\theta_1}{\mathrm{d}\zeta}\right\}+\sin\theta_0=0 \tag{4-28}$$

分析上面两式可以看出，式(4-27)不与其他方程耦合，为一个独立的微分方程。然而，式(4-28)则与式(4-27)的求解有直接关系。因此，当我们从方程(4-27)求解出 θ_0 后，将其代入方程(4-28)即可求出 θ_1 的值。接下来本文将重点研究在不同边界条件下，方程(4-27)对 θ_0 的求解。首先，对方程(4-27)进行一次积分可得：

$$\frac{\mathrm{d}^3\theta_0}{\mathrm{d}\zeta^3}+2\left[1-\left(\frac{\mathrm{d}\theta_0}{\mathrm{d}\zeta}\right)^2\right]\frac{\mathrm{d}\theta_0}{\mathrm{d}\zeta}-\rho_1=0 \tag{4-29}$$

式中：

$$\rho_1=\left[\frac{\mathrm{d}^3\theta_0}{\mathrm{d}\zeta^3}+2\left[1-\left(\frac{\mathrm{d}\theta_0}{\mathrm{d}\zeta}\right)^2\right]\frac{\mathrm{d}\theta_0}{\mathrm{d}\zeta}\right]_{\zeta=0} \tag{4-30}$$

当井底处 $\zeta=0$ 管柱为自由端边界条件时，根据式(4-11)的自然边界条件求解得 $\rho_1=0$。然而，对于它的边界条件，则 $\rho_1\neq0$。假设 $\eta=\frac{\mathrm{d}\theta_0}{\mathrm{d}\zeta}$，则通过运用微分链式法则可得：

$$\frac{\mathrm{d}^3\theta_0}{\mathrm{d}\zeta^3}=\frac{\mathrm{d}}{\mathrm{d}\zeta}\left(\frac{\mathrm{d}\eta}{\mathrm{d}\zeta}\right)=\frac{1}{2}\frac{\mathrm{d}}{\mathrm{d}\eta}\left[\left(\frac{\mathrm{d}\eta}{\mathrm{d}\zeta}\right)^2\right] \tag{4-31}$$

将上式代入式(4-30)，整理可得：

$$\frac{1}{2}\frac{\mathrm{d}}{\mathrm{d}\eta}\left[\left(\frac{\mathrm{d}\eta}{\mathrm{d}\zeta}\right)^2\right]+2\eta-2\eta^3-\rho_1=0 \tag{4-32}$$

对式(4-32)积分得：

$$\left(\frac{\mathrm{d}\eta}{\mathrm{d}\zeta}\right)^2=\eta^4-2\eta^2+2\rho_1\eta+\rho_2 \tag{4-33}$$

式中：

$$\rho_2=\left[\left(\frac{\mathrm{d}\eta}{\mathrm{d}\zeta}\right)^2-\eta^4+2\eta^2-2\rho_1\eta\right]_{\zeta=0} \tag{4-34}$$

为了简化分析，在此本文考虑管柱在$\zeta=0$处为自由端约束。因此，ρ_1的值为零，这在一定程度上简化了式(4-32)的复杂性。对于不同的ρ_2值，方程(4-33)的相态图可以表示为图4-1。

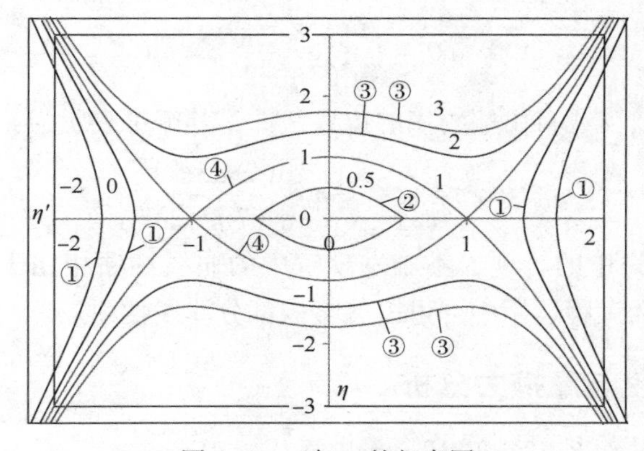

图4-1　η'与η的相态图

图4-1中曲线①表示$\rho_2\leqslant 0$的部分。对于$\rho_2>0$的情况，下面将做分别讨论。

(1) 当$0<\rho_2<1$时，曲线②为一个封闭的圆环，其代表管柱正处于正弦屈曲形态下。由于本章主要研究管柱的螺旋屈曲变形，在此我们便不做深入探讨。

(2) 当$\rho_2>1$时，图4-1中曲线③则表示为此种情况。观察曲线的变化情况，不难发现无论η取何值，均不存在$\eta'=0$，即曲线③与横轴无任何交点。这表明方程(4-27)没有任何的解能满足铰支端约束或自由端约束的边界条件。

(3) 当$\rho_2=1$时，如图4-1中曲线④所示。显然，当$\eta=\pm1$时，η'可取得零值，即$\eta'=\frac{\mathrm{d}^2\theta_0}{\mathrm{d}\zeta^2}=0$。因此，$\eta=\pm1$为方程4-27的两个特解，且该解满足连续油管铰支约束与自由端约束的边界条件。当连续油管的一端为自由端约束时，即

($\rho_1=0$)，连续油管的螺旋屈曲结构可以表示为：

$$\theta=m\zeta+c_0 \tag{4-35}$$

对于连续油管两端均为自由端的情形，式(4-35)中的 c_0 可以为任意实数。然而，当管柱的某一端为铰支约束时，c_0 的值则为零。$\rho_1\neq0$ 则对应于管柱在井底处的其他类型边界条件。对于任意整数 k，角位移的解 $\theta=\frac{2k\pi}{\zeta_L}\zeta$ 不仅满足两端铰支的边界条件，而且满足屈曲方程(4-27)。当给定某一整数 k 时，$\theta(\zeta_L)=2k\pi$ 表示管柱在加载端 $\zeta=\zeta_L$ 处未产生任何切向位移。因此，将式 $\theta_0=\eta\zeta+c_0$ 代入式(4-28)，整理可得：

$$\frac{d^4\theta_1}{d\zeta^4}+2(1-3\eta^2)\frac{d^2\theta_1}{d\zeta^2}+\sin(\eta\zeta+c_0)=0 \tag{4-36}$$

对式(4-36)进行积分求解可得：

$$\theta_1=-\frac{\sin(\eta\zeta+c_0)}{\eta^2(7\eta^2-2)} \tag{4-37}$$

对于管柱的铰支或自由端约束的边界条件，其解可表示为：

$$\theta(\zeta)=\eta\zeta+c_0-m\frac{\sin(\eta\zeta+c_0)}{\eta^2(7\eta^2-2)} \tag{4-38}$$

对比式(4-38)中的各项，不难发现解中的非线性项相比于线性项非常小。因此，我们在实际工程运用中，可以忽略该部分非线性项。

4.2.2 速度与摩擦力分析

对于连续油管在井中的形态，总共可分为三类。第一类为，当 $m>m_{crs}$ 时，$\theta(\zeta,t)=0$ 是一个稳定解，其代表管柱处于直线状态。此时，连续油管的轴向位移为 $u(\xi,t)=\kappa_1 r_c m(s,t)\xi$；轴向速度为 $v_1(\xi,t)=\kappa_1 r_c \dot{m}(s,t)\xi$；切向速度为 $v_2(\xi,t)=0$。

第二种情况为，当 $m_{crh}<m<m_{crs}$ 时，正弦屈曲形态角位移的解 $\theta(\zeta,t)=\sqrt{\frac{2(1-m)}{3}}\sin(\zeta)$ 便成了管柱的形变描述。此时，连续油管的轴向位移为 $u(\xi,t)=\left(\kappa_1 m+\kappa_2\frac{1-m}{3}\right)r_c\xi$，轴向速度为 $v_1(\xi,t)=\left(\kappa_1-\frac{\kappa_2}{3}\right)\dot{m}r_c\xi$，切向速度为 $v_2(\xi,t)=-\dot{m}\sqrt{\frac{3}{8(1-m)}}$。值得注意的是，由于管柱无量纲化轴向力的变化趋势为随着轴向力的增大而变小。因此轴向力的一阶导 $\dot{m}$ 为一负值，所以此处的

切向速度仍为正值。第三种情况为，当 $m<m_{\mathrm{crh}}$ 时，管柱处于螺旋屈曲形态，其角位移可表示为 $\theta=m\zeta$。此时，连续油管的轴向位移为 $u(\xi,\ t)=(\kappa_1 m+\kappa_2 m^2)r_{\mathrm{c}}\xi$，轴向速度为 $v_1(\xi,\ t)=(\kappa_1-2\kappa_2 m)\dot{m}r_{\mathrm{c}}\xi$，切向速度为 $v_2(\xi,\ t)=r_{\mathrm{c}}m\dot{m}$。

假设加载端的轴向移动速度为 $v_0(t)$，那么可以通过上述分析计算出 $\dot{m}(s,\ t)$。因此，当 $m>m_{\mathrm{crs}}$ 时，$\dot{m}(s,\ t)=\dfrac{v_0(t)}{\kappa_1 r_{\mathrm{c}}\xi_{\mathrm{L}}}$。与此相似，可求出正弦与螺旋屈曲两种状态下的轴向力一阶导，分别为 $\dot{m}=\dfrac{v_0}{\kappa_1 r_{\mathrm{c}}\xi_{\mathrm{L}}}+\dfrac{\dot{m}\kappa_2}{3\kappa_1}$ 和 $\dot{m}=\dfrac{v_0}{r_{\mathrm{c}}\xi_{\mathrm{L}}\kappa_1}+\dfrac{\kappa_2 2m\dot{m}}{\kappa_1}$。这里我们重点分析管柱的速度，当赋予加载端某一速度 $v_0(t)$ 时，其管柱在任意位置的轴向速度为 $v_1(\xi,\ t)=\dfrac{v_0\zeta}{\zeta_{\mathrm{L}}}$。对于管柱处于正弦或螺旋屈曲的临界状态（$m_{\mathrm{crs}}$ 或 m_{crh}），管柱的切向速度瞬间变化，此时管柱的切向移动速度其值趋近于无穷大。

根据上述分析可以知，当管柱在诱发屈曲的瞬间，轴向速度相比于其切向速度非常小。因此在研究管柱临界屈曲时，可以忽略管柱的轴向移动速度，而重点研究管柱的切向移动速度。从而，在求解管柱的临界屈曲载荷时，可以忽略其轴向摩擦力，而将切向摩擦力 f_2 近似为全部摩擦力 f，即 $f_2\approx f$。然而对于一根较长的管柱，在管柱已经发生屈曲行为后，管柱的切向移动速度将会很快趋近于零。这是因为井眼的尺寸相比起轴向长度而言非常小，管柱的切向移动位移有限。当已经发生屈曲后，管柱的轴向速度却能维持一个相对于切向速度较大的值。因此在研究管柱的过屈曲行为时，可忽略其切向摩擦，而近似认为管柱在轴向方向上的摩擦力为全部摩擦力，即 $f_1\approx f$。综上所述，在研究管柱的临界屈曲载荷时，可以近似认为切向摩擦力为全部摩擦力 $f_2\approx f$。而研究管柱的过屈曲行为时，则可认为管柱的轴向摩擦力为主要摩擦，即 $f_1\approx f$，这也是本文研究管柱连续油管轴向速度与切向速度的意义。

4.3 边界条件对螺旋屈曲的影响

本节将在通过无量纲总势能求解出螺旋屈曲临界载荷的近似解析解基础上，分析两端均为铰支约束和一端铰支约束另一端为自由端的两种边界条件对螺旋屈曲临界载荷的影响。并研究不同摩擦力情形下的管柱无量纲轴向载荷与螺旋屈曲数之间的变化关系。同时，在不同摩擦系数条件下，管柱无量纲螺旋屈曲临界载荷与管柱无量纲长度之间的变化关系也得以研究分析。

4.3.1 螺旋屈曲临界载荷的解析解

通过上一节分析，可以得出管柱的摩擦力分布情况在不同工况下是不一样的。因此在接下来的螺旋屈曲临界载荷求解过程中，可以忽略轴向摩擦。根据这一分析结果，可求出管柱在螺旋屈曲形态下的总势能。前面一章，我们已经推导出了管柱的总势能，即式(3-9)：

$$\Omega=\frac{1}{m\zeta_{\mathrm{L}}}\int_{0}^{\zeta_{\mathrm{L}}}\mathrm{sign}(\theta)\int_{0}^{\theta(\zeta)}f_{2}n\mathrm{d}\theta\mathrm{d}\zeta+\frac{1}{\zeta_{\mathrm{L}}}\int_{0}^{\zeta_{\mathrm{L}}}(1-\cos\theta)\mathrm{d}\zeta$$

$$+\frac{1}{2m\zeta_{\mathrm{L}}}\int_{0}^{\zeta_{\mathrm{L}}}\left[\left(\frac{\mathrm{d}^{2}\theta}{\mathrm{d}\zeta^{2}}\right)^{2}+\left(\frac{\mathrm{d}\theta}{\mathrm{d}\zeta}\right)^{4}-2\left(\frac{\mathrm{d}\theta}{\mathrm{d}\zeta}\right)^{2}\right]\mathrm{d}\zeta \tag{4-39}$$

此处 $n(\theta)$ 表示连续油管与井壁间的接触力，具体可以表示如下：

$$n=3\left(\frac{\mathrm{d}^{2}\theta}{\mathrm{d}\zeta^{2}}\right)^{2}+4\frac{\mathrm{d}\theta}{\mathrm{d}\zeta}\frac{\mathrm{d}^{3}\theta}{\mathrm{d}\zeta^{3}}-\left(\frac{\mathrm{d}\theta}{\mathrm{d}\zeta}\right)^{4}+m\cos\theta+2\left(\frac{\mathrm{d}\theta}{\mathrm{d}\zeta}\right)^{2} \tag{4-40}$$

假设处于斜井中螺旋屈曲状态下的连续油管角位移为：

$$\theta(\zeta,\ t)=p(t)\zeta \tag{4-41}$$

显然，上式中的 $p(t)$ 值将会随着管柱位置的变化而变化。管柱移动到左边时，其值为负数，反之为正。$|p|$ 的值位于 0 与 $|p_{\mathrm{h}}|$ 之间。将所设解式(4-41)代入式(4-40)，整理可得：

$$n=2p^{2}-p^{4}+m\cos\theta \tag{4-42}$$

当给定某一值 ζ 时，$\mathrm{d}\theta=\zeta\mathrm{d}p$，且

$$\mathrm{sign}(\theta)\int_{0}^{\theta(\zeta)}n\mathrm{d}\theta=\int_{0}^{|\theta(\zeta)|}n\mathrm{d}\theta=\int_{0}^{|p_{\mathrm{h}}|}(2p^{2}-p^{4})\zeta\mathrm{d}p+m\sin|p_{\mathrm{h}}\xi|$$

$$=\left(\frac{2}{3}p_{\mathrm{h}}^{2}-\frac{1}{5}p_{\mathrm{h}}^{4}\right)|p_{\mathrm{h}}|\zeta+m\sin|p_{\mathrm{h}}\xi| \tag{4-43}$$

本文采用整数 k 表示无量纲长度为 ζ_{L} 的某一段连续油管在完全处于螺旋屈曲状态下螺旋屈曲数，那么螺旋数 k 与管柱长度将满足如下关系：

$$\zeta_{\mathrm{L}}=\frac{2k\pi}{|p_{\mathrm{h}}|}=2k\zeta_{\mathrm{h}} \tag{4-44}$$

上式中 $\zeta_{\mathrm{h}}=\dfrac{\pi}{p_{\mathrm{h}}}$ 表示螺旋屈曲管柱的半螺距长度。

根据式(4-43)与式(4-44)可得：

$$\int_{0}^{\zeta_L} \mathrm{sign}(\theta) \int_{0}^{\theta(\zeta)} n\mathrm{d}\theta\mathrm{d}\zeta = 2k \int_{0}^{\zeta_h} \int_{0}^{|\theta(\zeta)|} n\mathrm{d}\theta\mathrm{d}\zeta = k\left(\frac{2}{3}p_h^2 - \frac{1}{5}p_h^4\right)|p_h|\zeta_h^2 + \frac{4k}{|p_h|}$$

$$= \frac{\pi}{2}\left(\frac{2}{3}p_h^2 - \frac{1}{5}p_h^4\right)\zeta_L + m\frac{2\zeta_L}{\pi} \tag{4-45}$$

求解总势能 Ω 表达式的第一项积分可得：

$$\int_{0}^{\zeta_L}\left[\left(\frac{\mathrm{d}^2\theta}{\mathrm{d}\zeta^2}\right)^2 + \left(\frac{\mathrm{d}\theta}{\mathrm{d}\zeta}\right)^4 - 2\left(\frac{\mathrm{d}\theta}{\mathrm{d}\zeta}\right)^2\right]\mathrm{d}\zeta = (p_h^4 - 2p_h^2)\zeta_L \tag{4-46}$$

第三项积分求解为：

$$\int_{0}^{\zeta_L}(1-\cos\theta)\mathrm{d}\zeta = \zeta_L \tag{4-47}$$

将式(4-44)、式(4-45)、式(4-46)和式(4-47)共同代入式(4-39)，整理可得管柱螺旋屈曲状态下的无量纲总势能，可表示为：

$$\Omega_h = \left(\frac{1}{2m} - \frac{\pi f_2}{10m}\right)p_h^4 + \left(\frac{\pi f_2}{3m} - \frac{1}{m}\right)p_h^2 + \frac{2f_2}{\pi} + 1 \tag{4-48}$$

根据能量守恒定律可知，对于某一保守系统而言，能量只会由一种形式转化为另一种形式。当连续油管在轴向力的作用下进入屈曲状态时，部分轴向力做功就转化为了热能。该部轴力是为了克服摩擦力而做功($-W_f$)，在整个屈曲过程中转化为热能形式而耗散了。另一部分轴向力做功则使得管柱的位置产生一定的变化，从而该部分做功转化为了管柱的重力势能($-W_{G_2}$)形式。剩下的部分轴向力做功则转化为管柱屈曲所产生形变的弹性势能(U_b)。因此我们可得到如下的功能关系，具体表示如下：

$$\Pi = U_b - W_f - W_{G_2} - W_{Fb} = 0 \tag{4-49}$$

由于式(4-48)即为上式的无量纲化形式，因此可得无量纲总能量在整个屈曲过程均为零，即 $\Omega_h = 0$。根据这一结论，我们可以求解出管柱的无量纲轴向力为：

$$m = \frac{\left[\left(\frac{\pi f_2}{10} - \frac{1}{2}\right)p_h^4 + \left(1 - \frac{\pi f_2}{3}\right)p_h^2\right]\pi}{2f_2 + \pi} \tag{4-50}$$

当管柱的轴向力达到螺旋屈曲的临界值时，则管柱将开始出现屈曲行为。分析上式可知，该临界值即为式(4-50)所表示无量纲轴力的最大值。而且，在螺旋屈曲诱发时，p_h 的临界值可通过对无量纲轴向力求一阶导而获得$\left(\frac{\mathrm{d}m}{\mathrm{d}p_h} = 0\right)$。具体可表示为：

$$p_{h,crh}=\sqrt{\frac{5\pi f_2-15}{3\pi f_2-15}} \tag{4-51}$$

4.3.2 边界条件对螺旋屈曲临界载荷的影响

接下来我们将考虑两端铰支约束与一端铰支约束另一端为自由端的两种边界条件。分别分析两种边界条件下，连续油管屈曲的临界载荷，并对比这两种不同边界条件下的临界载荷有何异同。首先，我们分析两端均为铰支约束的边界条件。在第二章的基本假设中，本文已经提出了管柱与井壁之间为持续接触。在此需要特别注明的是，管柱不仅与井壁是持续接触，而且在屈曲过程中是沿着井壁缓慢滑动前行的。因此，该屈曲过程是一个准静态的连续屈曲变形过程。假设整数 k 表示整段连续油管进入螺旋屈曲状态的瞬时临界螺旋数。对于两端均为铰支约束的边界条件，可得 $\theta(\zeta_L)=p_h\zeta_L=2k\pi$。将该边界条件$\left(p_h=\frac{2k\pi}{\zeta_L}\right)$代入式(4-50)与式(4-51)可得：

$$m=\frac{\left[\left(\frac{\pi f_2}{10}-\frac{1}{2}\right)\left(\frac{2k\pi}{\zeta_L}\right)^4+\left(1-\frac{\pi f_2}{3}\right)\left(\frac{2k\pi}{\zeta_L}\right)^2\right]\pi}{2f_2+\pi} \tag{4-52}$$

$$k_{crh}=\max\left\{1,\ \mathrm{int}\left[\sqrt{\frac{5\pi f_2-15}{3\pi f_2-15}}\frac{\zeta_L}{2\pi}+0.5\right]\right\} \tag{4-53}$$

分析式(4-52)与式(4-53)，无量纲轴向力是与摩擦系数 f_2、连续油管长度 ζ_L 和螺旋屈曲数 k 相关的。然而对于管柱产生临界屈曲的螺距数 k_{crh} 则只与摩擦系数和管柱长度有关。因此，当给定管柱的长度与摩擦系数时，便可获得其临界屈曲螺旋数。式(4-53)中的取整函数采用了四舍五入的方式，主要是为了使得所计算的螺旋数为某一整数值，所得结果与实际工程现象吻合。如果将式(4-53)代入至式(4-52)，便可获得管柱的无量纲临界屈曲载荷。当管柱的长度趋近于无穷大时，$p_h=\frac{2k\pi}{\zeta_L}$则趋近于 $p_{h,crh}=\sqrt{\frac{5\pi f_2-15}{3\pi f_2-15}}$。而管柱的无量纲临界屈曲载荷则趋近于：

$$m_{crh}=\frac{5\pi^3f_2^2-30\pi^2f_2+45\pi}{-36\pi f_2^2+(180-18\pi^2)f_2+90\pi} \tag{4-54}$$

分析上式可以看出，管柱的无量纲临界屈曲载荷仅与管柱的摩擦系数切向分量相关。然而当还原至临界屈曲载荷 F_{crh} 时，它则与管柱的一些具体的结构形式和管柱材料的固有力学性能有关系。在此，我们主要研究通过简化的无量纲形式，来分析管柱的屈曲过程。下一节，本文将对其各项参数对管柱临界屈曲载荷的影响做深入细致的分析。

通过上文的分析，获得了管柱在两端均为铰支约束的边界条件下，它的无量纲临界屈曲载荷。当无量纲轴向力小于无量纲临界屈曲载荷时，即 $m<m_{crh}$，管柱将会随着轴向力的增加，螺旋数也会逐步增加。其值将会有临界屈曲的螺旋数 k_{crh}，逐步变为 $k_{crh}+1$、$k_{crh}+2$、$k_{crh}+3$ 等。此时管柱轴力仍然可通过将 $k_{crh}+1$、$k_{crh}+2$、$k_{crh}+3$ 等，这一系列值代入式(4-52)求得。因此在此过程中，管柱的轴向力会不断增加，其螺旋数也会随着轴向力的增加而增加。

图 4-2 表达了在不同摩擦系数情况下，管柱的无量纲轴力与螺旋屈曲数之间的变化关系。其中曲线①表示为不考虑摩擦时，管柱的轴向力和螺旋数之间的变化关系。曲线②表示为管柱与井壁间的摩擦系数为 0.1 时的情况。曲线③和曲线④分别表示为摩擦系数为 0.2 与 0.3 的情况。仔细分析下图，可以看出无量纲临界屈曲轴向力呈现阶梯式递减，而非曲线式降低。出现这一现象是由于我们在计算管柱的螺旋屈曲数时，对其数值进行取整计算。因此，随着螺旋数的突然变化，将会引起无量纲螺旋屈曲临界力的陡然下降。这对于较短管柱的研究具有一定误差，但是对于长杆，该部分所引起的误差可以忽略不计。另外，从图中可以看出，随着螺旋屈曲数的增加，无量纲螺旋屈曲临界力则是缓慢下降的。这是由于我们在第二章中对屈曲微分方程式的无量纲化取值，使得轴力与无量纲轴力呈反比关系。因此无量纲临界力的下降，则表明管柱的螺旋屈曲临界力是在不断增加的。因此图中阶梯式下降的无量纲临界力所表示的工程实际意义是，随着轴力的增加螺旋屈曲数不断增加。当分析完曲线的走势后，接下来我们对比分析这四条曲线。从图中我们可以看出，随着摩擦系数的增加无量纲临界屈曲力是不断下降的。因而，随着摩擦系数的增加，管柱的临界屈曲力是不断增加的。出现这一现象的原因是因为随摩擦系数的增加，管柱与井壁见的横向摩擦力会显著增加。这样就限制了管柱在轴向力的作用下产生屈曲，使管柱沿着井壁向两边移动受阻。所以会出现随着摩擦系数的增加，螺旋屈曲临界载荷增加的趋势。图 4-2 中所采用的管柱无量纲长度为 $\zeta_L=100$。当摩擦系数切向分量为 0.3 时，管柱的无量纲螺旋屈曲临界载荷为 0.243。临界屈曲的螺旋数 k_{crh}为 15 个。当无量纲轴向力变为 0.234 时，螺旋数则增长至 16 个。以此类推，当无量纲轴向载荷为 0.214 时，螺旋数增加至 17 个。对于摩擦力分别为 $f_2=0$、$f_2=0.1$ 和 $f_2=0.2$ 这三种情况，图中均有清晰地描述。在连续油管的井下作业过程中，管柱与井壁间的摩擦系数大致维持在 0.3 左右。因此，曲线①对于判断管柱在井下的屈曲过程具有重要意义。

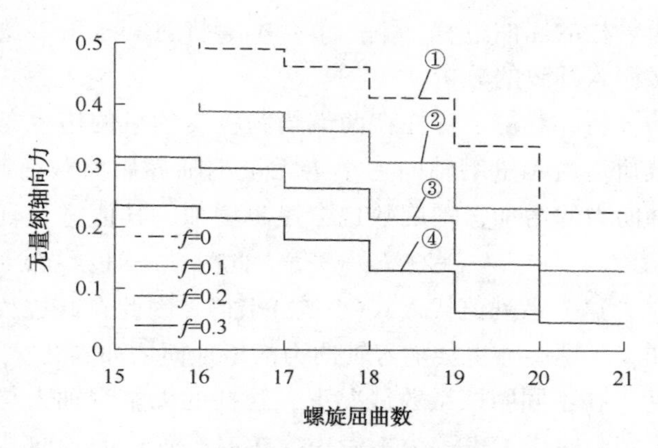

图 4-2　无量纲轴向力与螺旋屈曲数关系图

上一部分，本文分析了管柱无量纲轴向载荷与所产生的螺旋屈曲数之间的关系。接下来，将研究连续油管无量纲临界屈曲载荷与管柱长度之间的关系。上面部分分析得出了管柱在某一给定长度与摩擦系数时的临界屈曲载荷，如式(4-52)所示。并且通过逼近分析，得到无限长管柱的临界屈曲载荷，如式(4-54)所示。图 4-3 便将两种管柱长度的无量纲螺旋屈曲临界载荷做出了对比分析。图 4-3 中虚线部分表示在各种不同摩擦系数情况下，无限长管柱的螺旋屈曲临界载荷。四条实线分别表示四种摩擦系数条件下($f_2=0$、$f_2=0.1$、$f_2=0.2$ 和 $f_2=0.3$)，定长管柱的螺旋屈曲临界载荷，其管柱长度如横坐标所示。从图中可以看出，随着管柱长度的增加，无量纲螺旋屈曲临界载荷逐渐趋近于某一稳定值，且该稳定值即为该条件下无限长管柱的临界载荷。这说明随着管柱长度的增加，边界条件对管柱螺旋屈曲临界力影响逐渐降低，最后趋近于零。因此，当管柱无量纲长度大于 40 时，可以忽略边界条件对螺旋屈曲临界力的影

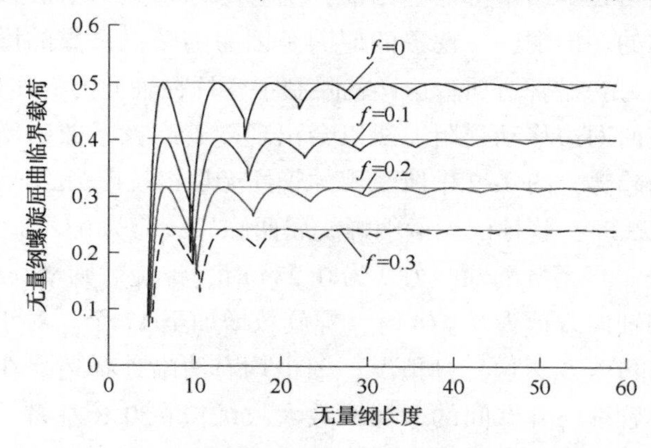

图 4-3　无量纲螺旋屈曲临界载荷与无量纲长度关系图

响。反之，从图中的实线可以看出，当管柱长度越小，临界屈曲力所受到边界条件的影响也越大。另外，当管柱长度较小时，尽管摩擦系数各不相同，但是无量纲螺旋屈曲临界力则差异很小。这说明在管柱较短时，摩擦力对两端均为铰支约束的管柱螺旋屈曲临界力影响非常小，近似忽略不计。对比四种不同摩擦系数情况下的临界屈曲力可以发现，随着摩擦系数的增加螺旋屈曲的临界力在不断增加。

前面已经讨论完了两端均为铰支约束的管柱螺旋屈曲临界力。接下来将开始研究一端铰支，而另一端为自由端约束的管柱螺旋屈曲临界力。其中，处于井底的一端管柱为铰支约束($\zeta=0$)，处于井口端的管柱为自由端约束($\zeta=\zeta_L$)。假设该约束边界条件下的管柱角位移解为 $\theta(\zeta)=p_h\zeta$，将所设解的形式代入式(4-11)的自然边界条件中可得 $p_h=1$。然后将 $p_h=1$ 代入式(4-48)，即可得出管柱在螺旋屈曲状态下的总能量：

$$\Omega_h=\frac{7\pi f_2}{30m}-\frac{1}{2m}+\frac{2f_2}{\pi}+1 \tag{4-55}$$

同理，根据能量守恒定律可知 $\Omega_h=0$。通过求解式(4-55)，即可获得管柱在一端铰支另一端为自由端边界条件下的无量纲螺旋屈曲临界力。具体可表示为如下：

$$m_{crh}=\frac{15\pi-7\pi^2 f_2}{60f_2+30\pi} \tag{4-56}$$

通过上述分析，获得了两端均为铰支约束与一端铰支另一端为自由端这两种边界条件下的无量纲螺旋屈曲临界载荷，分别表示为式(4-54)与式(4-56)。下面通过图 4-4 进行对比分析两种边界条件情况下的临界屈曲载荷。图中曲线①表示两端均为铰支端约束条件下的螺旋屈曲临界力。曲线②则表示一端为铰支约束，另一端为自由端的管柱临界屈曲力。显然，随着摩擦系数的增加，管柱的无量纲螺旋屈曲临界载荷降低，而螺旋屈曲临界力则呈现非线性增加。对比两条曲线，可以看出当摩擦系数小于等于 0.3 时，两种边界条件下的临界屈曲力几乎相同，这也印证了图 4-3 所得出的结论。对于两种边界条件下，管柱的螺旋屈曲临界力存在一定的差值。这主要是因为，本文在求解螺旋屈曲的总能量解时采用了摄动法。但是在最后使用该解时，忽略了摄动部分，因而引起了该微小变化。然而对于实际工程中，管柱与井壁间摩擦系数维持在 0.3 左右，这使得两种边界条件下的临界屈曲力在摩擦系数的影响并不大。

综上所示，当管柱无量纲长度超过 40 时，管柱的边界条件对螺旋屈曲的临界力影响可以忽略不计。管柱与井壁间的摩擦系数对螺旋屈曲临界力影响则非常明显，螺旋屈曲临界力将随着摩擦系数的增加而增加。

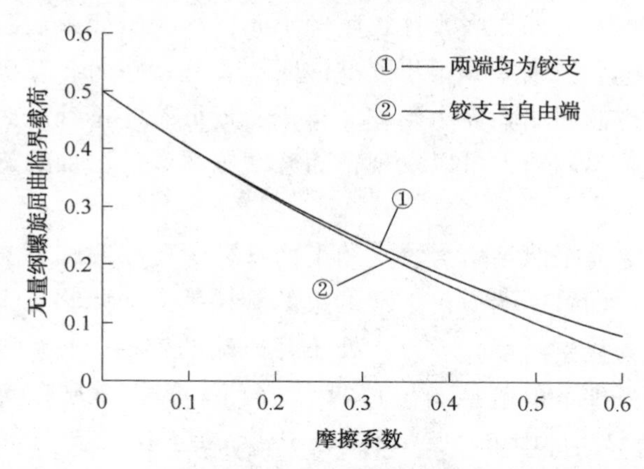

图 4-4　无量纲螺旋屈曲临界载荷与摩擦系数关系图

4.4　螺旋屈曲形态下管柱轴向载荷研究

上一节讨论了摩擦力对管柱螺旋屈曲临界力的影响。在研究管柱由直线形态转变为正弦屈曲或由正弦屈曲形态转化为螺旋屈曲时，管柱主要受到切向摩擦力的作用。本节将开始研究摩擦力对螺旋状态下管柱轴力变化的影响。对于斜井中的管柱而言，主要有三种管柱形态，分别为未产生屈曲变形的直线形态、正弦屈曲形态和螺旋屈曲形态。这三种管柱形态也分别对应于屈曲方程的三种不同的解，为等于零的通解、代表正弦屈曲的摄动解和螺旋屈曲的解。通过前面的管柱速度分析可知，当管柱处于过屈曲状态时切向摩擦力非常小，以至可忽略不计($f_2 \approx 0$)。因此，在研究摩擦力对轴向力的影响时，我们主要研究管柱所受轴向摩擦力。

由于轴向摩擦力的影响，若管柱的最大静摩擦小于自重在斜面上的分量，那么管柱的轴力将会由井口至井底逐渐变大。反之，轴力将由井口至井底逐渐减小。因此根据自锁角的大小，可以将斜井中的管柱轴力分布分为两类情况来进行讨论。第一类是井斜角大于自锁角时，管柱将在轴向摩擦力的作用下停留在斜井中。第二类是井斜角小于自锁角时，管柱将由于重力的分力足够克服摩擦阻力而下滑。

首先，我们对井斜角大于管柱的自锁角这一情况进行研究。图 4-5 分析了管柱在井斜角大于自锁角的情况下的受力。管柱主要受到重力、摩擦力、管柱与井壁间的接触力和施加的轴向载荷。

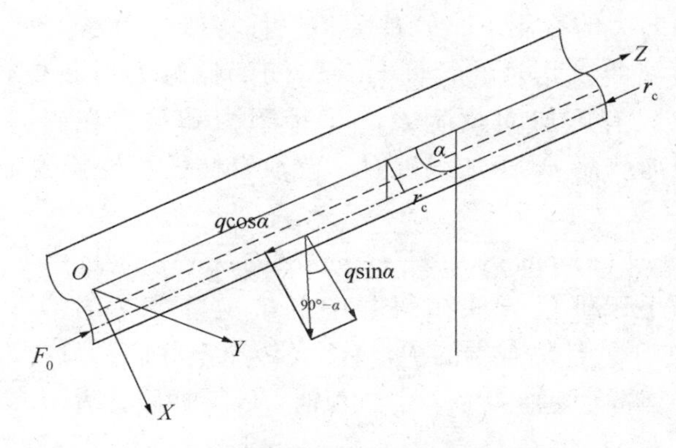

图 4-5　连续油管在斜井中的受力分析

由分析受力可知，管柱轴力将在摩擦力的影响下，由井口向井底逐渐减小。这使得管柱轴力的最大值将处于靠近加载端位置。因此，最先出现屈曲的管柱位置是靠近井口处的一端。当施加某一载荷时，将会出现以下五种管柱形态。第一种形态是由于所施加的轴向力较小，而整段管柱均未产生任何屈曲；第二种是靠近加载端的一段管柱发生了正弦屈曲，而其他部分均为直线状态；第三种是管柱同时具有螺旋屈曲形态，正弦屈曲形态和直线形态；第四种为管柱产生螺旋屈曲和正弦屈曲形态；第五种为管柱仅呈现螺旋屈曲形态。具体如图 4-6 所示。

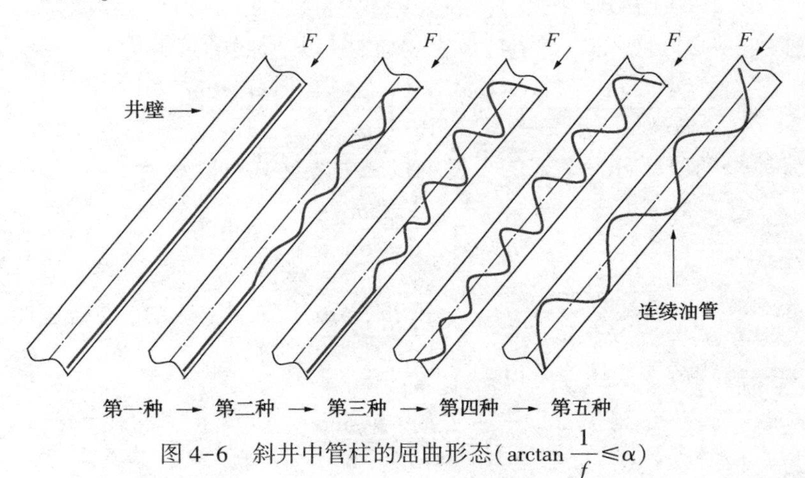

图 4-6　斜井中管柱的屈曲形态（$\arctan\frac{1}{f}\leqslant\alpha$）

（1）对第一种形态的管柱轴向力进行分析。当施加于管柱加载端的载荷取值范围为 $0<F_{\mathrm{L}}<F_{\mathrm{crs}}=2\sqrt{1+4.348f_2^{2/3}}\sqrt{\frac{q\sin\alpha EI}{r_{\mathrm{c}}}}$ 时，管柱将保持原始的直线

形态。在这一轴向力的作用下，管柱的角位移将持续为零，即 $\theta(z)=0$。由于管柱未发生任何屈曲，此时的管柱与井壁间的接触力也将保持为某一常数。管柱的轴向力将只有施加的载荷 F_L，摩擦阻力和重力在斜井中的分力这三种。因此，当施加载荷 F_L 于加载端时，整段管柱任意位置的轴向力均可表示为如下：

$$F(z)=\max\{0,\ F_L+(q\cos\alpha-fq\sin\alpha)(z_L-z)\} \tag{4-57}$$

当施加载荷小于整段管柱在斜井中的最大静摩擦时，即 $F_L\leqslant(fq\sin\alpha-q\cos\alpha)z_L$，所施加于管柱加载端的 F_L 将不会传递至井底。只有部分管柱将有轴向力存在，而剩余部分则轴力为零。具有轴力的管柱段位置可表示为：

$$0<z\leqslant z^{*}=z_L-\frac{F_L}{fq\sin\alpha-q\cos\alpha} \tag{4-58}$$

仅当所施加轴力大于最大静摩擦力时，即 $F_L>(fq\sin\alpha-q\cos\alpha)z_L$，轴力才会传至井底处。此时，整段管柱的轴力均不为零，其大小为施加载荷减去整段管柱的最大静摩擦力。位于井底处的一端所受作用力可表示为：

$$F(0)=\max\{0,\ F_L+(q\cos\alpha-fq\sin\alpha)z_L\} \tag{4-59}$$

(2) 对第二种形态的管柱轴向力进行分析。本文将对管柱进入正弦屈曲形态的轴力进行讨论。当施加载荷大小为 $F_{crs}\leqslant F_L<F_{crh}$ 时，靠近加载端的部分管柱将发生正弦屈曲变形。若需要分析管柱轴力变化，必须求解屈曲方程组式(2-60)、式(2-61)和式(2-62)。首先，我们将已求得的正弦屈曲形态下的管柱角位移式(4-24)代入式(2-64)，求得管柱与井壁间的接触力。

$$n=\frac{1}{6}+\frac{5\mathrm{m}}{6}-\left(\frac{17}{9}-\frac{41m}{18}+\frac{7m^2}{18}\right)\cos2\zeta-\frac{1+m^2-2m}{18}\cos(4\zeta) \tag{4-60}$$

忽略掉摄动项部分，上式的无量纲接触力表达式可简化为：

$$n=\frac{1}{6}+\frac{5m}{6} \tag{4-61}$$

将 $n=\dfrac{N}{EIr_c\mu^4}$，$m=\dfrac{q\sin\alpha}{EIr_c\mu^4}$，$\mu=\sqrt{\dfrac{F}{2EI}}$ 和 $\zeta=\mu z$ 代入式(4-61)进行还原管柱与井壁间的接触载荷 N，整理可得：

$$N=\frac{r_cF^2}{24EI}+\frac{5q\sin\alpha}{6} \tag{4-62}$$

再将上式代入式(2-60)进行解耦，整理可得管柱轴力的微分表达式。具体可表示如下：

$$\frac{\mathrm{d}F(z)}{\mathrm{d}z}=\frac{fr_c}{24EI}F^2+\frac{5fq\sin\alpha}{6}-q\cos\alpha \tag{4-63}$$

对上式进行积分求解，即可求得管柱的轴力表达式。由于在求解通式时，不清楚各项参数的大小关系，因此采取如下的分类表达其轴力的积分解。

当$\frac{5}{6}f \geqslant \cot\alpha$时，正弦屈曲状态下的管柱各处的轴力可表示为：

$$F_s(z)=2\sqrt{\frac{EIq(5f\sin\alpha-6\cos\alpha)}{fr_c}}\tan\left[\frac{z-z_L}{12}\sqrt{\frac{fr_cq(5f\sin\alpha-6\cos\alpha)}{EI}}+\arctan\left(\frac{F_L}{2}\sqrt{\frac{fr_c}{EIq(5f\sin\alpha-6\cos\alpha)}}\right)\right] \tag{4-64}$$

当$\frac{5}{6}f<\cot\alpha$时，正弦屈曲状态下的管柱各处的轴力可表示为：

$$F_s(z)=2\sqrt{\frac{EIq(6\cos\alpha-5f\sin\alpha)}{fr_c}}\tanh\left[\frac{z_L-z}{12}\sqrt{\frac{fr_cq(6\cos\alpha-5f\sin\alpha)}{EI}}+\operatorname{arctanh}\left(\frac{F_L}{2}\sqrt{\frac{fr_c}{EIq(6\cos\alpha-5f\sin\alpha)}}\right)\right] \tag{4-65}$$

上面两式即为管柱在正弦屈曲段的轴力计算式。由于管柱在摩擦力的作用下，沿着加载端至井底逐渐减小，当原点处管柱的轴力小于管柱正弦屈曲临界力时即$F(0)<F_{crs}$，那么将会出现部分管柱仍保持直线形状。因此管柱在轴向位置为z_{crs}处，轴力便降至正弦屈曲临界载荷。管柱在靠近井底的一段($0\leqslant z\leqslant z_{crs}$)将出现直线状态，而在靠近加载端的部分($z_{crs}\leqslant z\leqslant L$)管柱则维持正弦屈曲形态。管柱的正弦屈曲分界点$z_{crs}$可通过下列两式进行计算。

当$\frac{5}{6}f\geqslant\cot\alpha$时，分界点$z_{crs}$可通过求解下式获得

$$F_s(z)=2\sqrt{\frac{EIq(5f\sin\alpha-6\cos\alpha)}{fr_c}}\tan\left[\frac{z_{crs}-z_L}{12}\sqrt{\frac{fr_cq(5f\sin\alpha-6\cos\alpha)}{EI}}+\arctan\left(\frac{F_L}{2}\sqrt{\frac{fr_c}{EIq(5f\sin\alpha-6\cos\alpha)}}\right)\right] \tag{4-66}$$

当$\frac{5}{6}f<\cot\alpha$时，分界点z_{crs}可通过求解下式获得

$$F_s(z)=2\sqrt{\frac{EIq(6\cos\alpha-5f\sin\alpha)}{fr_c}}\tanh\left[\begin{array}{l}\frac{z_L-z_{crs}}{12}\sqrt{\frac{fr_cq(6\cos\alpha-5f\sin\alpha)}{EI}}\\+\operatorname{arctanh}\left(\frac{F_L}{2}\sqrt{\frac{fr_c}{EIq(6\cos\alpha-5f\sin\alpha)}}\right)\end{array}\right]\tag{4-67}$$

对于余下部分处于直线形态的管柱，其轴力可通过下式进行计算：

$$F(z)=\max\{0,\ F_{crs}+(q\cos\alpha-fq\sin\alpha)(z_{crs}-z)\}\tag{4-68}$$

管柱在原点处的轴力为：

$$F(0)=\max\{0,\ F_{crs}+(q\cos\alpha-fq\sin\alpha)z_{crs}\}\tag{4-69}$$

(3) 对第三种形态的管柱轴向力进行分析。当所施加载荷大于管柱的螺旋屈曲临界力时($F_L\geqslant F_{crh}$)，管柱将可能出现螺旋屈曲、正弦屈曲和直线形状三种管柱形态。在分析各段管柱受力之前，需要求解螺旋屈曲形状下的管柱轴向力表达式。当施加载荷超过螺旋屈曲临界力时，管柱变形的角位移已经在前一部分求解出，其具体表示如下：

$$\theta(\zeta)=\zeta\tag{4-70}$$

同理，将上式代入式(2-64)，整理可得管柱的无量纲接触力 n。具体可表示为：

$$n=1+m\cos\zeta\tag{4-71}$$

对比上式中的线性项与非线性项，非线性项是非常小的。因此，我们可以在计算管柱轴力的时候忽略摄动项的影响。将式(4-71)与 $n=\frac{N}{EIr_c\mu^4}$ 代入式(2-60)，整理可得管柱螺旋屈曲状态下的轴力微分表达式。

$$\frac{\mathrm{d}F(z)}{\mathrm{d}z}=\frac{fr_c}{4EI}F^2-q\cos\alpha\tag{4-72}$$

对上式进行积分求解，即可获得螺旋屈曲状态下的管柱轴力。其表达式为：

$$F_h(z)=2\sqrt{\frac{EIq\cos\alpha}{fr_c}}\tanh\left[\frac{z_L-z}{2}\sqrt{\frac{fr_cq\cos\alpha}{EI}}+\operatorname{arctanh}\left(\frac{F_L}{2}\sqrt{\frac{fr_c}{EIq\cos\alpha}}\right)\right]\tag{4-73}$$

与管柱正弦屈曲分析相似，当管柱原点处的轴力大于等于螺旋屈曲临界力时，即 $F_h(0)\geqslant F_{crh}$，这表示管柱整段均进入螺旋屈曲状态。其管柱各处轴力可以通过式(4-73)进行计算。当原点处轴力小于螺旋屈曲临界值时，即 $F_h(0)<F_{crh}$，将仅有轴向位置位于 $z_{crh}<z\leqslant z_L$ 之间的管柱呈现螺旋屈曲形态，而其余部分($0\leqslant z\leqslant z_{crs}$)则为正弦形态或正弦形态加直线型。螺旋屈曲临界位置 z_{crh} 可通过下式进行计算获得。

$$z_{crh}=z_L-2\sqrt{\frac{EI}{fr_c q\cos\alpha}}\left[\operatorname{arc\ tanh}\left(\frac{F_{crh}}{2}\sqrt{\frac{fr_c}{EIq\cos\alpha}}\right)-\operatorname{arctanh}\left(\frac{F_L}{2}\sqrt{\frac{fr_c}{EIq\cos\alpha}}\right)\right] \tag{4-74}$$

当管柱原点处的轴力小于螺旋屈曲临界载荷时，管柱将既含有一段螺旋屈曲管柱段又拥有一段呈现正弦屈曲形态。对于螺旋屈曲部分，可通过式(4-73)计算获得。正弦屈曲管柱段的轴力则可通过下列两式进行计算：

当$\frac{5}{6}f\geqslant\cot\alpha$时，正弦屈曲段管柱轴力为：

$$F_s^*(z)=2\sqrt{\frac{EIq(5f\sin\alpha-6\cos\alpha)}{fr_c}}\tan\left[\frac{z-z_{crh}}{12}\sqrt{\frac{fr_c q(5f\sin\alpha-6\cos\alpha)}{EI}}+\arctan\left(\frac{F_{crh}}{2}\sqrt{\frac{fr_c}{EIq(5f\sin\alpha-6\cos\alpha)}}\right)\right] \tag{4-75}$$

当$\frac{5}{6}f<\cot\alpha$时，正弦屈曲段管柱轴力为：

$$F_s^*(z)=2\sqrt{\frac{EIq(6\cos\alpha-5f\sin\alpha)}{fr_c}}\tanh\left[\frac{z_{crh}-z}{12}\sqrt{\frac{fr_c q(6\cos\alpha-5f\sin\alpha)}{EI}}+\operatorname{arctanh}\left(\frac{F_{crh}}{2}\sqrt{\frac{fr_c}{EIq(6\cos\alpha-5f\sin\alpha)}}\right)\right] \tag{4-76}$$

（4）对第四种形态的管柱轴向力进行分析。如果管柱采用正弦屈曲轴力计算公式所得出的原点处管柱轴力大于正弦屈曲临界力，即$F_s^*(0)>F_{crs}$，那么说明余下整段管柱均处于正弦屈曲状态，其管柱轴力通过式(4-75)或式(4-76)计算即可。但是，若原点处轴力小于正弦屈曲临界力，即$F_s^*(0)<F_{crs}$，那么说明靠近井底处的部分管柱呈现直线状态。因此，需求出正弦屈曲与直线段管柱之间的正弦屈曲临界点z_{crs}^*。它可通过下列两式进行计算获得。

当$\frac{5}{6}f\geqslant\cot\alpha$时，

$$F_{crs}=2\sqrt{\frac{EIq(5f\sin\alpha-6\cos\alpha)}{fr_c}}\tan\left[\frac{z_{crs}^*-z_{crh}}{12}\sqrt{\frac{fr_c q(5f\sin\alpha-6\cos\alpha)}{EI}}+\arctan\left(\frac{F_{crh}}{2}\sqrt{\frac{fr_c}{EIq(5f\sin\alpha-6\cos\alpha)}}\right)\right] \tag{4-77}$$

当$\frac{5}{6}f<\cot\alpha$时，

$$F_{crs}=2\sqrt{\frac{EIq(6\cos\alpha-5f\sin\alpha)}{fr_c}}\tanh\left[\frac{z_{crh}-z_{crs}^*}{12}\sqrt{\frac{fr_cq(6\cos\alpha-5f\sin\alpha)}{EI}}+\operatorname{arctanh}\left(\frac{F_{crh}}{2}\sqrt{\frac{fr_c}{EIq(6\cos\alpha-5f\sin\alpha)}}\right)\right] \tag{4-78}$$

连续油管在轴向位置为(z_{crs}^*，z_{crh})这一段处于正弦屈曲形态，其轴力可通过式(4-75)或式(4-76)进行计算。与此同时，若原点处的轴力小于管柱正弦屈曲的临界力，即$F_s^*(0)<F_{crs}$，那么管柱在(0，z_{crs}^*)这一段仍处于直线形状。其轴向力可通过下式进行计算：

$$F(z)=\max\{0,\ F_{crs}+(q\cos\alpha-fq\sin\alpha)(z_{crs}^*-z)\} \tag{4-79}$$

这一情况下的管柱原点处轴力可表示为：

$$F(0)=\max\{0,\ F_{crs}+(q\cos\alpha-fq\sin\alpha)z_{crs}^*\} \tag{4-80}$$

从而，整段管柱的轴向摩擦力可通过下式进行计算获得：

$$\Delta F=F_L-F(0) \tag{4-81}$$

(5) 对第五种形态的管柱轴向力进行分析。若全段管柱均进入螺旋屈曲形态，那么管柱轴力直接采用式(4-74)计算即可。

综上所述，不仅井斜角与摩擦系数将影响管柱屈曲行为的产生，轴向载荷也将对屈曲行为的诱发产生至关重要的影响。轴向载荷的大小，将会对井下管柱出现几种屈曲形态和出现的位置等都有决定性影响。

上面部分，讨论了井斜角大于自锁角的情况，并获得了管柱在各类变形情况下的管柱轴力计算公式。接下来，将开始研究井斜角小于自锁角的情况，即$\alpha<\arctan\frac{1}{f}$。同理，在不同轴向力情况下，井下管柱将呈现五种不同的屈曲形态。具体如图4-7所示。

(1) 对第一种形态的管柱轴向力进行分析。当所施加轴向载荷为$0<F_L<F_{crs}-(q\cos\alpha-fq\sin\alpha)z_L$时，连续油管将全部呈现直线形态。因此，角位移为零是屈曲方程的一个稳定解，即$\theta(z)=0$。管柱与井壁间接触力也为某一常值。根据受力分析，当在管柱轴线上施加载荷F_L时，整段管柱($0<z\leqslant z_L$)的轴力表达式为：

$$F(z)=F_L+(q\cos\alpha-fq\sin\alpha)(z_L-z) \tag{4-82}$$

在这种情况下，整段管柱的轴向力耗散值为一常数，可采用下式表示：

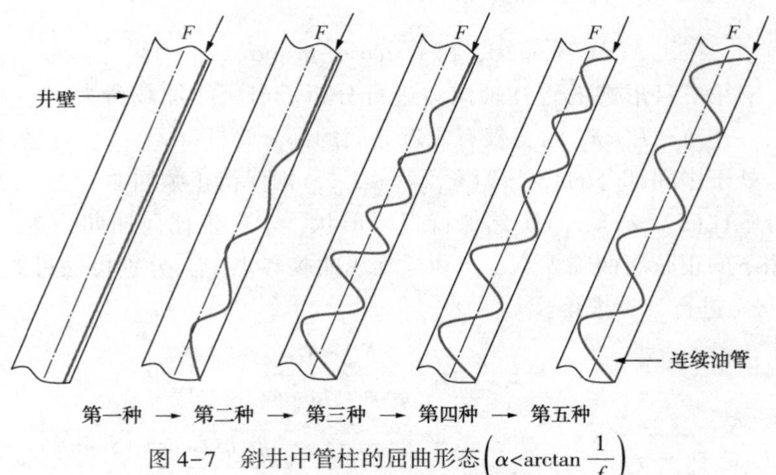

图 4-7　斜井中管柱的屈曲形态$\left(\alpha<\arctan\frac{1}{f}\right)$

$$\Delta F=F(0)-F_{\mathrm{L}}=(q\cos\alpha-fq\sin\alpha)z_{\mathrm{L}} \tag{4-83}$$

（2）对第二种形态的管柱轴向力进行分析。当加载端载荷为 $F_{\mathrm{crs}}-(q\cos\alpha-fq\sin\alpha)z_{\mathrm{L}}\leqslant F_{\mathrm{L}}<F_{\mathrm{crs}}-(q\cos\alpha-fq\sin\alpha)(z_{\mathrm{L}}-z_{\max})$ 时，管柱将出现靠近井底部分（$0<z\leqslant z_{\mathrm{crs}}^{0}$）的正弦屈曲形态与剩余部分（$z_{\mathrm{crs}}^{0}<z\leqslant z_{\mathrm{L}}$）的直线形态。极值点 $z_{\max}$ 与正弦屈曲临界点 z_{crs}^{0} 的值可分别通过式(4-84)与式(4-85)进行计算获得：

$$F_{\mathrm{crh}}=2\sqrt{\frac{EIq(6\cos\alpha-5f\sin\alpha)}{fr_{\mathrm{c}}}}\tanh\left[\frac{z_{\max}}{12}\sqrt{\frac{fr_{\mathrm{c}}q(6\cos\alpha-5f\sin\alpha)}{EI}}+\operatorname{arctanh}\left(\frac{F_{\mathrm{crs}}}{2}\sqrt{\frac{fr_{\mathrm{c}}}{EIq(6\cos\alpha-5f\sin\alpha)}}\right)\right] \tag{4-84}$$

$$z_{\mathrm{crs}}^{0}=z_{\mathrm{L}}-\frac{F_{\mathrm{crs}}-F_{\mathrm{L}}}{q\cos\alpha-fq\sin\alpha} \tag{4-85}$$

轴向位置为（0，z_{crs}^{0}）的管柱段处于正弦屈曲形态，其轴向力可通过下式进行计算：

$$F^{\circ}_{\mathrm{crs}}(z)=2\sqrt{\frac{EIq(6\cos\alpha-5f\sin\alpha)}{fr_{\mathrm{c}}}}\tanh\left[\frac{z_{\mathrm{crs}}^{0}-z}{12}\sqrt{\frac{fr_{\mathrm{c}}q(6\cos\alpha-5f\sin\alpha)}{EI}}+\operatorname{arctanh}\left(\frac{F_{\mathrm{crs}}}{2}\sqrt{\frac{fr_{\mathrm{c}}}{EIq(6\cos\alpha-5f\sin\alpha)}}\right)\right] \tag{4-86}$$

轴向位置为（z_{crs}^{0}，z_{L}）的管柱段仍维持直线形态，其轴向力可通过下式进行计算：

$$F(z)=\max\{0,\ F_L+(q\cos\alpha-fq\sin\alpha)(z_L-z)\} \tag{4-87}$$

（3）对第三种形态的管柱轴向力进行分析。当所施加载荷为 $F_{crs}-(q\cos\alpha-fq\sin\alpha)(z_L-z_{max})\leqslant F_L<F_{crs}$ 时，仅有靠近井底的部分管柱（$0<z\leqslant z_{crh,1}$）呈现螺旋屈曲状态。处于中间部分的管柱段（$z_{crh,1}<z\leqslant z_{crs,1}$）则保持正弦屈曲形态。靠近加载端的部分管柱（$z_{crh,1}<z\leqslant z_L$）仍然保持直线形状，未产生任何屈曲行为。在这一载荷作用下的正弦屈曲临界点 $z_{crs,1}$ 和螺旋屈曲临界点 $z_{crh,1}$ 分别可通过式（4-88）与式（4-89）进行计算求得：

$$z_{crs,1}=z_L-\frac{F_{crs}-F_L}{q\cos\alpha-fq\sin\alpha} \tag{4-88}$$

$$F_{crh}=2\sqrt{\frac{EIq(6\cos\alpha-5f\sin\alpha)}{fr_c}}\tanh\left[\frac{z_{crs,1}-z_{crh,1}}{12}\sqrt{\frac{fr_c q(6\cos\alpha-5f\sin\alpha)}{EI}}+\operatorname{arctanh}\left(\frac{F_{crs}}{2}\sqrt{\frac{fr_c}{EIq(6\cos\alpha-5f\sin\alpha)}}\right)\right] \tag{4-89}$$

与前面分析相似，轴向位移为（0，$z_{crh,1}$）管柱段处于螺旋屈曲形态，其轴力可通过下式进行计算：

$$F_{crh,1}(z)=2\sqrt{\frac{EIq\cos\alpha}{fr_c}}\tanh\left[\frac{z_{crh,1}-z}{2}\sqrt{\frac{fr_c q\cos\alpha}{EI}}+\operatorname{arctanh}\left(\frac{F_{crh}}{2}\sqrt{\frac{fr_c}{EIq\cos\alpha}}\right)\right] \tag{4-90}$$

轴向位移为（$z_{crh,1}$，$z_{crs,1}$）管柱段处于正弦屈曲形态，其轴力可通过下式进行计算：

$$F_{crs,1}(z)=2\sqrt{\frac{EIq(6\cos\alpha-5f\sin\alpha)}{fr_c}}\tanh\left[\frac{z_{crs,1}-z}{12}\sqrt{\frac{fr_c q(6\cos\alpha-5f\sin\alpha)}{EI}}+\operatorname{arctanh}\left(\frac{F_{crs}}{2}\sqrt{\frac{fr_c}{EIq(6\cos\alpha-5f\sin\alpha)}}\right)\right] \tag{4-91}$$

靠近加载端处管柱段（$z_{crh,1}$，$z_{crs,1}$）保持直线形状，其轴力可通过下式进行计算：

$$F(z)=\max\{0,\ F_L+(q\cos\alpha-fq\sin\alpha)(z_L-z)\} \tag{4-92}$$

（4）对第四种形态的管柱轴向力进行分析。当施加载荷大于正弦屈曲临界值时，即 $F_L>F_{crs}$，那么管柱段将会只有正弦屈曲与螺旋屈曲两种形态。靠近加载端部分管柱段($z_{crh,2}<z\leqslant z_L$)呈现正弦屈曲形态，而剩余部分($z_{crh,2}<z\leqslant z_L$)为螺旋屈曲形态。该加载情况下的螺旋屈曲临界位置 $z_{crh,2}$ 可通过下式计算获得。

$$F_{crh}=2\sqrt{\frac{EIq(6\cos\alpha-5f\sin\alpha)}{fr_c}}\tanh\left[\frac{z_L-z_{crh,2}}{12}\sqrt{\frac{fr_cq(6\cos\alpha-5f\sin\alpha)}{EI}}+\operatorname{arctanh}\left(\frac{F_L}{2}\sqrt{\frac{fr_c}{EIq(6\cos\alpha-5f\sin\alpha)}}\right)\right] \tag{4-93}$$

靠近井底的部分管柱(0，$z_{crh,2}$)呈现螺旋屈曲形态，其轴力可通过下式进行计算：

$$F_{crh,2}(z)=2\sqrt{\frac{EIq\cos\alpha}{fr_c}}\tanh\left[\frac{z_{crh,2}-z}{2}\sqrt{\frac{fr_cq\cos\alpha}{EI}}+\operatorname{arctanh}\left(\frac{F_{crh}}{2}\sqrt{\frac{fr_c}{EIq\cos\alpha}}\right)\right] \tag{4-94}$$

靠近加载端部分管柱($z_{crh,2}$，z_L)呈现正弦屈曲形态，其轴力可计算为：

$$F_{crs,2}(z)=2\sqrt{\frac{EIq(6\cos\alpha-5f\sin\alpha)}{fr_c}}\tanh\left[\frac{z_L-z}{12}\sqrt{\frac{fr_cq(6\cos\alpha-5f\sin\alpha)}{EI}}+\operatorname{arctanh}\left(\frac{F_L}{2}\sqrt{\frac{fr_c}{EIq(6\cos\alpha-5f\sin\alpha)}}\right)\right] \tag{4-95}$$

(5) 对第五种形态的管柱轴向力进行分析。显然，当加载端轴向载荷大于螺旋屈曲临界力时，即 $F_L>F_{crh}$，整段管柱便全部呈现螺旋屈曲状态，其管柱各处轴力可表示为：

$$F_{crh,3}(z)=2\sqrt{\frac{EIq\cos\alpha}{fr_c}}\tanh\left[\frac{z_L-z}{2}\sqrt{\frac{fr_cq\cos\alpha}{EI}}+\operatorname{arctanh}\left(\frac{F_L}{2}\sqrt{\frac{fr_c}{EIq\cos\alpha}}\right)\right] \tag{4-96}$$

根据上述分析可知，当井斜角小于自锁角时，管柱将在重力的作用下而自由下滑。因此，管柱的最大轴力位于井底的原点处。整段连续油管的轴向摩擦力可表示为：

$$\Delta F=F(0)-F_L \tag{4-97}$$

通过上述研究，本文获得了连续油管在斜井中任意位置的轴力解析表达式。由于管柱在斜井中会产生多种形态同时存在的现象，文章对每段直线形态、正弦屈曲形态和螺旋屈曲形态的每一段管柱轴力进行了研究分析，并推导出管柱在不同井深位置处的轴力关系式。根据管柱正弦屈曲与螺旋屈曲临界载荷，文中精确计算获得了管柱正弦屈曲与螺旋屈曲诱发的井深位置。

然而，连续油管在受到轴向载荷、自重和摩擦力的作用下，管柱轴力由于井斜角与自锁角的综合影响，连续油管柱将会在截然不同的井深位置出现螺旋屈曲形态。在以往的研究分析中，很少有模型将摩擦力与井斜角均作为变量予以共同考量研究，因此，该结论对研究井斜角对管柱螺旋屈曲变形具有重大意义。

4.5 工程实例分析

管柱的螺旋屈曲临界载荷是诱发管柱螺旋屈曲的关键轴力点。从石油天然气的工程应用领域而言，我们希望提高该临界值。这是缘于更高的螺旋屈曲临界值将带来更高的轴力传输，同时不至于诱发螺旋屈曲，甚至发生井底管柱的自锁现象。研究表明，管柱的螺旋屈曲临界载荷主要受管材的固有属性、摩擦力与井斜角等因素的影响。

4.5.1 井斜角对螺旋屈曲临界载荷的影响

对于两端均为铰支约束的边界条件，将无量纲式 $m=\dfrac{q\sin\alpha}{EIr_c\mu^4}$ 和 $\mu=\sqrt{\dfrac{F}{2EI}}$ 代入式(4-54)即可获得管柱螺旋屈曲临界力，整理可得：

$$F_{\mathrm{crh}}=2\sqrt{\frac{q\sin\alpha EI\left[-36\pi f_2^2+(180-18\pi^2)f_2+90\pi\right]}{r_c(5\pi^3f_2^2-30\pi^2f_2+45\pi)}} \tag{4-98}$$

为了研究井斜角对管柱螺旋屈曲临界力的影响，本文采用以下工程实例。将外径为3½英寸的连续油管置于6¾英寸的井中。管柱的弹性模量 $E=2.1\times10^{11}(\mathrm{N/m^2})$；惯性矩 $I=1.81\times10^{-6}(\mathrm{m^4})$；管柱与井眼轴线距离 $r_c=0.041272(\mathrm{m})$；单位长度重量 $q=206.0(\mathrm{N/m})$。将以上工程参数代入式(4-98)，整理可得管柱的螺旋屈曲临界力。可表示为：

$$F_{\mathrm{crh}}=87113.4\sqrt{\frac{\left[90\pi-36f_2^2\pi+f_2(180-18\pi^2)\right]\sin\alpha}{45\pi-30f_2\pi^2+5f_2^2\pi^3}} \tag{4-99}$$

图4-8表示摩擦系数与井斜角对连续油管螺旋屈曲临界力的耦合影响。从图中可看出，临界屈曲力呈现非线性增长的趋势上升。

当给定摩擦系数为0.3时，即 $f_2=0.3$，管柱的螺旋屈曲载荷可表示为 $F_{\mathrm{crh}}=176593.7\sqrt{\sin\alpha}$。图4-9表示管柱螺旋屈曲临界力与井斜角之间的变化关系。从图中可看出，螺旋屈曲临界力随井斜角的增大而增大。但是随着井斜角的增加，螺旋屈曲临界力的增长幅度却不断减小。这是由于随着井斜角的增加，管柱在垂直于斜面的重力分力增加，从而导致管柱与井壁间的接触载荷增加。接触力的增加则直接限制管柱的屈曲行为，其数学表现为螺旋屈曲临界力的增加。

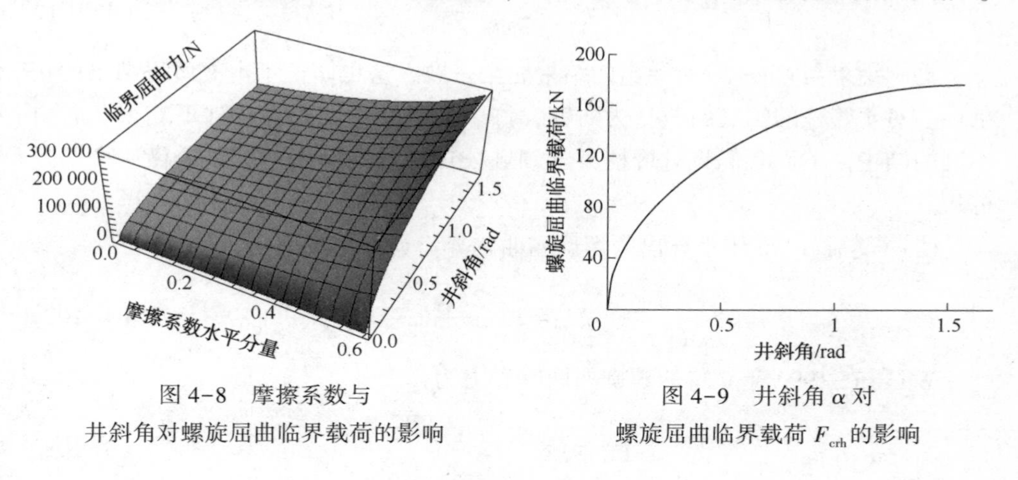

图 4-8　摩擦系数与井斜角对螺旋屈曲临界载荷的影响

图 4-9　井斜角 α 对螺旋屈曲临界载荷 F_{crh} 的影响

4.5.2　摩擦力对螺旋屈曲临界载荷的影响

当给定井斜角为 $\alpha=\frac{\pi}{4}$ 时，管柱螺旋屈曲临界力可表示为：

$$F_{crh}=78415.8\sqrt{\frac{5\pi+f_2(10-\pi^2)-2f_2^2\pi}{9-6f_2\pi+f_2^2\pi^2}} \tag{4-100}$$

图 4-10 为螺旋屈曲临界力与摩擦系数间的变化关系。从图中可看出，随着摩擦系数的增加，临界屈曲力不断增加，并且增速不断加快。

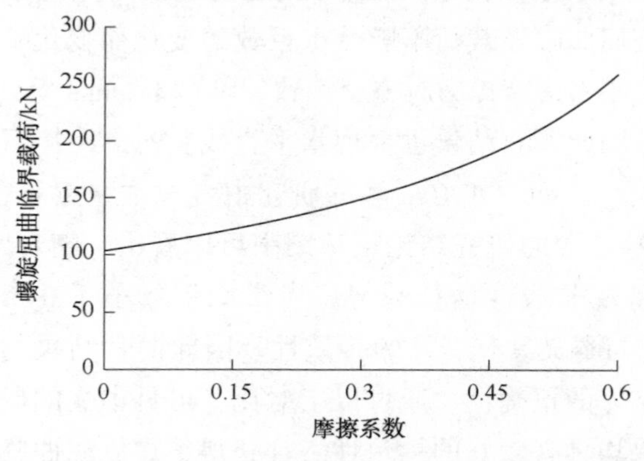

图 4-10　摩擦系数 f_2 对螺旋屈曲临界载荷的影响 F_{crh}

当井斜角为 $\alpha=90°$，且不计摩擦力的影响时 $f_2=0$，我们便可获得位于光滑水平井中的管柱螺旋屈曲临界力：

$$F_{\mathrm{crh}}=2\sqrt{\frac{2qEI}{r_{\mathrm{c}}}} \tag{4-101}$$

这一结果与 Chen 等所导出的结果完全一致，这也印证了本文所得结果的正确性。对于管柱的螺旋屈曲行为研究，许多学者在不同边界条件下获得了各自不同的结论。下面我们将对管柱力学领域公认的几位学者所获结论做一个对比分析。

Chen 等在 1990 年推导出的螺旋屈曲临界力为：

$$F_{\mathrm{crh}}=2\sqrt{\frac{2EIq}{r_{\mathrm{c}}}} \tag{4-102}$$

Wu 等在 1993 年获得的螺旋屈曲临界力为：

$$F_{\mathrm{crh}}=(8-2\sqrt{2})\sqrt{\frac{EIq}{r_{\mathrm{c}}}} \tag{4-103}$$

Miska and Cunha 等在 1995 年推导出的螺旋屈曲临界力为：

$$F_{\mathrm{crh}}=4\sqrt{\frac{2EIq}{r_{\mathrm{c}}}} \tag{4-104}$$

Gao and Miska 等在 2010 年推导出的螺旋屈曲临界力为：

$$F_{\mathrm{crh}}=2\sqrt{\frac{19(\pi+3f)EIq}{\pi r_{\mathrm{c}}(7-3\pi f)}} \tag{4-105}$$

图 4-11 表示了本文和这些研究者所获结果的对比分析。Chen 等的研究结果如图中浅蓝色直线所示。由于 Chen 等在建立屈曲摩擦时未考虑摩擦力的影响，因此出现螺旋屈曲临界载荷不随摩擦系数的变化而变化。然而这一结果却与本文所获结果在不考虑摩擦力时完全一致。Wu 和 Cunha 等的研究模型也未考虑摩擦力的影响，因此所获结果也呈现水平直线状态。摩擦系数对螺旋屈曲临界力没有任何影响。然而，在 Gao 等的研究中考虑了摩擦对管柱屈曲的影响，图中曲线③即为 Gao 等的研究结论。从图中可以看出，随着摩擦系数的增加，螺旋屈曲临界力呈现非线性增长趋势。当摩擦系数小于 0.5 时，即 $f_2 \leqslant 0.5$，Gao 等的研究结论与本文具有良好的一致性。因此两者结果的良好吻合性，也印证了本文所获结果的正确性。通过以上对比，可见本文的研究结果与各位研究者所导出的结果均具有较好的一致性。且获得了螺旋屈曲临界力随井斜角的变化关系，具有一定的工程实用价值。

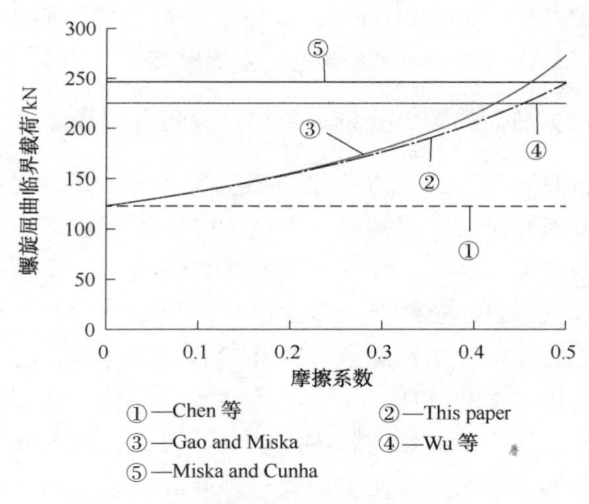

图 4-11 螺旋屈曲临界载荷对比分析

4.5.3 井斜角对螺旋屈曲形态下轴向载荷的影响

通过上文中求解屈曲微分方程组，本文获得了管柱在螺旋屈曲形态下管柱轴力的解析表达式。本节将继续研究井斜角与摩擦力对管柱在螺旋屈曲形态下轴力传递的影响。文章将展开在不同井斜角条件下，管柱在不同井深位置的轴力变化趋势研究。同时研究管柱在井下诱发螺旋屈曲的井深位置是否与井斜角有关联。在某一井斜角条件下，管柱螺旋屈曲将受到摩擦力的影响。这是由于轴向摩擦力将会在一定程度上耗散轴向载荷的传递。然而，这对于石油天然气工程领域中所要求的提高轴力传递效率却背道而驰。因此也造成了在管柱诱发屈曲的瞬间，我们希望管柱与井壁间的摩擦力较大，而在后屈曲过程中管柱轴向摩擦力又较小的理想情况。

当管柱保持直线状态时，管柱与井壁间的接触载荷将一致保持不变。然而，当管柱发生屈曲后，接触载荷将会随着轴向载荷的增加而增加。对于各种屈曲行为下的轴向力，上文已经做出细致的分析计算。当 $\arctan\dfrac{1}{f}\leqslant\alpha$ 时，管柱轴力从加载端至井底在摩擦力的作用下依次降低。当 $\alpha<\arctan\dfrac{1}{f}$时，管柱轴力则由井口至井底逐渐增大。

为了分析井斜角对管柱轴力的影响，本文采取下列实例进行对比分析。当外径为 3½英寸的连续油管位于直径为 6¾英寸的井中时，施加于加载端的轴向力为 $F_L=85\text{kN}$。管柱弹性模量 $E=2.1\times10^{11}(\text{N/m}^2)$；惯性矩 $I=1.81\times10^{-6}(\text{m}^4)$；

单位长度管柱的重力 $q=206.0$(N/m);管柱与井眼轴线间的距离 $r_c=0.041272$(m)。该示例的摩擦系数为 $f=0.3$,图 4-12 中所选取的井斜角均小于自锁角,即 $\alpha<\arctan\frac{1}{f}$。根据前面的轴力分析,分别计算各井斜角条件下的管柱轴力便可得出管柱螺旋屈曲形态下的轴力变化趋势。图中实线部分表示处于螺旋屈曲状态下的管柱轴力随井深的变化关系。虚线部分表示管柱处于正弦屈曲状态下的管柱轴力。从图中可以看出,在井斜角小于自锁角时,管柱的轴力随着井深的增加而增加。这里需要注意的是,本文的分析模型坐标原点位于井底处。因此,这与通常采用的井口为坐标原点计算井深有一定区别。随着井斜角的逐渐增加管柱轴力的变化率逐渐减低,从而导致井底处的轴力随着井斜角的增加而降低。对比分析管柱开始螺旋屈曲临界点的轴力可知,随着井斜角的增加,该处的轴向力逐渐增加。然而,对比分析管柱井底处的轴向力,则发现随着井斜角的增加,管柱轴向力却不断降低。同时,连续油管在井中由于摩擦力的作用轴向力的耗损也随着井斜角的增加而不断升高。图中实线右端处的小圆点代表诱发螺旋屈曲的临界位置。从图中可以看出,随着井斜角的增加,诱发螺旋屈曲的管柱段越靠近井底。这一研究结果表明,当井斜角较大时,处于正弦屈曲形态的管柱段反而越长。这对井眼轨迹的设计研究具有指导性意义。

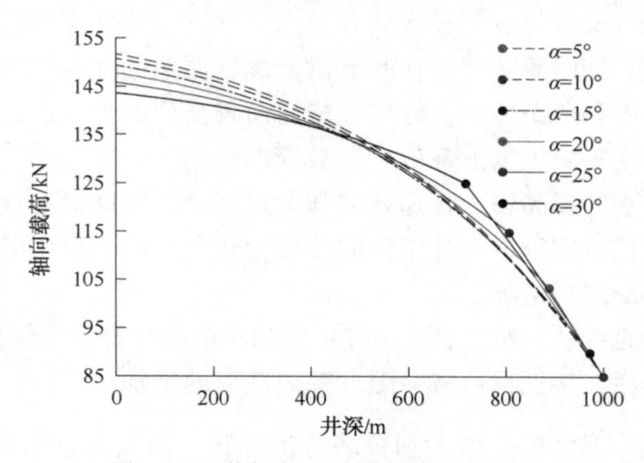

图 4-12 井斜角 α 对轴力 $F(z)$ 的影响

4.6 本章小结

本章对斜井中连续油管的螺旋屈曲行为进行了严谨细致的研究,分析了管柱螺旋屈曲形态下的自然边界条件与管柱速度等相关问题。同时研究了边界条件对螺旋屈曲的影响，并求取了诱发管柱螺旋屈曲行为产生的临界屈曲载荷。分析了井斜角与摩擦对管柱螺旋屈曲临界载荷值的影响。推导获得不同井斜角与摩擦系数条件下的管柱轴向载荷，并分析这二者对其轴向载荷变化的影响。通过对这些问题的研究，得出如下结论：

（1）在对比分析 A. Lubinski 等对管柱螺旋屈曲形态下角位移变化的研究基础之上，本文获得了在考虑摩擦力与自重影响的情况下，管柱螺旋屈曲的自然边界条件。并将该结论应用于管柱螺旋屈曲行为的研究，所获结果与 A. Lubinski 的结论完全一致，使该自然边界条件的正确性获得了验证。这对于研究摩擦力与管柱自重共同作用下的螺旋屈曲受边界条件影响具有十分重要的意义。

（2）通过对无量纲屈曲微分控制方程的求解，获得了管柱螺旋屈曲形态下的角位移解析式。根据轴向位移和切向位移以及轴向速度和切向速度之间的变化关系，导出了管柱进入螺旋屈曲形态后的速度关系式。

（3）根据管柱总能量变化为零这一能量守恒定律的运用，导出了两端均为铰支约束和一端铰支约束另一端为自由端这两种边界条件下的螺旋屈曲临界载荷，并分析了这两种边界条件对螺旋屈曲临界载荷的影响。研究结果显示，当摩擦系数小于 0.3 时，这两种边界条件对其临界屈曲力的影响可以忽略不计。对于管柱无量纲长度大于 40 时，边界条件对临界屈曲力的影响也非常小。

（4）解耦管柱屈曲控制微分方程组，求得螺旋屈曲形态下管柱轴力表达式。在考虑摩擦与井斜角影响的基础上，分别给出了 $\arctan\frac{1}{f}\leqslant\alpha$ 与 $\alpha<\arctan\frac{1}{f}$ 时，斜直井中管柱五种形态下的轴力解析表达式。

（5）通过对井斜角与摩擦力对螺旋屈曲临界载荷影响的研究，发现螺旋屈曲临界载荷将会随着井斜角的增大而增大。同时，随着摩擦系数的增加，螺旋屈曲临界载荷也将缓慢增加。文章通过将本文研究结论与其他研究者所获结果对比分析发现，所得结果具有很好的一致性，得到了充分的验证。

（6）由井斜角对螺旋屈曲形态下轴向载荷影响的分析可知，随着井斜角的增加，轴向载荷的损失在不断增加。与此同时，诱发螺旋屈曲的位置也越靠近井底。随着井斜角的增大，处于螺旋屈曲形态下管柱段的轴力变化率也逐渐下降。出现这一现象的原因在于，一方面摩擦力的影响，另一方面井斜角的增大导致自重在井眼轴线上的分力不断降低导致轴力变化日趋平缓。

第5章　平面曲井中连续油管屈曲研究

在油气井的勘探开发过程中，大位移井、水平井和定向井等都会出现弯曲井段。即便某些为垂直井设计的油气井，在实际钻探过程中也会出现一些弯曲井段。因此，研究弯曲井段中的管柱屈曲行为对于定位管柱最先诱发屈曲变形的管柱段位置具有重要意义。当连续油管位于弯曲井眼中时，受轴向载荷作用的连续油管柱将弯曲变形成约束井眼的形状。并由于重力的作用，紧贴于弯曲井眼内壁外侧，保持于井壁连续接触。因此，油气井的弯曲曲率也将影响连续油管屈曲行为的产生与演变。如果同时考虑管柱自重对屈曲行为的影响，那么由于自重与井眼曲率的耦合影响将会使曲井中的管柱屈曲问题更为复杂。

诸多研究对弯曲井眼中管柱屈曲行为这一问题的研究主要集中在摩擦力、残余弯曲与管柱自重等因素对临界屈曲载荷的影响。然而，对于井眼直径与曲率半径这二者的研究却相对较少。本文将继续通过最小能量法和虚功原理对曲井中的正弦屈曲与螺旋屈曲临界载荷进行解析求解。并研究井眼直径和曲率半径与临界屈曲载荷之间的变化关系。本章最后，通过对比斜直井与曲井中的临界屈曲载荷，分析研究在水平井或大位移井中率先诱发屈曲变形的管柱段位置。这将对工程实践中连续油管屈曲段的预测有着深远的意义。

5.1　曲井中管柱的几何分析

本节将建立曲井中管柱屈曲分析模型的基本假设与相应的坐标系。根据连续油管与井壁连续接触和由于自重平躺曲井最低处的假设，文章通过在井眼最低处建立的笛卡尔坐标系和以井眼曲率中心的极坐标系来对曲井中连续油管柱的位置变化进行几何描述。

5.1.1　基本假设

（1）管柱的整个变形过程都处于弹性变形范围内；

（2）连续油管与井眼的半径保持不变；

(3) 井壁为刚性体，且曲井的曲率半径为一常值；

(4) 连续油管与井壁一直处于连续接触状态；

(5) 不考虑连续油管内外钻井液振动对管柱屈曲行为的影响；

(6) 连续油管与井眼轴线之间的间歇 r_c 是一个极小的值；

(7) 由于摩擦力做功所引起的热能非常小，因此忽略热能对管柱屈曲的影响。

5.1.2 坐标系的建立

如图 5-1 所示，当管柱未发生任何屈曲的时候，由于重力的作用，管柱位于曲井的最低处。对于曲井中的连续油管屈曲问题，理想的研究状态是曲井的轴线轨迹为三维曲线。然而，由于多数井眼轴线均是按照二维平面设计，因此本文将模型设置为井眼轴线是二维等曲率的曲线，以获得较好的研究结果。本章将继续采用笛卡尔坐标系和极坐标来对连续油管在曲井中的屈曲行为进行几何描述。与前面研究斜井中管柱屈曲问题的笛卡尔坐标系一样，此处仍将坐标系的原点置于井中最低位置的轴线处。X 轴是由曲井的圆心处指向井眼的背面方向，因此单位向量 $\vec{i}$ 与井眼轴线的半径方向一致。Y 轴是垂直于 XOZ 平面向纸面里延伸的方向，单位向量 $\vec{j}$ 为垂直于纸面向里的方向。Z 轴则是沿着井眼轴线的切线方向指向井口位置方向，单位向量 $\vec{k}$ 为油气井轴线的切线方向。假定最初的 X-Z 平面与未发生屈曲的连续油管曲率平面重合，Z 轴的正方向为指向 γ 角增加的方向。图中的弧长 s 表示 γ 角所对应的井眼轴线长度，坐标系的表示如图 5-1 所示。弧长 s 表示井眼轴线的长度；u_c 表示连续油管在相反于主法线方向的径向位移；v_c 表示连续油管在相反于副法线方向的位移。采用 $e_T(z)$ 表示油管上随动坐标系的切线方向；$e_N(z)$ 为主法线方向的单位向量和 $e_B(z)$ 表示副法线方向的单位向量。

笛卡尔坐标系与曲线坐标系之间的转化关系如下：

$$x=(R_c+u_c)\cos\gamma-R_c \tag{5-1}$$

$$y=v_c \tag{5-2}$$

$$z=(R_c+u_c)\sin\gamma \tag{5-3}$$

此处，R_c 表示井眼轴线的弯曲半径，角度 γ 可通过下式进行计算：

$$\gamma=\frac{s}{R_c} \tag{5-4}$$

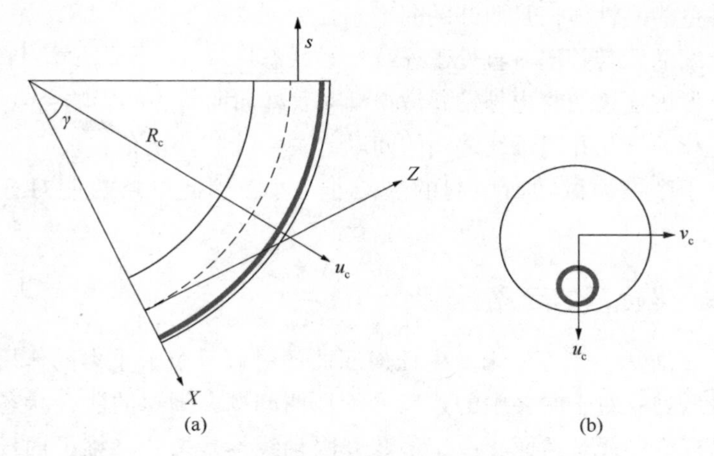

图 5-1　等曲率井中连续油管坐标图

5.2　曲井中管柱屈曲模型的构建

根据能量守恒定律可知，连续油管在等曲率曲井中屈曲的总能量 Π_c 等于由弯矩引起的应变能 $U_{b,c}$，轴力所引起的弹性变形能 $U_{a,c}$ 和径向力所做功 $W_{q\sin\alpha}$ 之和。可表示为：

$$\Pi_c = U_{b,c} - U_{a,c} + W_{q\sin\beta} \tag{5-5}$$

下面将分别对各项进行计算求解。首先，位于曲井中的连续油管微元段可以看做为管柱的某一极小段与两截面构成。微元段在 u_c–s 平面和 v_c–s 平面都具有一定的弯矩，但是对于轴线方向的 w_c–s 则不产生任何弯矩。伴随着管柱在这两个平面上产生弯矩的同时，还将产生一定的关于轴线 s 的扭矩载荷。本文采用 $1/\lambda_1$ 和 $1/\lambda_2$ 分别表示在 v_c–s 平面与 u_c–s 平面内连续油管弯曲变形的曲率。那么根据铁木辛柯梁理论[166]，管柱轴线在 v_c–s 平面的曲率半径可表示为：

$$\frac{1}{\lambda_1} = -\frac{v_c}{R_c} - \frac{d^2 v_c}{ds^2} \tag{5-6}$$

同理可得，管柱在 u_c–s 平面的曲率半径可表示为：

$$\frac{1}{\lambda_2} = \frac{1}{R_c} + \frac{u_c}{R_c^2} + \frac{d^2 u_c}{ds^2} \tag{5-7}$$

因此，连续油管在 v_c–s 平面和 u_c–s 平面上的弯矩可分别表示为：

$$M_1 = EI\frac{1}{\lambda_1} \tag{5-8}$$

$$M_2 = EI\left(\frac{1}{\lambda_2} - \frac{1}{R_c}\right) \tag{5-9}$$

本文将采用 ϕ_c 表示管柱在 v_c-s 平面上绕轴线 s 的扭转角；θ_c 表示管柱在 u_c-s 平面上绕轴线 s 的扭转角。其角位移可分别表示为：

$$\Delta d\phi_c = \frac{d^2 v_c}{ds^2} \tag{5-10}$$

$$\Delta d\theta_c = \frac{d^2 u_c}{ds^2} \tag{5-11}$$

上面分析了连续油管每一个微元段的弯矩与扭矩变形。从而对曲井中的整段屈曲管柱进行积分可得由弯矩与扭转所导致的连续油管弹性势能。具体可表示为：

$$U_{b,c} = \int_0^L \frac{1}{2}[M_1(\Delta d\phi_c) + M_2(\Delta d\theta_c)] \tag{5-12}$$

将式(5-6)~式(5-11)代入式(5-12)，整理可得：

$$U_{b,c} = \frac{1}{2}EI\int_0^L \left[\left(\frac{v_c}{R_c^2} + \frac{d^2 v_c}{ds^2}\right)\frac{d^2 v_c}{ds^2} + \left(\frac{u_c}{R_c^2} + \frac{d^2 u_c}{ds^2}\right)\frac{d^2 u_c}{ds^2}\right] ds \tag{5-13}$$

管柱的弹性势能除去弯矩与扭矩所产生之外，其中很重要的一部分为管柱轴线上的压缩变形所产生的弹性势能。本文将采用微元法进行计算，设管柱的轴力为 F_c，微元体产生的弹性变形为 $d\Delta$。因此，轴向的弹性势能可表示为：

$$U_{a,c} = \int_0^L F_c ds \tag{5-14}$$

由于管柱在轴力的作用下产生了一定的弹性变形，因此其微元体的弹性变形 $d\Delta$ 可表示为微元体初始状态的长度 ds_0 与变形后的微元体长度 ds_1 之间的差值。其变形量可表示变形的末状态减去初始状态，即：

$$dS = ds_1 - ds_0 \tag{5-15}$$

若采用笛卡尔坐标系表示管柱变形前后的微元体长度，可分别表示为：

$$ds_0 = \sqrt{\left(\frac{dx_0}{ds}\right)^2 + \left(\frac{dy_0}{ds}\right)^2 + \left(\frac{dz_0}{ds}\right)^2}\, ds \tag{5-16}$$

$$ds_1 = \sqrt{\left(\frac{dx}{ds}\right)^2 + \left(\frac{dy}{ds}\right)^2 + \left(\frac{dz}{ds}\right)^2}\, ds \tag{5-17}$$

上列两式中，管柱某点的位置坐标(x_0, y_0, z_0)表示管柱为产生轴向位移的初始坐标，而点(x, y, z)则表示由于轴向力的用处产生轴向位移后的新坐标值。

在本章的基本假设中已经提出，管柱在未产任何屈曲的初始位置是在重力作用下位于井中的最低处。而且井眼的轴线为二维的等曲率曲线，所以管柱的初始位置可表示为：

$$x_0=(R_c+r_h)\cos\frac{s}{R_c}-R_c \tag{5-18}$$

$$y_0=0 \tag{5-19}$$

$$z_0=(R_c+r_h)\sin\frac{s}{R_c} \tag{5-20}$$

式中 r_h 表示井眼与管柱轴线间距离。

将式(5-18)、式(5-19)和式(5-20)的连续油管初始位置坐标代入式(5-16)，整理可得：

$$\mathrm{d}s_0=\frac{R_c+r_h}{R_c}\mathrm{d}s \tag{5-21}$$

当连续油管在轴力的作用下将产生相应的形变与位移。对于变形后的坐标值为采用笛卡尔坐标系表示的式(5-1)、式(5-2)和式(5-3)。将其坐标代入式(5-17)便可获得变形后的微元体长度，可表示为：

$$\mathrm{d}s_1=\left(\frac{R_c+u_c}{R_c}\right)\sqrt{1+\left(\frac{R_c}{R_c+u_c}\right)^2\left[\left(\frac{\mathrm{d}u_c}{\mathrm{d}s}\right)^2+\left(\frac{\mathrm{d}v_c}{\mathrm{d}s}\right)^2\right]}\mathrm{d}s \tag{5-22}$$

采用二项式定理对根号项进行化解可得：

$$\sqrt{1+\left(\frac{R_c}{R_c+u_c}\right)^2\left[\left(\frac{\mathrm{d}u_c}{\mathrm{d}s}\right)^2+\left(\frac{\mathrm{d}v_c}{\mathrm{d}s}\right)^2\right]}\approx 1+\frac{1}{2}\left(\frac{R_c}{R_c+u_c}\right)^2\left[\left(\frac{\mathrm{d}u_c}{\mathrm{d}s}\right)^2+\left(\frac{\mathrm{d}v_c}{\mathrm{d}s}\right)^2\right] \tag{5-23}$$

将上式代入式(5-22)，整理可得：

$$\mathrm{d}s_1\approx\left\{1+\frac{u_c}{R_c}+\frac{1}{2}\left[\left(\frac{\mathrm{d}u_c}{\mathrm{d}s}\right)^2+\left(\frac{\mathrm{d}v_c}{\mathrm{d}s}\right)^2\right]\right\}\mathrm{d}s \tag{5-24}$$

通过上述分析，我们已经获得了连续油管微元体变形前后的长度。将式(5-21)与式(5-24)代入式(5-15)，整理可得：

$$\mathrm{d}s=\left\{\frac{u_c-r_h}{R_c}+\frac{1}{2}\left[\left(\frac{\mathrm{d}u_c}{\mathrm{d}s}\right)^2+\left(\frac{\mathrm{d}v_c}{\mathrm{d}s}\right)^2\right]\right\}\mathrm{d}s \tag{5-25}$$

将式(5-25)代入式(5-14)，即可得连续油管轴力做功所产生的弹性变形能。具体可表示为：

$$U_{a,c}=\int_0^L F_c\left\{\frac{u_c-r_h}{R_c}+\frac{1}{2}\left[\left(\frac{\mathrm{d}u_c}{\mathrm{d}s}\right)^2+\left(\frac{\mathrm{d}v_c}{\mathrm{d}s}\right)^2\right]\right\}\mathrm{d}s \tag{5-26}$$

通过上述分析，获得了管柱轴线方向的弹性势能。接下来，本文将对连续油管由于屈曲变形所导致的位移变化以及重力势能进行分析。如图 5-2 所示，β 角表示管柱的某研究微元段轴力方向与铅直方向的夹角。分析斜面上管柱的重力可知，在斜井中径向方向的重力分力为 $q\sin\beta\mathrm{d}s$。其中 q 代表单位长度管柱在钻井液中的示重。对于管柱在径向方向的位移则可表示为井眼半径与管柱径向位置间的差值，即 r_h-u_c。

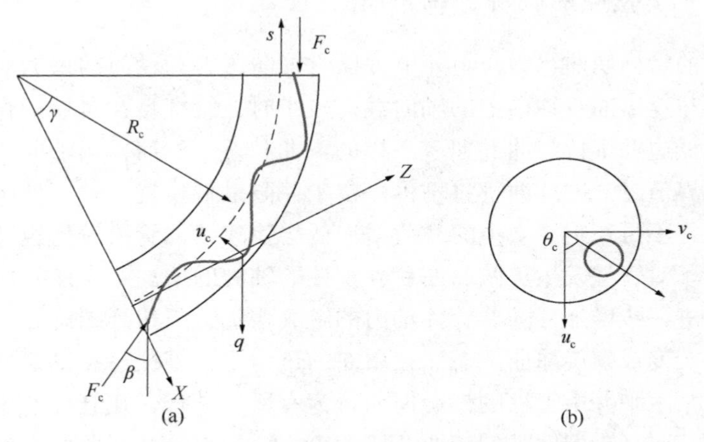

图 5-2　等曲率井中连续油管屈曲位移图

通过管柱在井中的重力分析可知，连续油管的重力在径向方向的做功可表示为：

$$\mathrm{d}W_{q\sin\beta}=(r_h-u_c)q\sin\beta\mathrm{d}s \tag{5-27}$$

对式(5-27)进行整段管柱(L)的定积分，整理可得：

$$W_{q\sin\beta}=\int_0^L(r_h-u_c)q\sin\beta\mathrm{d}s \tag{5-28}$$

综上所述，通过对管柱的受力与弯矩分析，获得了管柱的弹性势能与重力势能变化值。将式(5-13)、式(5-26)和式(5-28)代入式(5-5)即可获得管柱在曲井中的总能量值，可表示为：

$$\Pi_c=\int_0^L\left\{\begin{aligned}&\frac{EI}{2}\left[\left(\frac{v_c}{R_c^2}+\frac{\mathrm{d}^2v_c}{\mathrm{d}s^2}\right)\frac{\mathrm{d}^2v_c}{\mathrm{d}s^2}+\left(\frac{u_c}{R_c^2}+\frac{\mathrm{d}^2u_c}{\mathrm{d}s^2}\right)\frac{\mathrm{d}^2u_c}{\mathrm{d}s^2}\right]\\&-F_c\left[\frac{u_c-r_h}{R_c}+\frac{1}{2}\left(\left(\frac{\mathrm{d}u_c}{\mathrm{d}s}\right)^2+\left(\frac{\mathrm{d}v_c}{\mathrm{d}s}\right)^2\right)\right]+(r_h-u_c)q\sin\beta\end{aligned}\right\}\mathrm{d}s \tag{5-29}$$

通过上述讨论，获得管柱屈曲过程中的总能量表达式。这里我们将继续采用基于杆的弹性稳定性理论中的能量稳定性判据来研究管柱的正弦屈曲行为与螺旋屈曲行为。在此，本文将结合连续油管在井下作业的实际物理意义，讨论连续油管正弦屈曲与螺旋屈曲的稳定性存在条件。

5.3 曲井中连续油管的正弦屈曲分析

5.3.1 正弦屈曲临界载荷推导

曲井中的管柱屈曲行为与斜井中管柱受轴向压力和径向约束的屈曲过程一样。当作用与连续油管轴向上的轴向载荷较小时，管柱将在自重的作用下，位于曲井的最低边并维持与曲井曲率一样的弯曲状态。然而，当轴向载荷达到管柱正弦的临界值时，连续油管将不再停留于井眼最低位置。轴力处于临界载荷附近的管柱将不再稳定，微小的载荷增加便会使连续油管沿着低边开始出现正弦屈曲行为。对管柱发生正弦屈曲后，管柱的轴力的增加将会使管柱与井壁间的接触载荷进一步增加。随着管柱轴力的继续增加，当达到螺旋屈曲的临界值时，管柱将会变成螺旋屈曲形态。在屈曲的过程中，管柱与井壁仍处于持续接触。然而这与水平井中管柱的螺旋屈曲行为有所不一样，在管柱产生螺旋屈曲变形的同时，仍在受到井眼的弯曲井段约束。这使得管柱在曲井中的屈曲行为更为复杂，难以求解其强非线性方程。当管柱已经发生螺旋屈曲后，由于连续油管与井壁间的摩擦力作用，接触载荷将会随着轴力的增加而增加。但是接触力的增速则会随着轴力的增加而降低，最后出现管柱一端的加载载荷无法传递至另一端，这也成为曲井中的连续油管自锁行为的原因。

受曲井约束的连续油管发生屈曲行为后，管柱的变形将会随着轴向载荷的增加而不断变化。管柱在最初的井眼约束下出现等曲率的弯曲形态，接着变为正弦屈曲形态、螺旋屈曲形态以及在这几种形态之间的互相转化均会造成屈曲微分方程变为强非线性方程。此外，连续油管的屈曲行为涉及井眼曲率、管柱自重、屈曲构型间的转化和三维屈曲变形等诸多因素的影响，使得该问题的研究异常复杂。因此，本文采用了能量法进行分析研究，而非油气井管柱力学一书中所采用的静力平衡法。当连续油管的轴力达到管柱的正弦屈曲临界力时，管柱将发生正弦屈曲变形，设此时的管柱正弦屈曲角位移为：

$$\theta_c = A_c \sin \frac{2\pi s}{p_c} \tag{5-30}$$

式中，A_c 表示油管柱在曲井中的角位移振幅。p_c 代表连续油管正弦屈曲的波长。

此外，在随动坐标系中位置参数为：

$$u_c = r_h \cos\theta_c \tag{5-31}$$

$$v_c = r_h \sin\theta_c \tag{5-32}$$

管柱位移的各阶导数可表示为：

$$\frac{du_c}{ds} = -r_h \sin\theta_c \theta'_c \tag{5-33}$$

$$\frac{dv_c}{ds} = r_h \cos\theta_c \theta'_c \tag{5-34}$$

$$\frac{d^2u_c}{ds^2} = -r_h\left[\cos\theta_c\ (\theta'_c)^2 + \sin\theta_c \theta''_c\right] \tag{5-35}$$

$$\frac{d^2v_c}{ds^2} = r_h\left[\cos\theta_c \theta''_c - \sin\theta_c\ (\theta'_c)^2\right] \tag{5-36}$$

将式(5-33)、式(5-34)、式(5-35)与式(5-36)代入式(5-13)、式(5-26)和式(5-28)，整理可得：

$$U_{b,c} = \int_0^L \frac{EIr_h^2}{2}\left[(\theta'_c)^4 + (\theta'')^2 - \frac{1}{R_c^2}(\theta'_c)^2\right]ds \tag{5-37}$$

$$U_{a,c} = \int_0^L F_c\left\{\frac{r_h}{R_c}(\cos\theta_c - 1) + r_h\ (\theta'_c)^2\right\}ds \tag{5-38}$$

$$W_{q\sin\beta} = \int_0^L qr_h(1-\cos\theta_c)\sin\beta ds \tag{5-39}$$

由于角位移的各阶导数为：

$$\theta'_c = A_c \frac{2\pi}{p_c}\cos\frac{2\pi s}{p_c} \tag{5-40}$$

$$\theta''_c = -A_c\left(\frac{2\pi}{p_c}\right)^2 \sin\frac{2\pi s}{p_c} \tag{5-41}$$

将式(5-30)、式(5-40)与式(5-41)代入式(5-37)、式(5-38)和式(5-39)，整理可得：

$$U_{b,c} = \int_0^L \frac{EIr_c^2}{2}\left[\frac{16\pi^4 A_c^2}{p_c^4}\left(\sin^2\frac{2\pi s}{p_c} + A_c^2\cos^4\frac{2\pi s}{p_c}\right) - \frac{4\pi^2 A_c^2}{R_c^2 p_c^2}\cos^2\frac{2\pi s}{p_c}\right]ds \tag{5-42}$$

$$U_{a,c} = \int_0^L F_c\left\{\frac{r_h}{R_c}(\cos\theta_c - 1) + \frac{4\pi^2 r_h^2 A_c^2}{p_c^2}\cos^2\frac{2\pi s}{p_c}\right\}ds \tag{5-43}$$

$$W_{q\sin\beta} = \int_0^L qr_h(1-\cos\theta_c)\sin\beta ds \tag{5-44}$$

积分求解得：

$$U_{b,c}=\frac{EIr_cL}{2}\left[\frac{16\pi^4r_h}{p_c^4}\left(\frac{A_c^2}{2}+\frac{3A_c^4}{8}\right)-\frac{2\pi^2r_hA_c^2}{R_c^2p_c^2}\right] \quad (5-45)$$

$$U_{a,c}=\frac{F_cr_hL}{2}\left(\frac{A_c^4}{32R_c}-\frac{A_c^2}{2R_c}+\frac{2\pi^2r_hA_c^2}{p_c^2}\right) \quad (5-46)$$

$$W_{q\sin\beta}=\frac{qr_hL\sin\beta}{2}\left(\frac{A_c^2}{2}-\frac{A_c^4}{32}\right) \quad (5-47)$$

将式(5-45)、式(5-46)和式(5-47)代入式(5-5)，即可得进入正弦屈曲形态的连续油管总能量。具体可表示为：

$$\Pi_c=\frac{EIr_hL}{2}\left[\frac{16\pi^4r_h}{p_c^4}\left(\frac{A_c^2}{2}+\frac{3A_c^4}{8}\right)-\frac{2\pi^2r_hA_c^2}{R_c^2p_c^2}\right]+\frac{qr_hL\sin\beta}{2}\left(\frac{A_c^2}{2}-\frac{A_c^4}{32}\right)$$
$$-\frac{F_cr_hL}{2}\left(\frac{A_c^4}{32R_c}-\frac{A_c^2}{2R_c}+\frac{2\pi^2r_hA_c^2}{p_c^2}\right) \quad (5-48)$$

总能量关于角位移振幅 A_c 的偏导数可表示为如下：

$$\frac{\partial\Pi_c}{\partial A_c}=\frac{EIr_h^2\pi^2A_cL}{p_c^2}\left[\frac{8\pi^2}{p_c^2}+\frac{12\pi^2A_c^2}{p_c^2}-\frac{2}{R_c^2}\right]$$
$$-\frac{F_cr_hA_cL}{2}\left(\frac{A_c^2}{8R_c}-\frac{1}{R_c}+\frac{4\pi^2r_h}{p_c^2}\right)+\frac{qr_hA_cL\sin\beta}{2}\left(1-\frac{A_c^2}{8}\right) \quad (5-49)$$

当$\frac{\partial\Pi_c}{\partial A_c}=0$时，可得：

$$\frac{4EIr_h\pi^2}{p_c^2}\left[\frac{4\pi^2}{p_c^2}+\frac{6\pi^2A_c^2}{p_c^2}-\frac{1}{R_c^2}\right]-F_c\left(\frac{4\pi^2r_h}{p_c^2}-\frac{1}{R_c}+\frac{A_c^2}{8R_c}\right)+\left(1-\frac{A_c^2}{8}\right)q\sin\beta=0 \quad (5-50)$$

由上式求解力 F_c 与波长 p_c 之间的关系式，可得：

$$F_c=\frac{128EIr_h\pi^4R_c^2+192EIr_h\pi^4A_c^2R_c^2-32EIr_h\pi^2p_c^2+8R_c^2p_c^4q\sin\beta-R_c^2p_c^4qA_c^2\sin\beta}{32R_c^2p_c^2\pi^2r_c-8R_cp_c^4+R_cp_c^4A_c^2} \quad (5-51)$$

轴力 F_c 对波长 p_c 求偏导$\frac{\partial F_c}{\partial p_c}=0$，整理可得：

$$\left(q\sin\beta R_c-\frac{EI}{R_c^2}\right)\left(1-\frac{A_c^2}{8}\right)-16EIr_hR_c\left(1+\frac{3A_c^2}{2}\right)\left(\frac{\pi}{p_c}\right)^4+8EI\left(1+\frac{3A_c^2}{2}\right)\left(1-\frac{A_c^2}{8}\right)\left(\frac{\pi}{p_c}\right)^2=0 \quad (5-52)$$

由上式求解$\left(\frac{\pi}{p_c}\right)^2$，整理可得：

$$\left(\frac{\pi}{p_c}\right)^2=\frac{1-\frac{A_c^2}{8}}{4r_hR_c}\left[1+\sqrt{1+\frac{q\sin\beta r_hR_c^2}{EI\left(1-\frac{A_c^2}{8}\right)\left(1+\frac{3A_c^2}{2}\right)}-\frac{r_h}{R_c\left(1-\frac{A_c^2}{8}\right)\left(1+\frac{3A_c^2}{2}\right)}}\right] \tag{5-53}$$

将式(5-53)代入式(5-51)，整理可得：

$$F_{c,s}=\frac{2EI}{r_hR_c}\left[\begin{array}{l}\left(1-\frac{A_c^2}{8}\right)\left(1+\frac{3A_c^2}{2}\right)-\frac{r_h}{2R_c}+\\ \sqrt{\left(1-\frac{A_c^2}{8}\right)^2\left(1+\frac{3A_c^2}{2}\right)^2+\left(1-\frac{A_c^2}{8}\right)\left(1+\frac{3A_c^2}{2}\right)\left(\frac{q\sin\beta r_hR_c^2}{EI}-\frac{r_h}{R_c}\right)}\end{array}\right] \tag{5-54}$$

上式与Schuh[167]在1991年推导结论完全一致，从而验证了本文数学模型的正确性。

当$A_c=0$时，式(5-54)变为：

$$F_{c,s}=\frac{2EI}{r_hR_c}\left(1-\frac{r_h}{2R_c}+\sqrt{1+\frac{q\sin\beta r_hR_c^2}{EI}-\frac{r_h}{R_c}}\right) \tag{5-55}$$

总能量的二阶变分可表示为：

$$\begin{aligned}\delta^2\Pi_c=&\frac{EIr_hL}{2}\left[16r_h\left(1+\frac{9A_c^2}{2}\right)\left(\frac{\pi}{p_c}\right)^4-\frac{4r_h}{R_c^2}\left(\frac{\pi}{p_c}\right)^2\right]\\&-\frac{F_cr_hL}{2}\left[4r_h\left(\frac{\pi}{p_c}\right)^2-\frac{1}{R_c}+\frac{3A_c^2}{8R_c}\right]+\frac{qr_hL\sin\beta}{2}\left(1-\frac{3A_c^2}{8}\right)\end{aligned} \tag{5-56}$$

当$\delta^2\Pi_c=0$时，

$$\begin{aligned}&EI\left[16r_h\left(1+\frac{9A_c^2}{2}\right)\left(\frac{\pi}{p_c}\right)^4-\frac{4r_h}{R_c}\left(\frac{\pi}{p_c}\right)^2\right]\\&-F_c\left[4r_h\left(\frac{\pi}{p_c}\right)^2-\frac{1}{R_c}+\frac{3A_c^2}{8R_c}\right]+q\sin\beta\left(1-\frac{3A_c^2}{8}\right)=0\end{aligned} \tag{5-57}$$

将式(5-53)与式(5-54)代入式(5-57)，即可求得连续油管正弦屈曲的最大角位移振幅$A_c\approx\frac{11\pi}{18}$。因此，正弦屈曲稳定状态下的最大轴力，可通过将$A_c\approx\frac{11\pi}{18}$代入式(5-54)求得：

$$F_{c,max}=\frac{7.04EI}{r_h R_c}\left[1-\frac{r_h}{7.04R_c}+\sqrt{1+\frac{q\sin\beta r_h R_c^2}{3.52EI}-\frac{r_h}{3.52R_c}}\right] \tag{5-58}$$

显然，当井眼的曲率半径为无限大时，那么式(5-55)则可简化为：

$$F_{c,s}=2\sqrt{\frac{EIq\sin\beta}{r_h}} \tag{5-59}$$

上式与 Dawson 和 Pasly[168] 在 1982 年所得的研究结果完全一样。

同理可得，当井眼的曲率半径为无限大时方程(5-58)可简化为：

$$F_{c,max}=3.747\sqrt{\frac{EIq\sin\beta}{r_h}} \tag{5-60}$$

上式与 Miska[169] 等的研究结果(1996)一致。

在实际工程运用中$\frac{r_h}{R_c}$是一个非常小的值。因此，方程(5-55)可简化为：

$$F_{c,s}=\frac{2EI}{r_h R_c}\left(1+\sqrt{1+\frac{q\sin\beta r_h R_c^2}{EI}}\right) \tag{5-61}$$

通过上述推导，本文解得曲井中管柱正弦屈曲的临界载荷。从这一解析式与斜直井中管柱正弦屈曲临界载荷式(3-47)的对比分析可以看出，这二者既有一定的相似又有一定的区别。相同点主要在于，这两个正弦屈曲临界载荷都与管柱自重、井斜角、弹性模量和惯性矩有关。不同点则表现为曲井中的正弦屈曲临界载荷还将取决于井眼轴线曲率半径与井眼半径。

5.3.2 工程实例分析

接下来，本文将通过实例对井眼轴线曲率半径和井眼半径对曲井中管柱正弦屈曲临界载荷的影响进行研究探讨。通过一系列的工程实际模型，研究曲井中曲率半径与井眼半径对正弦屈曲临界载荷大小的变化关系，以便使我们能更为深入地认识曲井中的正弦屈曲行为和做出相应的预防措施。对于文中公式均采用国际单位计量。但是本文为直观分析井眼与管柱尺寸的影响，采用了英寸为计量单位。连续油管的相关参数如表 5-1 所示(注：1in = 25.4mm)。

当弯曲井眼直径为 4.75in，井斜角为$\frac{\pi}{2}$时，根据式(5-61)与表 5-1 中各参数计算可得，不同直径连续油管的正弦屈曲临界载荷与井眼曲率半径之间的变化关系如图 5-3 所示。

表 5-1　连续油管的数据

直径/in	壁厚/in	内径/in	管壁截面积/in^2	质量/lb/ft
1. 500	0. 156	1. 1880	0. 6587	2. 2395
1. 750	0. 156	1. 4380	0. 7812	2. 6561
2. 000	0. 156	1. 6880	0. 9037	3. 0727
2. 375	0. 156	2. 0630	1. 0875	3. 6975
2. 875	0. 156	2. 5630	1. 3326	4. 5307
3. 500	0. 156	3. 1880	1. 6389	5. 5721

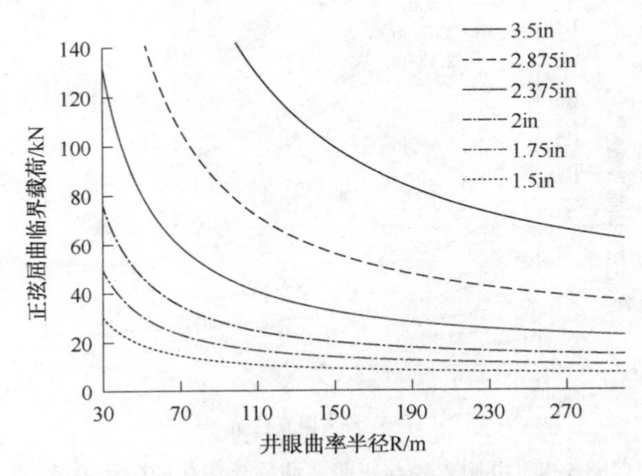

图 5-3　井眼曲率半径与正弦屈曲临界值的变化关系

图 5-3 表达了井眼曲率半径和连续油管直径对正弦屈曲临界载荷的影响。当确定某一连续油管直径时，随着井眼曲率半径的增加，正弦屈曲临界载荷则逐渐下降。并表现为该临界载荷随着井眼曲率半径的增加，其值的减幅却逐渐减小，最后趋近于某一常数。假设井眼曲率半径 R 为无限大，那么该正弦屈曲临界载荷的表达式即为式(5-59)。此时弯曲井眼中管柱的正弦屈曲载荷与水平井中管柱的正弦屈曲临界载荷则完全一样。从而说明图 5-3 中各曲线将随着井眼曲率半径的增加逐渐趋近于某一固定常数，而这一常数则正好是水平井中正弦屈曲临界载荷。然而，当井眼曲率半径较小时，例如短半径与超短半径弯曲井眼，这一临界屈曲载荷却受到该曲率半径的影响极大。

当井眼曲率半径为某一定值时，从图中明显可以看出，随着连续油管直径的增加，正弦屈曲临界载荷明显增加。出现这一现象的原因主要是在于随着连续油管直径的增加，管柱的抗弯刚度不断变大。从而迫使管柱出现正弦弯曲的临界力将不得不加大。其次，当井眼直径为某一定值时，其管柱直径的增加也将引起管柱轴线与井眼轴线之间的间隙不断减小。由于管柱受到井壁的约束，此时的正弦屈曲临界载荷将呈现上升趋势。例如，当井眼直径与管柱外径一致时，理论上连续油管将永远不会发生正弦屈曲变形。综上所述，弯曲井眼中的正弦屈曲临界载荷将随着井眼曲率的增大而减小。

上文对井眼曲率半径关于正弦屈曲临界载荷的影响进行了研究。接下来，本文将研究井眼直径对弯曲井中管柱正弦屈曲临界载荷的影响进行分析。当井眼曲率半径为100m，井斜角为 $\pi/2$ 时，不同井眼直径中连续油管的正弦屈曲临界力与井眼直径之间的变化关系如图 5-4 所示。

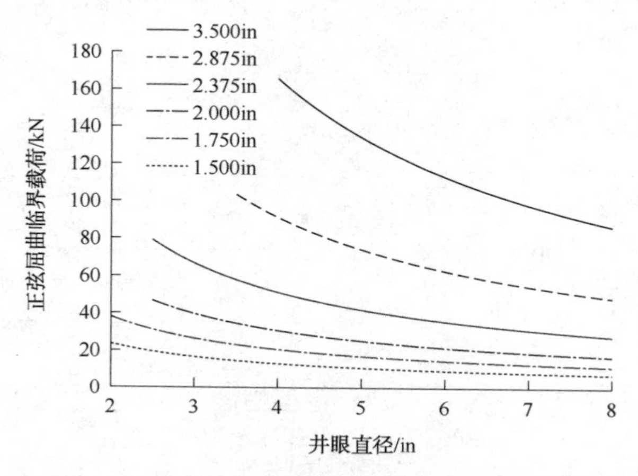

图 5-4　井眼直径与正弦屈曲临界载荷的变化关系

图 5-4 表示了井眼和管柱直径与正弦屈曲临界载荷之间的变化关系。当管柱的直径为某一定值时，随着井眼直径的增加，正弦屈曲临界力逐渐下降。而当井眼直径为一定值时，正弦屈曲临界力则随着管柱与井壁间的间隙的增大而降低。这一影响在管柱与井眼直径均较小的时候，其表现尤为明显。

通过上述研究，井眼曲率半径与井眼直径对曲井中管柱正弦屈曲临界载荷的影响都十分明显。当我们采用连续油管进行井下作业时，显然不能改变井眼的直径或曲率半径，但是可以通过选取适当的连续油管尺寸来减缓管柱在井下屈曲行为的产生。从而降低井下事故，提高生产效率。

5.4　曲井中连续油管的螺旋屈曲分析

5.4.1　螺旋屈曲临界载荷推导

当连续油管处于螺旋屈曲状态时(见图 5-5)，其管柱的角位移可表示为：

$$\theta_{c,h}=\sin\frac{2\pi s}{p_{c,h}} \tag{5-62}$$

式中，$p_{c,hex}$表示屈曲状态下的管柱螺距。

同时，连续油管的几何关系可表示为

$$u_{c,h}=r_h\cos\theta_{c,h} \tag{5-63}$$

$$v_{c,h}=r_h\sin\theta_{c,h} \tag{5-64}$$

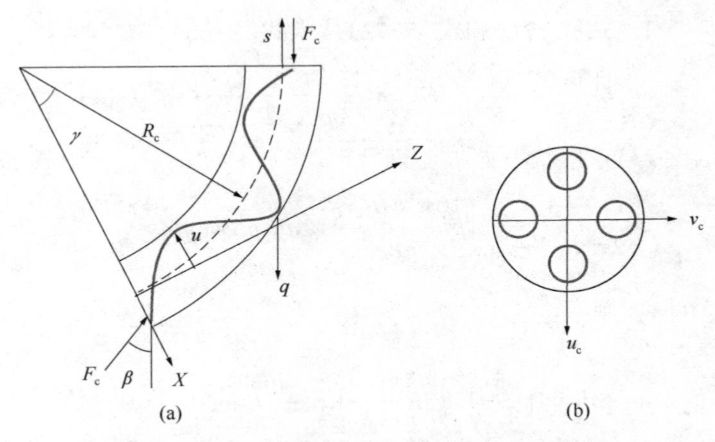

图 5-5　斜井中处于螺旋屈曲状态的连续油管

当轴力值超过正弦屈曲的临界值时，连续油管便进入正弦屈曲形态。随着轴力的增加，正弦屈曲状态变得不稳定，最终开始变为螺旋屈曲状态。本文应用最小能量法分析了斜井中的管柱屈曲行为，同样的原理也适用于连续油管在曲井的的螺旋屈曲分析。当忽略扭矩对屈曲的影响后，能量平衡方程可表示为：

$$\frac{1}{2}F_c\times S=U_{b,c}+W_{q\sin\beta} \tag{5-65}$$

由式(5-62)、式(5-63)和式(5-64)求解导数，整理可得：

$$\frac{du_{c,h}}{ds}=-\frac{2\pi r_h}{p_{c,h}}\sin\frac{2\pi s}{p_{c,h}} \tag{5-66}$$

$$\frac{dv_{c,h}}{ds}=\frac{2\pi r_h}{p_{c,h}}\cos\frac{2\pi s}{p_{c,h}} \tag{5-67}$$

$$\frac{d^2u_{c,h}}{ds^2}=-\frac{4\pi^2 r_h}{p_{c,h}^2}\cos\frac{2\pi s}{p_{c,h}} \tag{5-68}$$

$$\frac{d^2v_{c,h}}{ds^2}=-\frac{4\pi^2 r_h}{p_{c,h}^2}\sin\frac{2\pi s}{p_{c,h}} \tag{5-69}$$

将式(5-66)、式(5-67)、式(5-68)和式(5-69)代入式(5-13)、式(5-25)

和式(5-28)，整理可得：

$$U_{b,c}=\frac{EIr_h^2L}{4}\left(\frac{32\pi^4}{p_{c,h}^4}-\frac{8\pi^2}{R_c^2p_{c,h}^2}\right) \tag{5-70}$$

$$S=\left(\frac{2\pi^2r_h^2}{p_{c,h}^2}-\frac{r_c}{R_c}\right)L \tag{5-71}$$

$$W_{q\sin\beta}=qr_hL\sin\beta \tag{5-72}$$

将式(5-70)、式(5-71)和式(5-72)代入式(5-65)，整理可得：

$$F_cL\left(\frac{\pi^2r_h^2}{p_{c,h}^2}-\frac{r_h}{2R_c}\right)=EIr_h^2\pi^2L\left(\frac{8\pi^2}{p_{c,h}^4}-\frac{2}{R_c^2p_{c,h}^2}\right)+qr_hL\sin\beta \tag{5-73}$$

通过式(5-73)求解轴力 F_c，整理可得：

$$F_c=\frac{1}{2\pi^2R_cr_h-p_{c,h}^2}\left(\frac{16\pi^4EIR_cr_h}{p_{c,h}^2}+2qR_cp_{c,h}^2\sin\beta-\frac{4\pi^2EIr_h}{R_c}\right) \tag{5-74}$$

当$\frac{\partial F_c}{\partial p_c}=0$时，则

$$8R_c^2r_h\left(\frac{\pi}{p_{c,h}}\right)^4-8R_c\left(\frac{\pi}{p_{c,h}}\right)^2-\frac{qR_c^2}{EI}\sin\beta+\frac{1}{R_c}=0 \tag{5-75}$$

根据式(5-75)求解 $p_{c,h}$，整理可得：

$$p_{c,h}=\frac{\pi}{\sqrt{\frac{1}{2r_hR_c}\left(1+\sqrt{1+\frac{r_hR_c^2q\sin\beta}{2EI}-\frac{r_h}{2R_c}}\right)}} \tag{5-76}$$

将式(5-76)代入式(5-74)，即可获得连续油管螺旋屈曲的临界力：

$$F_{c,h}=\frac{8EI}{r_hR_c}\left(1-\frac{r_h}{4R_c}+\sqrt{1+\frac{r_hR_c^2q\sin\beta}{2EI}-\frac{r_h}{2R_c}}\right) \tag{5-77}$$

同理，当井眼的曲率半径趋近于无限大时，式(5-77)可简化为：

$$F_{c,h}=4\sqrt{\frac{2EIq\sin\beta}{r_c}} \tag{5-78}$$

该结论与 Miska and Cunha 等的研究结果完全一致，这也证明了本文所建立曲井中的管柱屈曲模型的正确性。对于实际工程运用，井眼半径与井眼轴向的曲率半径之间的比值$\frac{r_h}{R_c}$是一个非常小的值，因此式(5-77)可简化为：

$$F_{c,h}=\frac{8EI}{r_hR_c}\left(1+\sqrt{1+\frac{r_hR_c^2q\sin\beta}{2EI}}\right) \tag{5-79}$$

5.4.2 工程实例分析

方程(5-79)即表示连续油管在曲井中的螺旋屈曲临界力，下面将通过工程实例来研究各参数对螺旋屈曲临界力的影响。连续油管的相关数据依然采用表5-1所示的值。当井眼轨迹的造斜率 $K<6°/30m$，且井眼轴线的曲率半径 $R_c>286.5m$ 时，该井称为长半径水平井。同时，该系列水平井又被称为小曲率水平井。然而，当 $K=(6°\sim20°)/30m$，且井眼轴线的曲率半径 $R_c=286.5\sim86m$ 时，这些水平井被称为中半径水平井或中曲率水平井。当造斜率 $K=(3°\sim10°)/30m$，井眼轴线的曲率半径 $R_c=19.1\sim5.73m$ 时，这些水平井被称为短半径水平井或大曲率水平井。对于介于这两者之间的水平井，则被称为中短半径水平井。根据这一系列的弯曲井眼分类原则，本文继续选取 $R_c=30\sim300m$ 的短半径与中半径弯曲井眼作为主要研究对象。当井眼直径为4.75in，井斜角为$\frac{\pi}{2}$时，不同直径连续油管的正弦屈曲临界力与井眼曲率半径之间的变化关系如图5-6所示。

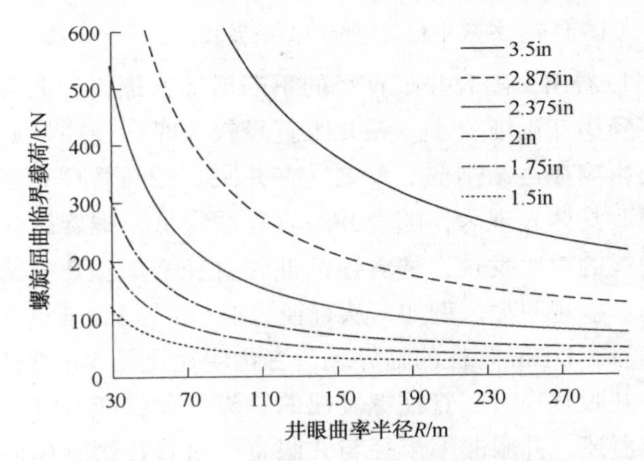

图5-6 井眼轴线的曲率半径与螺旋屈曲临界载荷的变化关系

从图5-6可以看出，随着井眼曲率半径的增加，管柱的螺旋屈曲临界载荷逐渐下降，最终将趋于某一常值，即为式(5-78)所表示的临界值。因为，当井眼曲率半径趋于无穷大时，该井眼也就完全成为一个水平井。随着井眼曲率的不断降低，螺旋屈曲临界载荷表现为急剧上升的趋势。而且，变化率随着曲率半径的降低而升高。当固定井眼的曲率半径时，螺旋屈曲临界载荷随着管柱直径的增加而增加。出现这一现象的原因：一方面是因为随着管柱直径的增加抗弯刚度明显增加；另一方面则是由于管柱直径的增加将会导致管柱与井壁间的间隙降低，从而一定程度上对管柱螺旋屈曲行为的诱发形成了限制。

上文研究了井眼曲率半径对螺旋屈曲临界载荷的影响，如下将对井眼尺寸关于临界载荷的影响进行研究。当井眼曲率半径为100m，井斜角为$\frac{\pi}{2}$时，不同井眼直径中连续油管的螺旋屈曲临界力与井眼直径之间的变化关系如图5-7所示。

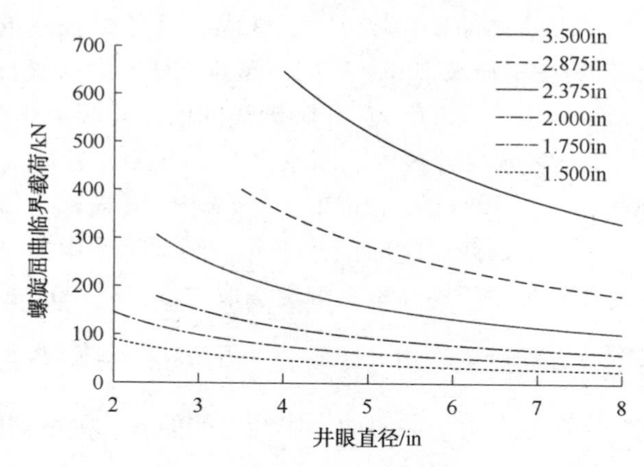

图5-7　井眼半径与螺旋屈曲临界载荷的变化关系

从图5-7可以看出，随着井眼直径的不断增加，螺旋屈曲临界载荷则不断下降，但是该下降率却逐渐变小。在井眼直径较大时，管柱螺旋屈曲临界载荷受到井眼直径的影响在逐渐削弱。反之，在井眼直径与管柱直径相近时，这一影响却尤为明显。具体表现为，随着井眼直径的降低，螺旋屈曲临界载荷明显升高。通过各曲线的对比发现，随着连续油管直径增加，其螺旋屈曲临界载荷受到井眼直径的影响越明显。例如，从直径为1.5in与3.5in这两类管柱的临界载荷曲线对比来看，1.5in管柱的临界载荷变化明显比3.5in管柱的变化更为和缓。当确定某一井眼直径时，管柱螺旋屈曲临界载荷将随着管柱直径的增加而显著增加。综上所述，井眼曲率半径与井眼直径对管柱螺旋屈曲临界载荷的影响都十分明显。

接下来本文将对比分析曲井中管柱的正弦屈曲临界载荷与螺旋屈曲临界载荷。当连续油管直径为2in，井眼曲率半径为100m，井斜角为π/4时，不同井眼直径管柱临界载荷与井眼直径之间的变化关系如图5-8所示。

图5-8表示了曲井中连续油管屈曲变化过程。曲井中管柱将拥有三种形态，即随井眼轴线的弯曲形态、正弦屈曲形态和螺旋屈曲形态。当管柱所受轴力小于正弦屈曲临界载荷时，连续油管由于重力作用将保持平躺于弯曲井中的最低边。当管柱轴力超过正弦屈曲临界载荷时，连续油管将进入正弦屈曲形态。同理，当超过螺旋屈曲临界载荷时，管柱将进入螺旋屈曲形态。当管柱与井眼的

尺寸均较小时，那么正弦屈曲阶段应重点考虑。因为，处于正弦屈曲临界载荷与螺旋屈曲临界载荷所围成的区间明显增加。这一现象表明实际工程中，在管柱与井眼均较小时，连续油管柱将会拥有更长的正弦屈曲段。此外，当管柱未发生螺旋屈曲变形时，那么管柱是一定不会发生锁死的。

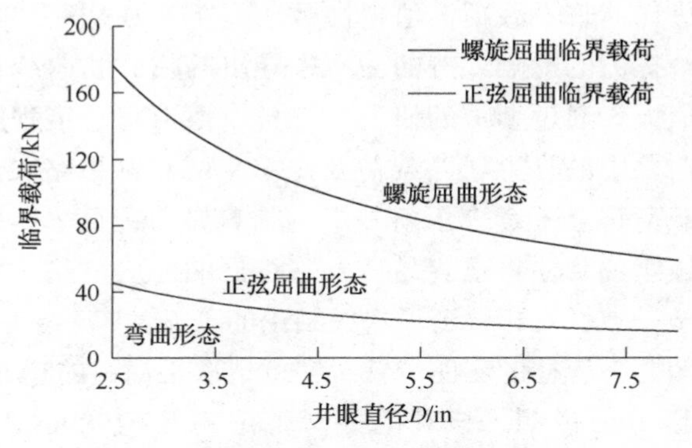

图 5-8　曲井中连续油管的临界屈曲载荷

在石油天然气工程领域，井身结果复杂多样。例如，水平井、分支井、大位移井、侧钻水平井和丛式井等。尽管结构种类繁多，但是所有的井均是有一定长度的曲井与斜直井构成的。因此要分析井下连续油管的屈曲行为，就必须将曲井中的屈曲临界载荷与斜井中的屈曲载荷进行对比。通过这一对比研究，即可判断出井下连续油管最先诱发屈曲变形的位置，并找寻到危险点，以便于做出更为有效的预防措施。

当连续油管直径为2in，摩擦系数$f_2=0.3$，井斜角为$\pi/4$，井眼轴线曲率半径为100m时，曲井与斜直井中管柱屈曲临界载荷的对比分析如图5-9所示。

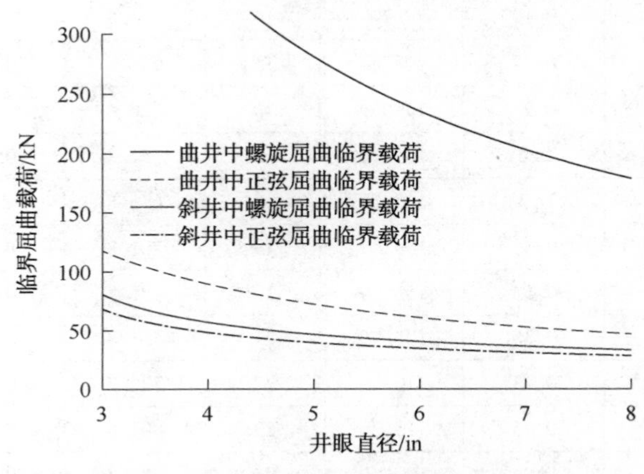

图 5-9　曲井与斜井中管柱屈曲临界载荷对比分析图

图 5-9 表达了曲井和斜井中管柱屈曲临界载荷与井眼直径的变化关系。从图中可看出，当确定井眼直径时，曲井中的螺旋屈曲临界载荷明显大于斜直井中的螺旋屈曲临界载荷。同时，曲井中的正弦屈曲临界载荷也比斜直井中的正弦屈曲临界载荷值大。甚至，曲井中的管柱正弦屈曲临界载荷值已经超过了斜直井中管柱的螺旋屈曲临界载荷。值得注意的是本文在研究曲井中的临界屈曲载荷时，忽略了摩擦力的影响。然而，所推导出的临界屈曲载荷依然比斜直井的临界屈曲载荷值大。通过上文的研究可知，摩擦力将一定程度增加管柱临界屈曲载荷，所以曲井中的临界屈曲载荷要比本文所获结果略大。那么，此时曲井中的临界屈曲载荷将会一定大于斜井中的临界屈曲载荷。所以，相对曲井而言，斜直井中的连续油管柱将更容易诱发管柱屈曲行为。这一研究结果与黄涛等人所获结果完全一致，互相验证了这一结论的可靠性[170]。

为进一步说明井下管柱的屈曲位置，文章选取某油田的达 52 东 9 井的实际测井数据为例加以分析说明。该井的井深范围为 0～1980m，垂深范围为 0～1341. 55m，东向位移范围是 0～768. 82m，北向位移范围是 1. 35～160. 95m，在井深为 1851m 处，井斜角取最大值：90. 96°；井深为 898m 处，方位角取最大值：218. 29°；在井深为 1185m 处，井斜角变化率取最大值：0. 004；在井深为 306m 处，方位角变化率取最大值：0. 056；在井深为 1337m 处，曲率取最大值：0. 004；在井深为 1546m 处，挠率取得最大值：143. 047。具体测井数据如表 5-2 所示。

表 5-2　达 42 东 9 井连续测井数据

测点	井深/m	井斜角/(°)	方位角/(°)	测点	井深/m	井斜角/(°)	方位角/(°)
1	0	0	0	13	551. 8	0. 44	122. 56
2	276. 8	0. 19	66. 87	14	576. 8	0. 45	111. 69
3	301. 8	0. 27	118. 67	15	601. 8	0. 51	102. 73
4	326. 8	0. 28	149. 33	16	626. 8	0. 61	86. 05
5	351. 8	0. 3	157. 02	17	651. 8	0. 54	83. 14
6	376. 8	0. 3	135. 57	18	676. 8	0. 77	63. 26
7	401. 8	0. 48	140. 42	19	701. 8	0. 59	74
8	426. 8	0. 53	155. 99	20	726. 8	0. 43	74. 37
9	451. 8	0. 35	105. 99	21	751. 8	0. 8	41. 21
10	476. 8	0. 43	110. 71	22	776. 8	0. 29	101. 99
11	501. 8	0. 45	115. 25	23	801. 8	0. 22	10. 55
12	526. 8	0. 74	118. 2	24	826. 8	0. 31	93. 72

续表

测点	井深/m	井斜角/(°)	方位角/(°)	测点	井深/m	井斜角/(°)	方位角/(°)
25	851. 8	0. 36	145. 92	49	1426. 8	75. 47	76. 31
26	876. 8	0. 2	117. 79	50	1451. 8	79. 12	76. 09
27	901. 8	0. 18	341. 42	51	1476. 8	84. 24	76. 35
28	926. 8	0. 16	82. 62	52	1501. 8	86. 09	76. 26
29	951. 8	0. 21	104. 15	53	1526. 8	89. 32	76. 3
30	976. 8	0. 26	39. 07	54	1551. 8	91. 08	76. 13
31	1001. 8	0. 27	48. 01	55	1576. 8	88. 15	76. 45
32	1026. 8	2. 92	101. 98	56	1601. 8	88. 68	76. 47
33	1051. 8	5. 83	90. 99	57	1626. 8	90. 1	76. 59
34	1076. 8	10. 08	82. 63	58	1651. 8	89. 38	77. 39
35	1101. 8	14. 38	83. 85	59	1676. 8	89. 27	77. 35
36	1126. 8	20. 08	88. 67	60	1701. 8	89. 42	77. 4
37	1151. 8	23. 41	89. 15	61	1726. 8	88. 72	76. 48
38	1176. 8	26. 66	85. 47	62	1751. 8	88. 02	76. 27
39	1201. 8	32. 25	84. 99	63	1776. 8	88. 54	75. 72
40	1226. 8	38. 03	82. 27	64	1801. 8	88. 43	75. 55
41	1251. 8	42. 26	81. 1	65	1826. 8	91. 36	77. 3
42	1262. 1	44. 87	80. 72	66	1851. 8	90. 96	78. 14
43	1276. 8	48. 61	80. 19	67	1876. 8	89. 88	77. 72
44	1301. 8	52. 56	80. 33	68	1901. 8	90. 33	77. 95
45	1326. 8	56. 54	80. 06	69	1926. 8	85. 56	77. 58
46	1351. 8	63. 75	79. 14	70	1951. 8	83. 12	77. 72
47	1376. 8	68. 13	77. 54	71	1980	83. 12	77. 72
48	1401. 8	71. 42	76. 74	—	—	—	—

分析上述测井数据可看出，在垂直井段的管柱井斜角是小于10°的，而且水平井段的井下井斜角则维持在80°~90°之间，那么整个井段便呈现一个L形。假设井下连续油管与井壁间的摩擦系数取0.3，那么根据第四章第四节的分析可知井下角是小于管柱的自锁角，即$0.174<\arctan\frac{1}{0.3}=1.28$。显然管柱的屈曲的危险结点将首先出现在靠近井底的一端。因为$\arctan\frac{1}{0.3}<\pi\times\frac{80}{180}$，同理可得

位于水平井段中的管柱将在靠近曲井处首先诱发管柱屈曲。然而曲井段管柱临界屈曲载荷要远大于垂直段与水平段管柱的相应值，所以井下管柱诱发屈曲的危险结点最容易出现在靠近曲井的两侧，具体如图 5-10 所示。

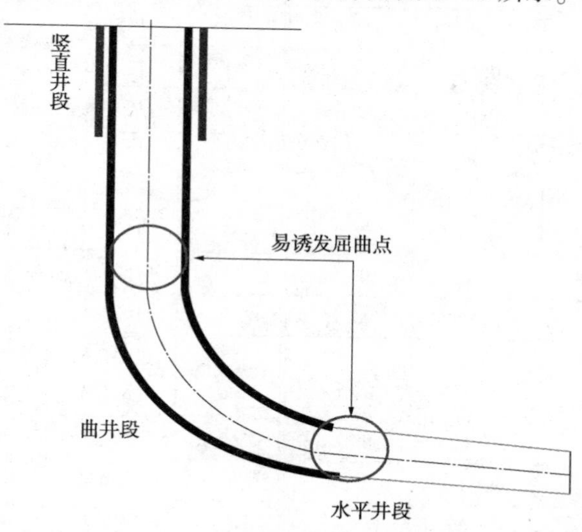

图 5-10　水平井中易诱发屈曲变形管柱段示意图

5.5　本章小结

本章开展了对曲井中连续油管的屈曲行为及临界屈曲载荷的深入研究。构建了曲井中的管柱屈曲模型，并对管柱正弦屈曲与螺旋屈曲临界载荷进行了分析求解。研究了井眼曲率半径和井眼直径对正弦屈曲与螺旋屈曲临界载荷的影响。并对比分析了斜直井中管柱屈曲临界载荷与曲井中管柱屈曲临界载荷。通过对上述问题的研究，获得了以下主要结论：

（1）根据基本假设，通过对曲井中连续油管的几何分析、受力分析和作用在连续油管上各力做功的分析，构建了曲井中的管柱屈曲模型。文中通过求解各力的做功，获得了连续油管柱在曲井中的总能量表达式。

（2）根据最小势能原理与能量变分原理，文章求取了曲井中管柱正弦屈曲临界载荷值。并将曲井中管柱正弦屈曲临界载荷退化为斜直井中的正弦屈曲临界载荷，所获结果与 Dawson 和 Pasly 等所获结果完全一样，验证了该分析模型的正确性。

（3）文章分析了井眼曲率半径与井眼直径对曲井中管柱正弦屈曲临界载荷的影响。研究结果显示，随着井眼曲率半径的增加，正弦屈曲临界载荷将逐渐减小，这一现象在井眼曲率半径较小时尤为明显。当井眼曲率半径趋于无穷大时，正弦屈曲临界载荷将趋近于某一常数，即斜直井正弦屈曲临界载荷。同时，井眼直径对曲井中管柱正弦屈曲临界载荷的影响也十分明显。随着井眼直径的增加，管柱正弦屈曲临界载荷将逐渐降低。然而，临界屈曲载荷的变化率却随着井眼直径的增加而降低。

（4）通过对曲井中管柱屈曲模型的分析求解，文章获得了螺旋屈曲临界载荷。当井眼曲率半径趋于无穷大时，该螺旋屈曲临界载荷所退化出的结果与Miska and Cunha 等的研究结论则完全一致，这也印证了本文所获结果的正确性。与曲井中管柱正弦屈曲临界载荷的研究相似，文章研究了井眼曲率半径与井眼直径对该临界值的影响。结果显示，随着井眼曲率半径的增加，螺旋屈曲临界载荷逐渐降低。随着井眼直径的增加，该临界值也将出现缓慢降低的趋势。

（5）文章最后将斜井与曲井中的临界屈曲载荷进行了对比研究。结果显示，曲井中的正弦屈曲临界载荷与螺旋屈曲临界载荷均大于斜直井中的相关值。这一结论说明，斜直井中的连续油管柱更容易诱发屈曲行为的产生。这对于井下管柱屈曲行为的研究具有十分重要的意义。

第6章　直井中管柱屈曲行为的实验研究

在采用连续油管进行井下作业的过程中，井下管柱的屈曲变形不但使其本身的安全性大幅降低，而且将降低管柱轴力的传递效率，从而增加连续油管井下作业的难度。本文在第一章中介绍了各位专家在管柱屈曲这一问题上进行的诸多理论研究。其实除了对井下管柱屈曲进行理论研究之外，国内外专家为了验证他们的理论研究结论，还进行了许多实验研究来验证其理论的正确性和确定其工程精度。

本文为了进一步验证和完善井下管柱屈曲行为理论研究，开展了室内小尺寸模拟实验。通过实验研究测定直径中管柱诱发正弦屈曲和螺旋屈曲时的临界载荷，管柱在直线平衡形态、正弦屈曲形态和螺旋屈曲形态三种情况下的库伦摩擦阻力，以及管柱在不同平衡形态下的管柱轴向位移和轴向力之间的变化关系。

6.1　实验目的与内容

本文将开展垂直井中连续油管屈曲行为的室内模拟实验。

实验的主要目的：

（1）通过实验的方式测定垂直井中管柱的正弦屈曲与螺旋屈曲临界载荷，分析实验测定值与理论计算值之间的区别，验证本文所构建屈曲分析模型的准确性。

（2）通过实验测定屈曲形态下，不同摩擦系数的井下管柱其轴力的摩阻损失情况。对比实验测得摩阻损失与理论计算值，以验证书中所推导出的正弦屈曲形态下和螺旋屈曲形态下的管柱轴力计算公式的准确性。

实验的主要内容：

（1）通过测定有机玻璃管与小直径钢管之间摩擦系数的实验，从而获得不同外表面的钢管与有机玻璃管之间的摩擦系数。

（2）通过观察有机玻璃管中小直径钢管柱的屈曲过程，验证井下管柱具有直线平衡形态、正弦屈曲形态和螺旋屈曲形态三种稳定形式，并是依次演化而来的。

（3）通过在钢管的一端施加轴向载荷的实验，测定出井下管柱正弦屈曲的临界载荷和螺旋屈曲的临界载荷。

（4）通过对模拟井壁与井下管柱在不同摩擦系数情况下，管柱摩擦阻力测试实验，获得井下管柱在进入正弦屈曲和螺旋屈曲后，其摩擦阻力损失。

（5）通过在不同轴力条件下，管柱轴向位移的测定实验，获得轴力与管柱轴向位移之间的变化关系。

6.2 实验方案与步骤

对于全尺寸实验来说，其优点在于整个实验与工程实际的吻合度较高，能非常真实可靠地反映其现场使用中出现的一些问题。然而，这种实验方法在搭建实验装置以及整个实验操作过程都十分复杂，并且实验系统的造价十分高昂。相对于全尺寸实验而言，小尺寸模拟实验则结构简单、成本低廉，也能较好地反映实际结构的主要行为特征，并能获得与实际工况较为接近的实验结果。因此，本研究由于时间、人力和物力都非常有限，所以选择小尺寸模拟实验对井下连续油管的屈曲行为进行实验研究。通过实验获得井下管柱屈曲的临界载荷和轴力与位移之间的变化关系，并验证本文所构建井下管柱屈曲模型的正确性。本文的实验主要分为两部分：第一部分为测定三种不同表面钢管与有机玻璃管之间的摩擦系数。第二部分为测定有机玻璃管内的小直径钢管在轴力作用下的屈曲临界载荷、轴向力和轴向位移。测定两种管柱间的摩擦系数主要是为了结合第二部分实验所测得的轴向载荷变化来分析不同摩擦系数条件下的轴向摩阻损失。获得摩擦系数对摩阻损失值的影响，并将该实验值与理论研究结论进行对比研究，验证理论分析模型的可靠性。本文实验具体步骤如下：

（1）试样外观检查。在实验前必须对每一根实验管柱进行外观检查，要求管柱外观平整光滑，小直径钢管的表面无凸起、无尖刺、无锈蚀和外部损伤。如果实验管柱出现任何缺陷或外形尺寸不达标，必须采用全新的实验管柱进行替代。

（2）试样状态调整。由于在模拟井下管柱屈曲行为时，实验结果极易受到管柱初始形态的影响。必须将管柱调整为直线状态，保证管柱不含有初始弯曲，校直的方式可采用管子校直机进行加压校直。

（3）实验的分组与编号。对检查合格的管柱试样按直径进行分组，每组进行逐一编号以备实验使用。模拟井壁的有机玻璃管其内径为 20mm，外径为 30mm。在临界屈曲载荷测试实验中测试钢管柱总共分为 A、B、C、D 共四组。每一组均有 10 根直径均相同试件，其中 A、B、C、D 各组钢管柱直径分别为 4mm、5mm、6mm 和 8mm，壁厚均为 1mm。在轴向载荷传递效率实验中测试钢管柱共分为 E、F、G 三组。这三组管柱外径均为 6mm，然而 E 组中的 1、2、3 号管柱外表面未做任何处理，F 组中的 1、2、3 号管柱外表面缠绕聚氯乙烯电气绝缘胶粘带，G 组中的 1、2、3 号管柱外表面则做缠绕绝缘黑胶布处理。在胶带缠绕时采用螺旋前进式，务必保证管柱外表无裸露与重叠缠绕等情况的出现。

在管柱位移与轴向载荷变化关系实验中测试钢管柱共分为 H、I、J、K 四组。H 组中的 1、2、3 号管柱直径均为 4mm，然而 2 号与 3 号管柱外表分别做缠绕聚氯乙烯电气绝缘胶粘带和绝缘黑胶布处理。同理，I、J、K 三组中的管柱直径分别为 5mm、6mm 和 8mm，每组中的 2 号与 3 号也做相应的表面处理。

（4）在有机玻璃管内粘贴铝箔作为电位测量法的导体，同时将钢管柱与所贴铝箔之间做绝缘处理，以隔绝在管柱未产生任何屈曲时与有机玻璃管内壁铝箔的接触。

（5）将 A 组中的 1 号实验管柱安装至实验台架上。然后，按照操作规程逐步开启动态信号测试分析系统和电子万能拉伸实验机。

（6）在电子万能拉伸实验机的操作主机上设定合适的轴力加载值与加载方式，同时标定好动态信号测试分析系统。

（7）按既定设置运行电子万能拉伸实验机，并注意观察有机玻璃管内管柱的位移与形变。

（8）有机玻璃管内钢管诱发正弦屈曲或螺旋屈曲时，立刻记录此时操作主机上显示的轴向载荷值和动态应变仪上的相关数据。

（9）在完成了螺旋屈曲形态轴力与位移测试实验后，卸载作用于管柱上的轴向载荷。拆卸下有机玻璃管内的实验管柱，更换下一编号的实验管柱，然后重复上述实验过程。完成第一组实验管柱的屈曲实验后，依次更换下一组试件，进行加载、记录与卸载的工作。

（10）根据库伦摩擦原理，采用相应设备测量管柱外表面未做任何处理、外表面缠绕聚氯乙烯电气绝缘胶粘带和外表面则做缠绕绝缘黑胶布处理的钢管与有机玻璃管之间的摩擦系数。

（11）更换不同直径与外表面的管柱分别进行轴向载荷传递效率实验和管柱位移与轴向载荷变化关系实验。

（12）最后，从实验主机中导出实验数据，并结合记录的相关数据进行数据的后处理。通过研究分析获得实验结论，并将其与理论研究结果进行对比研究。

6.3 实验装置

本文在进行实验研究井下管柱屈曲行为这一过程中，总共涉及两部分实验。第一部分是模拟井下管柱在轴向力作用下的屈曲过程。第二部分则是通过摩擦系数测试系统，测定不同管柱与有机玻璃管间的摩擦系数，然后再用这部分管柱进行屈曲实验。

首先，我们介绍井下管柱屈曲这部分实验的实验系统。在通过实验来对井下管柱屈曲临界载荷、轴向载荷传递效率和管柱轴向位移与轴力间变化关系等问题进行研究时，需要构建在径向约束前提下的管柱轴向加载实验模型。与此同时，在该实验过程中需要测定施加于管柱加载端的轴向载荷、管柱轴向位移和井底管柱的轴力等参数。在测出参数后，便可根据其对应关系获得相应的临界屈曲载荷与轴力传递效率等实验结论。根据这一实验思想，本文搭建了模拟井下管柱屈曲行为的实验平台。实验系统具体示意图如图 6-1 所示，实物照片如图 6-2 所示。

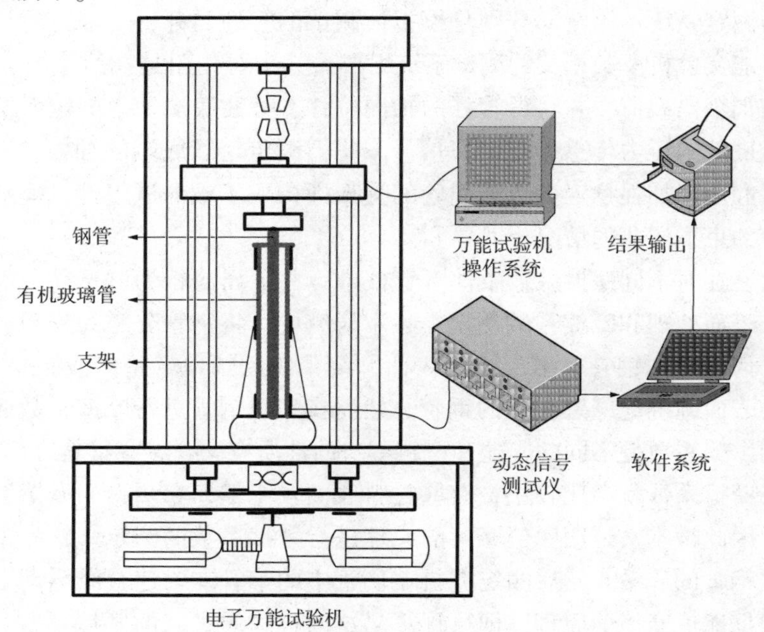

图 6-1　井下管柱屈曲行为模拟实验系统示意图

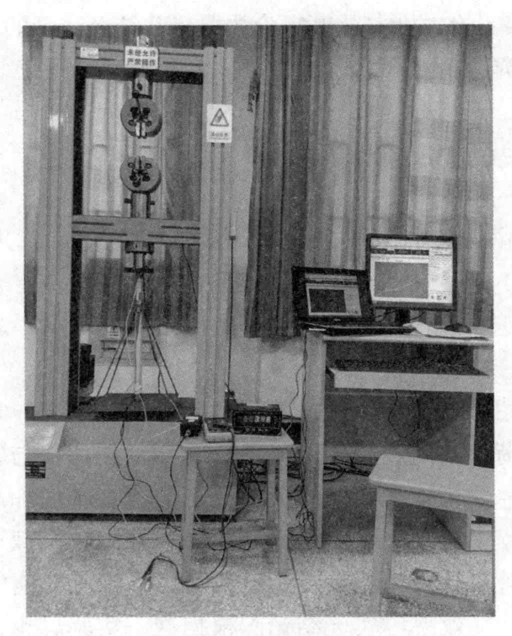

图 6-2　模拟实验系统实验装置图

整个实验系统可分为三部分：第一部分为轴力施加系统；第二部分为管柱底端轴力测定系统；第三部分则是模拟被测试的管柱与井壁。轴力施加装置是由电子万能实验机及其相关的测试系统组成，其主要作用是在给予图 6-1 中钢管上端施加轴向载荷，并获得管柱的轴向位移。管柱底端轴力测定系统主要是通过管柱底部的压力传感器与动态信号采集器测定钢管底端的轴力。钢管、有机玻璃管和用于加强稳定有机玻璃管的支架则构成了被测试组件，模拟井下管柱在井壁约束下屈曲的情况。

其次，在对不同摩擦系数条件下管柱进行井下屈曲行为测试前，需要对钢管进行外表面处理和摩擦系数测定。在本研究中，将钢管分类为三组：第一组为未做任何处理的钢管；第二组为表面缠绕聚氯乙烯电气绝缘胶粘带的钢管；第三组为表面缠绕绝缘黑胶布的钢管。然后将三组钢管进行摩擦系数测试。不同材料的摩擦系数是不同的，这和材料本身的性质有关。有些材料表面较光滑，它测得的摩擦系数就会比较小；有些材料表面较粗糙，它测得的摩擦系数就会比较大。因此，本文采用库伦摩擦的原理进行摩擦系数的测定。首先采用电子天平测定钢管的质量，然后测定有机玻璃管中的钢管在匀速直线运动下的轴向拉力。根据库伦摩擦的原理，即可计算出这两种物质之间的摩擦系数。实验系统如图 6-3 所示。

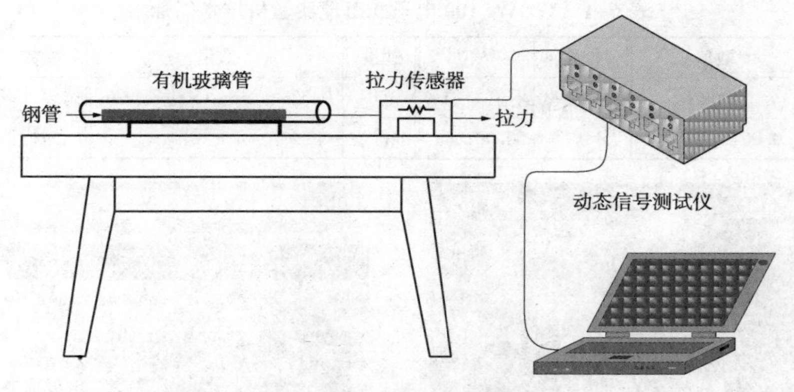

图 6-3　摩擦系数测试系统示意图

（1）WDW-100 电子式万能实验机介绍

① 设备用途

WDW-100 电子式万能实验机广泛用于金属、非金属材料的拉、压、弯剪等力学性能实验，还可用于型材和构件的力学性能实验。在试样变形大，实验速度快的绳、带、丝、橡胶、塑料等材料实验领域，同样具有非常广泛的应用前景。适用于质量监督、教学科研、航空航天、钢铁冶金、汽车、建工建材等实验领域。

② 设备特点

交流伺服驱动器和交流伺服电机，性能稳定、可靠，具有过流、过压、超速、过载等保护装置，调速比可达 1∶50000。

具有过载、过流、过压、位移上下限位和紧急停止等保护功能。

基于 PCI 技术的内置式控制器，保证了该实验机可以实现实验力、试样变形和横梁位移等参量的闭环控制，可实现等速实验力、等速位移、等速应变、等速载荷循环、等速变形循环等实验。

③ 技术参数

该机采用双空间门式结构，横梁无级升降。传动部分采用圆弧同步齿形带与丝杠副进行传动，传动平稳、噪音低。实验机中部横梁是由特殊设计的同步齿形带减速系统与精密滚珠丝杠副共同驱动，以达到中部横梁无间歇运动，管柱持续加压的目的。该测控软件用于微机控制电子万能实验机进行各种金属及非金属的实验，按照相应标准完成实时测量与显示、实时控制、结果输出等功能。具体技术指标如表 6-1 所示。

④ 仪器实物图片

万能实验机与控制软件界面分别如图 6-4 与图 6-5 所示。

表 6-1　WDW-100 电子式万能实验机技术指标

实验力	数值	位移	数值	速度	数值	参数	数值
最大值	100kN	测量精度	示值的±1%	范围	0. 05mm/min～500mm/min	拉伸行程	600mm
范围	0. 001%～100%	分辨率	0. 001mm	准确度	示值的±1%	压缩行程	600mm

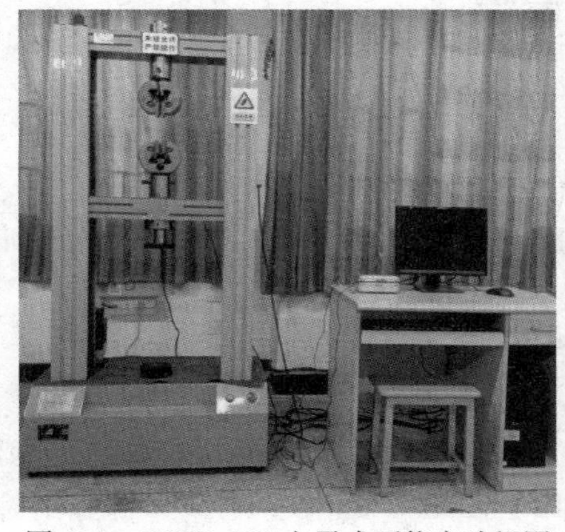

图 6-4　WDW-100 电子式万能实验机图

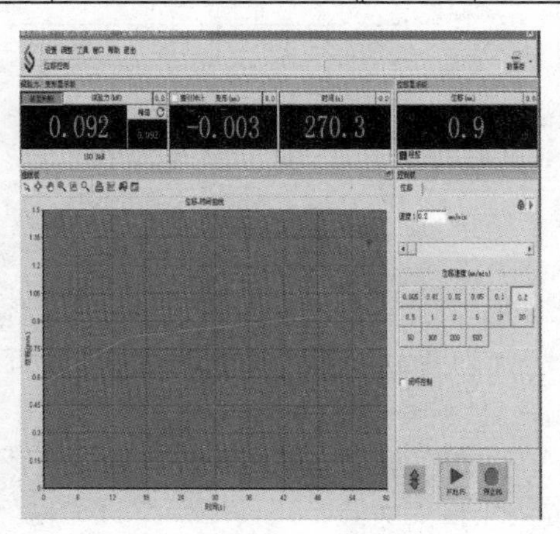

图 6-5　实验机测控软件系统

（2）DY-BCZ 动态信号测试仪

DY-BCZ 数字式智能仪表与模拟量输出的传感器、变送器配合，能完成压力和位移等物理量的测量、记录、显示与变送处理工作。其测量误差小于 0. 05%FS，并且具备调校、数字滤波的功能，可帮助减小传感器、变送器的误差，能有效提高系统的测量和控制精度。适用于电压、电流、热电阻、热电偶、电位器等信号类型的传递与处理。技术参数如表 6-2 所示，主机与软件界面如图 6-6 与图 6-7 所示。

表 6-2　DY-BCZ 动态信号测试仪技术参数

电源	使用 85～260V AC 功耗小于 7W	显示范围	-19999～99999，小数点位置可设定
工作环境	-10℃～50℃湿度低于 90%R. H	显示分辨力	4/99999
输入信号类型	mV	基本误差	小于±0. 05%FS
测量控制周期	0. 1 秒	报警点数	最多可有 2 路报警输出

（3）压力传感器

HT-7311SI 拉压式传感器弹性体采用合金钢(不锈钢)材质，“S”形结构设计，可做拉压两用，高精度、高可靠性，安装使用方便灵活；焊接密封，防护等级 IP68，防尘、防水、防油及耐腐蚀，能用于各种复杂的工业环境；广泛用于机械结构与精密控制等各类电子称重及测力场合。具体技术参数如表 6-3 所示。

图 6-6　测试分析系统主机

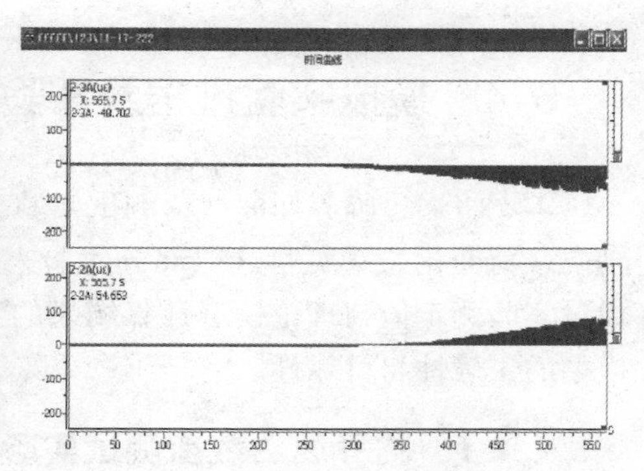

图 6-7　测试分析系统软件界面

表 6-3　HT-7311SI 拉压式传感器技术参数

量程范围	0. 01N～10kN	输出灵敏度	2. 0mV/V±0. 2%
综合误差	±0. 02%FS	零点输出	±1%FS
激励电压	9～12VDC	输出阻抗	350±3Ω
使用温度	-20～+60℃	灵敏度温度影响	0. 02%FS/10℃
线　性	0. 1%FS	滞　后	0. 1%FS

（4）实验钢管试件介绍

在石油天然气工程领域应用的连续油管材质种类繁多，有碳钢、调质合金钢、钛合金钢以及复合材料等。然而，目前国内主要使用的连续油管主要是碳钢、调质合金钢材质，无缝钢管对接和连续焊接直缝管两种形式生产的管柱。结合这一情况，本文选取碳钢作为模拟实验管柱。部分管柱试样如图 6-8 所示。

图 6-8　部分管柱试样

6.4 模拟实验过程及实验数据分析

本文将通过临界屈曲载荷测试实验、轴向载荷传递效率实验和管柱位移与轴向载荷变化关系实验这三部分实验来开展对井下管柱屈曲行为的实验研究。通过实验测定值与理论模型计算结果的对比分析，验证本文所构建的管柱屈曲模型的正确性与可靠性。

6.4.1 临界屈曲载荷测试实验

临界屈曲载荷测试实验是通过对有机玻璃管内的钢管进行施加轴向载荷，随着轴向载荷的增加，管柱进入正弦屈曲与螺旋屈曲形态。实验通过多次测量A、B、C、D四组中管柱的正弦屈曲临界载荷与螺旋屈曲临界载荷，并将测试所得临界屈曲载荷与理论载荷进行对比分析。

第二章中的井下管柱几何分析可以知，当井斜角 $\alpha=90°$ 时，整个井为水平井段。然而井斜角 $\alpha=0°$ 时，即为垂直井段。由第二章中的管柱受力分析与做功分析，同理可得直井中管柱的总能量为：

$$\begin{aligned}\Pi &= U-W\\ &= \frac{EIr_c^2}{2}\int_0^L\left[\left(\frac{d^2\theta}{dz^2}\right)^2+\left(\frac{d\theta}{dz}\right)^4\right]dz-\int_0^{u_b(L)}F_L du_b(L)+\int_0^L\int_0^{u_b(z)}f_1(z)N(z)du_a(z)dz\\ &\quad -\int_0^L\int_0^{u_b(z)}q du_a(z)dz+\int_0^L \text{sign}(\theta)\int_0^{\theta(z)}f_2Nr_c d\phi dz\end{aligned} \tag{6-1}$$

同理根据最小能量法可得直井中连续油管正弦屈曲临界力，可表示为：

$$F_{crs}=\frac{\pi^2EI}{L^2}+\frac{wL}{2} \tag{6-2}$$

若在计算总功时，不考虑管柱重力所产生的重力势能，那么上式可简化为：

$$F_{crs}=\frac{\pi^2EI}{L^2} \tag{6-3}$$

显然，上式与式(2-79)完全一致，并且为欧拉杆屈曲的一种形式。对于直井中的管柱正弦屈曲临界值这一问题，广大科研工作者早已解决，并获得了一致认同的结果。然而，其直井中管柱的螺旋屈曲临界载荷值，则比正弦屈曲临界力更难以求得。接下来，本文将通过变分原理与最小能量法，分析螺旋屈曲临界载荷。

由变分原理可知，当屈曲的连续油管由某一形态转变为另一形变状态时，所有外力做功将转变为弹性势能，同时总能量的变分 $\delta\Pi=0$。对 $\delta\Pi$ 分别求出其 $\delta u_a(z)$、δr 和 $\delta\theta$ 三项表达式，因为 $\delta u_a(z)$、δr 和 $\delta\theta$ 三项变分均不可能等于零，因此可得屈曲控制微分方程组为：

$$\frac{\mathrm{d}F(z)}{\mathrm{d}z}=f_1(z)N(z)-q \tag{6-4}$$

$$N=EIr_c\left[3\left(\frac{\mathrm{d}^2\theta}{\mathrm{d}z^2}\right)^2+4\frac{\mathrm{d}\theta}{\mathrm{d}z}\frac{\mathrm{d}^3\theta}{\mathrm{d}z^3}-\left(\frac{\mathrm{d}\theta}{\mathrm{d}z}\right)^4\right]+Fr_c\left(\frac{\mathrm{d}\theta}{\mathrm{d}z}\right)^2 \tag{6-5}$$

$$EIr_c^2\frac{\mathrm{d}^4\theta}{\mathrm{d}z^4}-6EIr_c^2\left(\frac{\mathrm{d}\theta}{\mathrm{d}z}\right)^2\frac{\mathrm{d}^2\theta}{\mathrm{d}z^2}+r_c^2\frac{\mathrm{d}F}{\mathrm{d}z}\frac{\mathrm{d}^2\theta}{\mathrm{d}z^2}+f_2Nr_c\,\mathrm{sign}(\theta)=0 \tag{6-6}$$

当不计摩擦时，上述微分方程组与高德利[171]根据静力平衡法推导的管柱屈曲微分方程完全一致，从而印证了本文通过能量法所构建力学分析模型的正确性。

分析第二章中引入的无量纲参数 $m=\dfrac{q\sin\alpha}{EIr_c\mu^4}$，不难发现当 $\alpha=0°$ 时，该项为零值。显然这一无量纲参数不再适合计算直井中管柱螺旋屈曲临界载荷。因此，为使得求解简便，在本次计算中引入下列无量纲参数，无量纲长度 $\zeta=\mu z$；无量纲轴向载荷 $m=\dfrac{F}{2}\sqrt{\dfrac{r_c}{EIq}}$；无量纲接触力 $n=\dfrac{N}{q}$；无量纲总能量 $\Omega=\dfrac{2\Pi}{r_c qL}$ 和中间参数 $\mu=\sqrt[4]{\dfrac{q}{EIr_c}}$。根据这些引入的无量纲参数，屈曲方程组式(6-4)、式(6-5)和式(6-6)可简化为：

$$\frac{\mathrm{d}m}{\mathrm{d}\zeta}=\frac{1}{2}\mu r_c(f_1 n-1) \tag{6-7}$$

$$n=4\frac{\mathrm{d}\theta}{\mathrm{d}\zeta}\frac{\mathrm{d}^3\theta}{\mathrm{d}\zeta^3}-\left(\frac{\mathrm{d}\theta}{\mathrm{d}\zeta}\right)^4+3\left(\frac{\mathrm{d}^2\theta}{\mathrm{d}\zeta^2}\right)^2+2m\left(\frac{\mathrm{d}\theta}{\mathrm{d}\zeta}\right)^2 \tag{6-8}$$

$$\frac{\mathrm{d}^4\theta}{\mathrm{d}\zeta^4}-6\left(\frac{\mathrm{d}\theta}{\mathrm{d}\zeta}\right)^2\frac{\mathrm{d}^2\theta}{\mathrm{d}\zeta^2}+2\frac{\mathrm{d}}{\mathrm{d}\zeta}\left(m\frac{\mathrm{d}\theta}{\mathrm{d}\zeta}\right)+f_2 n\,\mathrm{sign}(\theta)=0 \tag{6-9}$$

同理，直井中管柱的总能量可无量纲表示为：

$$\Omega=\frac{1}{\zeta_L}\int_0^{\zeta_L}\left[\left(\frac{\mathrm{d}^2\theta}{\mathrm{d}\zeta^2}\right)^2+\left(\frac{\mathrm{d}\theta}{\mathrm{d}\zeta}\right)^4-2m\left(\frac{\mathrm{d}\theta}{\mathrm{d}\zeta}\right)^2\right]\mathrm{d}\zeta+\frac{2}{\zeta_L}\int_0^{\zeta_L}\mathrm{sign}(\theta)\int_0^{\theta(\zeta)}f_2 n\,\mathrm{d}\theta\,\mathrm{d}\zeta+$$
$$\frac{2}{\zeta_L}\int_0^{\zeta_L}(1-\cos\theta)\,\mathrm{d}\zeta \tag{6-10}$$

计算上式各项积分可得，螺旋屈曲形态下管柱总能量表达式为：

$$\Omega_h=\left(1-\frac{\pi f_2}{5}\right)B_h^4-2mB_h^2\left(1-\frac{\pi f_2}{3}\right)+\frac{\pi f_2}{\pi}+2 \tag{6-11}$$

假定螺旋屈曲的构型解为：

$$\theta=B_h\zeta \tag{6-12}$$

将上式代入自然边界条件关系式(4-10)可得：

$$B_h=\sqrt{m_{crh}} \tag{6-13}$$

将式(6-13)代入式(6-11)，整理可得：

$$\Omega_h=-m_{crh}^2\left(1-\frac{7\pi f_2}{15}\right)+\frac{4f_2}{\pi}+2 \tag{6-14}$$

运用能量守恒定律可知，即当 $\Omega_h=0$ 时：

$$m_{crh}=\sqrt{\frac{30(\pi+2f_2)}{\pi(15-7\pi f_2)}} \tag{6-15}$$

将式 $m=\frac{F}{2}\sqrt{\frac{r_c}{EIq}}$ 代入式(6-15)，整理可得螺旋屈曲临界载荷为：

$$F_{crh}=2\sqrt{\frac{30(\pi+2f_2)EIq}{\pi r_c(15-7\pi f_2)}} \tag{6-16}$$

当不考虑摩擦对临界屈曲载荷影响时，上式可简化为：

$$F_{crh}=2\sqrt{2}\sqrt{\frac{EIq}{r_c}} \tag{6-17}$$

在井下管柱屈曲行为研究过程中，各位专家学者通过各自所构建的不同分析模型均获得了关于临界屈曲载荷的不同结论。然而其基本形式却始终未改变，均为 $F_{crh}=\eta\sqrt{\frac{EIq}{r_c}}$，仅是参数 η 在发生变化。表 6-4 即为该领域内主要学者所获研究结果。从表中可以看出，当不考虑摩擦时，本文所获结论与 Wu、Cunha、Miska 与 Mitchell 等人的研究结果完全一致，这也印证了本文分析模型的准确性。值得注意的是 Miska 等人的研究结果并不连续，这是因为 Miska 认为正弦屈曲到螺旋屈曲的变形过程中存在一个过渡阶段，其参数 η 为 $\left[1\frac{7}{8},\ 2\sqrt{2}\right]$。具体各研究者所获正弦屈曲临界载荷($F_{crs}$)与螺旋屈曲临界载荷($F_{crh}$)如表 6-4 所示。

摩擦系数是指两表面间的摩擦力和作用在其一表面上的垂直力之比值。它和表面的粗糙度有关，而和接触面积的大小无关。因此根据库伦摩擦定律即可求解获得不同材料间的摩擦系数。本实验将使用拉力传感器测试小直径管柱在水平放置的有机玻璃钢中匀速运动时的拉力大小。然后采用电子天平分别测量未做处理钢管、缠绕聚氯乙烯电气绝缘胶带钢管、缠绕绝缘黑胶带钢管这三种测试管柱的重力。根据测试获得的拉力与管柱重力计算得出各测试管柱与有机玻璃管间的摩擦系数。将直径为8mm上述三种管柱分别编号为1号、2号与3号管柱，然后再进行多次测量管柱在匀速水平运动条件下的拉力。最后通过平均水平拉力与管柱重力之间的比值确定各表面管柱在有机玻璃管中的摩擦系数。具体实验测试值如表6-5所示。

表6-4　不同模型下的临界屈曲力参数 η

研究者	正弦屈曲范围(F_{crs})	螺旋屈曲范围(F_{crh})
Chen 等[161]	$[1,\ \sqrt{2}]$	$[\sqrt{2},\ +\infty]$
Wu 等[172]	$[1,\ 2\sqrt{2}-1]$	$[2\sqrt{2}-1,\ +\infty]$
Miska 等[156	$\left[1,\ 1\frac{7}{8}\right]$	$[2\sqrt{2},\ +\infty]$
Cunha[173]，Mitchell[44]	$[1,\ 2\sqrt{2}]$	$[2\sqrt{2},\ +\infty]$
Gao 等[174]	$[1,\ 1.401]$	$[1.401,\ +\infty]$

表6-5　水平拉力与重力实验值

项目	第一次	第二次	第三次	第四次	第五次	第六次	平均值	重力	摩擦系数
1号管柱拉力(N)	0.232	0.249	0.261	0.238	0.254	0.256	0.248	0.846	0.293
2号管柱拉力(N)	0.374	0.381	0.348	0.386	0.353	0.329	0.362	0.871	0.416
3号管柱拉力(N)	0.392	0.417	0.391	0.379	0.439	0.431	0.408	0.892	0.459

本文采用了电位测量法进行临界值的判断。直井中管柱出现正弦屈曲的瞬间，此刻的管柱不再位于井眼轴线上，而是由于正弦屈曲而与有机玻璃管壁出现接触。鉴于这一现象，该实验中将铝箔贴于有机玻璃管内壁，同时将其与管内的钢管作绝缘处理。然后通过导线将铝箔与钢管分别连接在万用表的正负极上，通过万用表的连通测试通道测试端口即可判定管柱与铝箔间是否接触。同理，在测定管柱螺旋屈曲临界值时，管柱上端与下段在成90°的四个方位各贴上一段铝箔。并将A与a、B与b、C与c、D与d分别连接于万用表的正负两极。若任何一组出现连通，则说明管柱出现一个完整的螺旋屈曲，从而判定螺旋临界值。

在进行临界屈曲载荷测试实验中，观察有机玻璃管内管柱在轴力下的压缩过程，发现刚开始施加载荷时管柱未发生明显的变化。此时，管柱的加载端有位移的产生，但是整段管柱均没有水平位移。这是由于管柱在轴向力作用下发生了轴向弹性压缩变形。当轴向载荷值达到某一值时，管柱便突然开始发生水平位移，管柱进入失稳状态。部分管柱与有机玻璃管的内部出现接触，此刻施加于管柱轴线上的轴力也出现了波动。随着轴向载荷的增加，管柱与有机玻璃管内壁的接触长度逐渐增大，最后出现螺旋屈曲。本部分实验主要测试不同直径管柱在轴向载荷作用下的正弦屈曲临界载荷与螺旋屈曲临界载荷。管柱正弦屈曲实验如图 6-9 所示，管柱螺弦屈曲实验如图 6-10 所示。

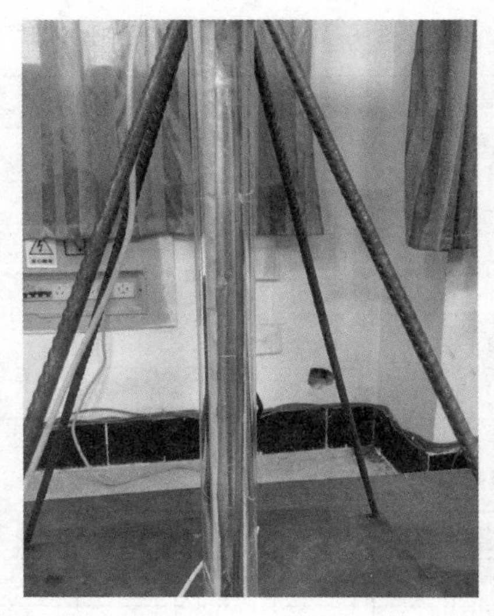

图 6-9　管柱正弦屈曲实验图

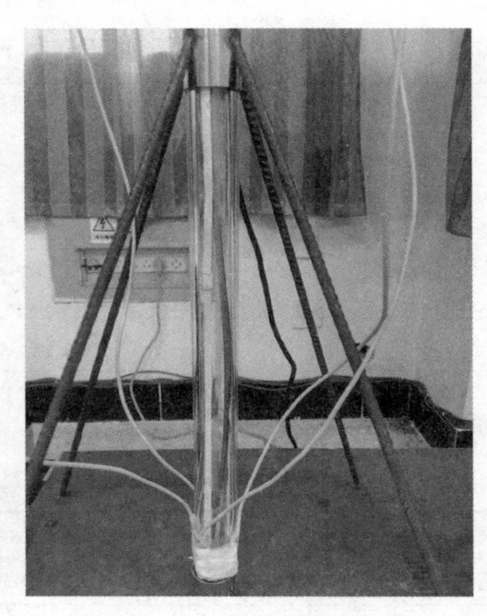

图 6-10　管柱螺弦屈曲实验图

正弦屈曲临界载荷 F_{crs} 与螺旋屈曲临界载荷测试值如表 6-6 所示，其中正弦与螺旋临界屈曲力理论载荷分别通过式(6-2)与式(6-16)计算获得。具体实验数据如下表所示。

表 6-6　临界屈曲载荷值

管柱直径	4mm		5mm		6mm		8mm	
试件	$F_{crs}(N)$	$F_{crh}(N)$	$F_{crs}(N)$	$F_{crh}(N)$	$F_{crs}(N)$	$F_{crh}(N)$	$F_{crs}(N)$	$F_{crh}(N)$
1号	107.29	357.12	231.49	518.62	497.18	908.39	1397.34	1974.51
2号	134.51	324.68	247.52	479.43	447.64	819.14	1219.42	1763.12
3号	125.95	384.41	293.46	501.75	491.37	867.43	1384.16	1518.43
4号	118.09	361.91	280.94	499.82	485.42	843.87	1251.96	1609.18
5号	101.34	284.57	262.48	523.17	470.19	814.86	1036.09	1695.48
6号	114.43	315.43	277.53	541.39	468.26	854.38	1273.44	1508.07

续表

管柱直径	4mm		5mm		6mm		8mm	
7号	106.58	308.50	251.91	511.42	517.16	901.81	1304.67	1674.52
8号	158.75	314.89	211.87	569.48	469.73	894.97	1401.84	1846.17
9号	119.60	327.18	249.76	571.19	509.43	843.37	1087.47	1895.29
10号	135.47	322.01	234.57	560.31	525.51	907.49	921.45	1955.83
平均值	122.20	330.07	254.15	527.66	488.19	865.57	1227.78	1748.05
理论值	95.99	241.99	217.41	434.49	415.48	695.24	1118.20	1457.92
误差/%	27.30	36.39	16.89	21.44	17.50	24.49	9.80	19.90

表6-6清晰地罗列出了不同直径管柱的正弦屈曲与螺旋屈曲临界力实测值和理论临界载荷。因为本文放弃了施太和[175]等研究者在进行井下管柱屈曲行为模拟实验时，采用直接观察的方法判断管柱进入正弦屈曲与螺旋屈曲这一刻的临界值，转而采用电位测量法来通过判断电路接通而记录正弦与螺旋屈曲诱发瞬间的临界载荷。因此，能较为精确地测得临界屈曲力。分析所获实验数据，整体上满足正弦屈曲临界值小于螺旋屈曲临界值。将实验测试值与理论计算值对比，发现实测值通常高于理论值，而低于理论值的力却相对较少。这可能是因为实验装置不能保证在每一次实验过程中有机玻璃管与钢管均绝对垂直于水平面，另外加载也并非匀速等外在干扰因素所造成。总体而言，实测值与理论值间的误差基本维持在20%左右，仅有两组数据分别高于30%和低于10%。因此，该部分实验验证了本文所构建管柱屈曲分析模型的准确性与可靠性，并具有较好的工程应用精度。

图6-11进一步分析了在不同管柱直径下实测管柱正弦屈曲临界值与理论计算值之间的变化关系。图中共展示了40个实测正弦屈曲临界值；与理论值相比，误差小于5%的共有17个、介于5%与10%之间的有8个、介于10%与20%之间的有13个，而高于20%则仅有两个。根据上述实验数据分析，正弦屈曲临界值的理论计算量和实测量差距并不大，大多数均处于科研评价体系可接受的范围。从表面上看，随着测试管柱直径的增加，测试值与理论计算量的误差在增加。然而，通过对比分析表6-6中实验测试值的平均值和理论值可以发现，管柱直径与相对误差并没有必然的联系。出现这一现象的原因，可能是因为测试用管柱的直径相差并不大，抑或是这并不是影响测试效果的主要原因。总之，该部分实验数据较为准确地反映了管柱在径向约束的条件下，诱发正弦屈曲的临界值。

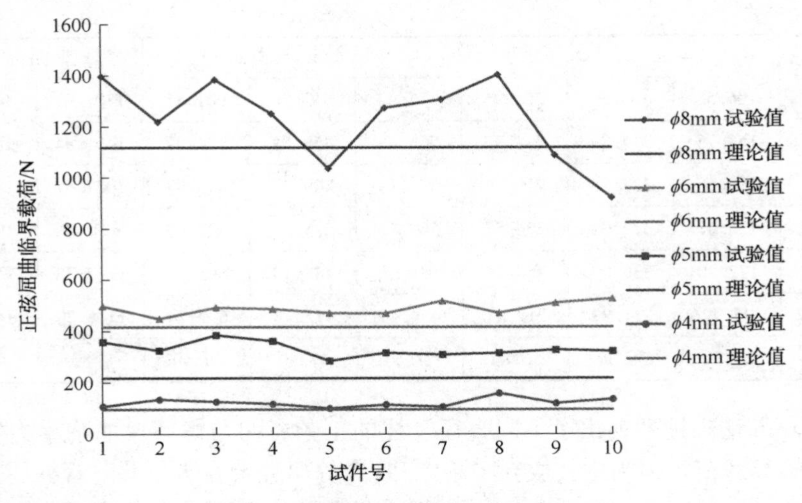

图 6-11　正弦屈曲临界值与实验值的比较

图 6-12 表示了不同直径下管柱螺旋屈曲临界力的实测值与理论值之间的对比关系。从实验数据可以看出，实验值与理论值具有良好的吻合度。在 40 个测量值中，误差小于 5%的共有 21 个、介于 5%与 10%之间的有 13 个、介于 10%与 20%之间的则仅为 6 个。从图中可以看出，随着管柱直径的增加，螺旋屈曲临界载荷在呈非线性不断地增加。在较大管柱直径的情况下，实测值的波动较大一些，但是其平均值与理论值间的误差却反而较小。

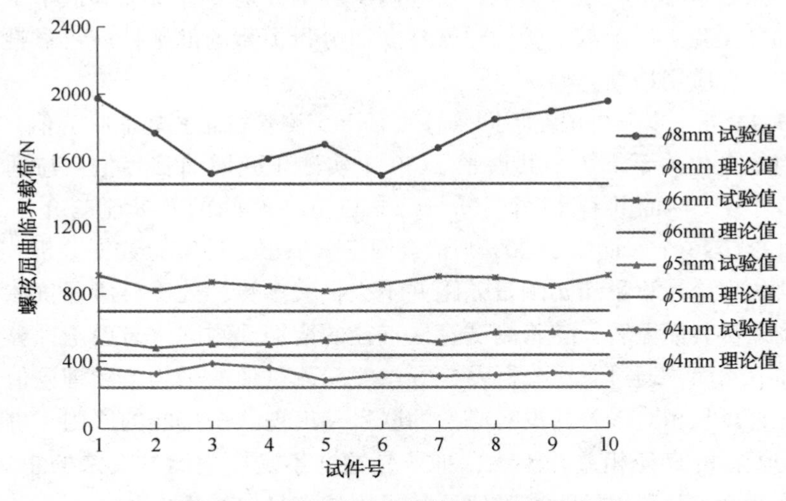

图 6-12　螺弦屈曲临界值与实验值的比较

6.4.2 摩擦阻力损失测试实验

在通过实验研究直井中管柱轴向力由于摩擦力的作用而损失时，需要测量出不同摩擦系数条件下管柱井口处和井底处轴向力，并将该测试值与理论计算摩阻进行对比分析。由于直井与斜直井中管柱轴力的求解方式是一致的，均为解耦屈曲微分方程组，故将求得的接触载荷代入至轴力方程中。因此，本文在此将简要推导直井中管柱处于不同形态下的轴力计算公式。

由第四章第二节的速度分析可知，一旦管柱诱发屈曲，管柱的轴向摩擦将成为主要影响因素。因此，在管柱轴力的求解过程中，可以将轴向摩擦视为主要的摩擦力($f_1 \approx f$)，而忽略其切向方向的摩擦($f_2=0$)。由于$\mu=\sqrt[4]{\dfrac{q}{EIr_c}}$、$r_c$和$f$在工程应用均为非常小的值，从而导致无量纲中间参数$\lambda=\dfrac{1}{2}\mu r_c q$非常小，数量级为$10^{-3}$。因此在求解管柱正弦屈曲过程中角位移时，可以将无量纲轴向力m视为常值。从而屈曲方程(6-9)可简化为：

$$\frac{d^4\theta}{d\zeta^4}-6\left(\frac{d\theta}{d\zeta}\right)^2\frac{d^2\theta}{d\zeta^2}+2m\frac{d^2\theta}{d\zeta^2}=0 \tag{6-18}$$

同理，假设管柱正弦屈曲形态的构型解为$\theta(\zeta)=a_{crs}\sin(B_{crs}\zeta)$，那么计算可得：

$$a_{crs}=0.981(f_2)^{\frac{1}{3}}-0.516f_2 \tag{6-19}$$

$$B_{crs}=1+0.076\,(f_2)^{\frac{2}{3}} \tag{6-20}$$

同理，假设管柱进入螺旋屈曲形态时的构型解为：

$$\theta(\zeta,\ t)=a(t)\sin(B_{crs}\zeta)+a^2(t)g_2(\zeta,\ t)+a^3(t)g_3(\zeta,\ t)+o(a^4) \tag{6-21}$$

将式(6-21)代入式(6-18)，计算整理可得：

$$\theta(\zeta,\ t)=\sqrt{\frac{8(2m-B_{crs}^4-1)}{12B_{crs}^4-1}}\sin(B_{crs}\zeta) \tag{6-22}$$

将上式代入式(6-8)整理可得：

$$n=c_1\,[1+c_2^2\,(m-c_3)^2] \tag{6-23}$$

式中各系数分别为：

$$c_1=1+\frac{2(12B_{crs}^8-2B_{crs}^2-1)(12B_{crs}^4-6-1)(B_{crs}^4+1)B_{crs}^2-(24B_{crs}^{10}+22B_{crs}^6-14B_{crs}^4-2B_{crs}^2-1)/4}{(12B_{crs}^4-6B_{crs}^2-1)(12B_{crs}^4-1)^2B_{crs}^2} \tag{6-24}$$

$$c_2 = \frac{4B_{crs}}{12B_{crs}^4 - 1}\sqrt{\frac{12B_{crs}^4 - 6B_{crs}^2 - 1}{c_1}} \tag{6-25}$$

$$c_3 = \frac{24B_{crs}^{10} + 22B_{crs}^6 - 14B_{crs}^4 - 2B_{crs}^2 - 1}{96B_{crs}^6 - 48B_{crs}^4 - 8B_{crs}^2} \tag{6-26}$$

将无量纲接触力表达式(6-23)代入式(6-7)，积分求解可得：

$$m(\zeta) = c_3 + \frac{c_2(m_L - c_3) - \tan[c_1 c_2 c_4(\zeta_L - \zeta)]}{c_2\{1 + c_2(m_L - c_3)\tan[c_1 c_2 c_4(\zeta_L - \zeta)]\}} \tag{6-27}$$

式中：

$$c_4 = \frac{1}{2}\mu r_c f_1 \tag{6-28}$$

将无量纲参数 $m = \frac{F}{2}\sqrt{\frac{r_c}{EIq}}$ 代入式(6-27)整理可得：

$$F_c(z) = 2\sqrt{\frac{EIq}{r_c}}\left\{c_3 + \frac{c_2(m_L - c_3) - \tan[c_1 c_2 c_4(\zeta_L - \zeta)]}{c_2\{1 + c_2(m_L - c_3)\tan[c_1 c_2 c_4(\zeta_L - \zeta)]\}}\right\} \tag{6-29}$$

同理可得，螺旋屈曲形态下管柱轴力表达式为：

$$F_h^{\bullet}(z) = 2\sqrt{\frac{EIq}{r_c}}\frac{d_3 m_L - d_1 d_2^2\sqrt{d_3^2 - 1} - \cot[d_1 c_4(\zeta_L - \zeta)] + 1}{d_1 m_L + d_1 d_2^2 d_3 - \cot[d_1 c_4(\zeta_L - \zeta)] + 1} \tag{6-30}$$

以上即为直井中管柱正弦屈曲与螺旋屈曲轴力的理论计算表达式。对比与斜直井中轴力的解析式而言，不再需要采用分段函数进行表示，但是引入了诸多中间变量。这导致在工程实际应用中，计算该力并不方便快捷，需要采用相关的计算软件进行辅助计算，例如 MATLAB、Mathematica 和 Maple 等计算软件。在以后的研究过程中，可基于该理论模型编制一套工程应用软件。这将有利于现场工作人员方便快速的判定井下管柱的受力情况，以及是否会诱发屈曲的危险工况的发生。

文中通过计算获得了直井中正弦屈曲与螺旋屈曲的临界屈曲载荷，以及正弦和螺旋屈曲形态下管柱的轴力近似解析表达式。那么对于井下管柱正弦屈曲与螺旋屈曲的诱发点则不难算出，具体可参照第四章第四节中斜直井中管柱临界屈曲点的计算。因为相对于斜直井而言，直井中管柱重力的分力更为简单。从而，寻求管柱诱发屈曲的位置也更为容易。接下来，本文将通过实验测出直径为 6mm 钢管柱在有机玻璃管中的摩阻损失，并将实测值与理论值进行对比分析。实验值中共有 E、F、G 三组钢管，三组管柱分别为：外表面未做任何处理、外表面缠绕聚氯乙烯电气绝缘胶粘带和外表面缠绕绝缘黑胶布处理。实验中摩阻损失是通过万能实验机加载载荷与管柱底部拉压传感器的测试值间的差值计算获得。

表 6-7 清晰地展示了钢管柱在有机玻璃管中诱发正弦屈曲与螺旋屈曲后所产生的轴力由于摩擦而产生的损失。实验中轴向载荷是指施加于加载端(即有机玻璃管上端)的轴向压力，而测量值则是指此刻加载端与管柱底端间的实测轴力差值。然而，理论摩阻则是根据轴力表达式(6-29)与式(6-30)，并结合两个临界屈曲载荷表达式(6-2)与式(6-16)计算获得。该部分实验实测点共有 69 个，其中误差小于 10%的测点有 34 个，介于 10%与 20%之间的有 27 个，处于 20%与 30%之间的有 7 个。然而，相对误差高于 30%的测点则仅有一个。这表明在摩擦系数较小的情况下，理论摩阻损失与实验测得结果的相对误差基本维持在 20%以内。因此，本文通过求解井下管柱屈曲分析模型所获得的轴力计算结果与实验结果具有良好的匹配性。这不仅验证了本文所构建屈曲模型的正确性，也表明该分析模型具有良好的工程精度。具体测试数据如表 6-7 所示。

表 6-7　管柱摩阻损失与理论值对比结果

轴向载荷/N	理论摩阻/N	试件号					
		1 号		2 号		3 号	
		$f_1=0.293$		$f_1=0.293$		$f_1=0.293$	
		测量值/N	误差/%	测量值/N	误差/%	测量值/N	误差/%
480	1. 18	1. 23	4. 24%	1. 15	-2. 54%	1. 31	11. 02%
500	1. 16	1. 24	6. 89%	1. 21	4. 31%	1. 25	7. 76%
520	1. 26	1. 27	0. 79%	1. 29	2. 38%	1. 29	2. 38%
540	1. 32	1. 29	-2. 27%	1. 54	16. 67%	1. 37	3. 79%
560	1. 43	1. 34	-6. 29%	1. 48	3. 49%	1. 34	-6. 29%
580	1. 57	1. 21	-22. 93%	1. 92	22. 29%	1. 58	0. 64%
600	1. 64	1. 52	-7. 32%	1. 88	14. 63%	1. 43	-12. 80%
620	1. 77	1. 65	-6. 78%	1. 61	-9. 04%	1. 57	-11. 29%
640	1. 89	1. 95	3. 17%	1. 72	-8. 99%	1. 64	-13. 23%
660	2. 2	2. 37	7. 73%	1. 68	-23. 64%	1. 89	-14. 09%
680	2. 53	2. 69	6. 32%	2. 17	-14. 23%	2. 31	-8. 69%
700	3. 09	2. 81	-9. 06%	2. 55	-17. 48%	2. 84	-8. 09%
720	3. 59	4. 19	16. 71%	3. 14	-12. 53%	3. 01	-16. 16%
740	4. 37	4. 83	10. 53%	4. 21	-3. 66%	3. 84	-12. 13%
760	5. 19	5. 97	15. 03%	4. 82	-7. 13%	4. 73	-8. 86%

续表

轴向载荷/N	理论摩阻/N	试件号					
		1号		2号		3号	
		$f_1=0.293$		$f_1=0.293$		$f_1=0.293$	
		测量值/N	误差/%	测量值/N	误差/%	测量值/N	误差/%
780	6.49	8.38	29.12%	5.79	-10.79%	6.58	1.39%
800	8.14	9.14	12.29%	7.34	-9.83%	5.37	-34.03%
820	10.37	11.87	14.46%	8.92	-13.98%	7.38	-28.83%
840	13.02	13.58	4.30%	11.28	-13.36%	9.77	-24.96%
860	16.43	18.43	12.17%	15.46	-5.90%	12.72	-22.58%
880	20.17	22.17	9.92%	18.08	-10.36%36	18.05	-10.51%
900	25.56	27.68	8.29%	22.41	-12.32%	21.34	-16.51%
920	31.83	34.49	8.36%	27.85	-12.50%	26.51	-16.71%

图 6-13 表述了表面未做任何处理管柱随着施加于加载端轴力的变化，而轴向摩阻损失不断增加的变化关系。从图中可看出，随着轴向力的不断增加，摩阻损失呈现非线性式的增长。并且摩阻损失的增速是随着轴向载荷的增加而不断增大的。这是因为管柱由正弦屈曲进入螺旋屈曲状态后，管柱与井壁间的接触力将急剧增加。轴向载荷与接触力之间又是互相耦合的关系，从而导致摩阻损失将随着管柱进入螺旋屈曲形态而急剧增长。这也反应，管柱的轴向摩擦阻力损失主要发生在管柱处于螺旋屈曲形态段部分。

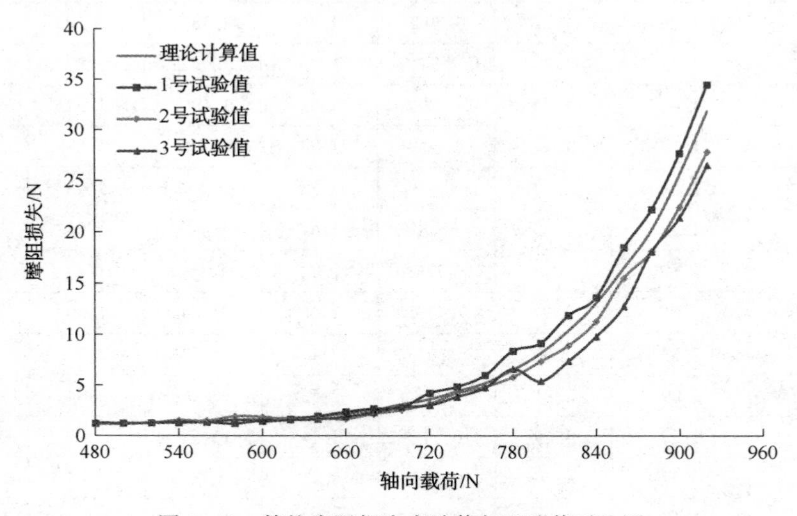

图 6-13 管柱摩阻损失实验值与理论值对比图

上一部分讨论了表面未做任何处理管柱的屈曲行为，接下来将研究缠绕 pvc 胶布管柱的屈曲行为。在管柱外表缠绕 pvc 胶布的主要作用是改变管柱表面，从而达到改变摩擦系数的目的。以便研究不同摩擦系数条件下，管柱的摩阻损失。该部分实验实测点共有 78 个，其中误差小于 10%的测点有 29 个，介于 10%与 20%之间的有 23 个，处于 20%与 30%之间的有 23 个。然而，相对误差高于 30%的测点则仅有三个。具体测试数据如表 6-8 所示。

表 6-8 缠绕 pvc 胶布管柱摩阻损失与理论值对比结果

轴向载荷/N	理论摩阻/N	试件号					
		1 号		2 号		3 号	
		$f_1=0.416$		$f_1=0.416$		$f_1=0.416$	
		测量值/N	误差/%	测量值/N	误差/%	测量值/N	误差/%
480	1. 21	1. 27	4. 96%	1. 18	-2. 48%	1. 26	4. 13%
500	1. 32	1. 25	-5. 30%	1. 35	2. 27%	1. 269	-3. 86%
520	1. 45	1. 37	-5. 52%	1. 39	-4. 14%	1. 67	15. 17%
540	1. 67	1. 21	-27. 55%	1. 27	-23. 95%	1. 54	-7. 78%
560	1. 83	1. 35	-26. 23%	1. 44	-21. 31%	1. 44	-21. 31%
580	2. 19	1. 47	-32. 88%	1. 93	-11. 87%	1. 79	-18. 26%
600	2. 37	1. 69	-28. 69%	1. 79	-24. 47%	1. 71	-27. 85%
620	2. 51	1. 97	-21. 51%	1. 91	-23. 90%	1. 95	-22. 31%
640	2. 63	2. 31	-12. 17%	2. 27	-13. 69%	2. 38	-9. 51%
660	2. 78	2. 64	-5. 04%	2. 66	-4. 32%	2. 99	7. 55%
680	2. 95	2. 85	-3. 39%	2. 47	-16. 27%	3. 27	10. 85%
700	3. 11	3. 12	0. 32%	3. 24	4. 18%	2. 68	-13. 83%
720	3. 31	3. 29	-0. 60%	3. 53	6. 65%	2. 81	-15. 11%
740	3. 64	3. 97	9. 07%	3. 71	1. 92%	3. 47	-4. 67%
760	3. 94	4. 28	8. 63%	4. 18	6. 09%	3. 97	0. 76%
780	4. 6	5. 57	21. 09%	4. 97	8. 04%	3. 75	-18. 48%
800	5. 29	6. 63	25. 33%	4. 93	-6. 81%	3. 61	-31. 76%
820	6. 07	7. 18	18. 29%	5. 57	-8. 24%	4. 28	-29. 49%
840	7. 12	8. 95	25. 70%	5. 71	-19. 80%	6. 95	-2. 39%
860	8. 53	9. 47	11. 02%	6. 24	-26. 85%	7. 49	-12. 19%
880	10. 64	10. 94	2. 82%	8. 38	-21. 24%	9. 41	-11. 56%
900	13. 5	15. 51	14. 89%	11. 59	-14. 15%	9. 94	-26. 37%

续表

轴向载荷/N	理论摩阻/N	试件号					
		1号		2号		3号	
		$f_1=0.416$		$f_1=0.416$		$f_1=0.416$	
		测量值/N	误差/%	测量值/N	误差/%	测量值/N	误差/%
920	17.81	21.43	20.33%	15.76	-11.51%	13.28	-25.44%
940	23.69	27.27	15.11%	18.92	-20.14%	16.43	-30.65%
960	30.58	34.84	13.93%	26.87	-12.13%	23.49	-23.19%
980	39.74	46.57	17.19%	35.56	-10.52%	31.77	-20.06%

图 6-14 表示外表缠绕 pvc 胶布管柱随着轴向载荷的变化，管柱摩阻损失不断变化的关系图。当摩擦系数 $f_1=0.416$ 时，摩阻损失随着轴向载荷的增加呈现非线性增加。并且随着轴力的增加，其增速不断加大。从图中可看出，1 号管柱的测试值要略高于理论计算值，然而 2 号与 3 号管柱则相对较小。总之，实验值与理论值的变化趋势具有较好的一致性，其实验值的曲线仅有较小的波动。

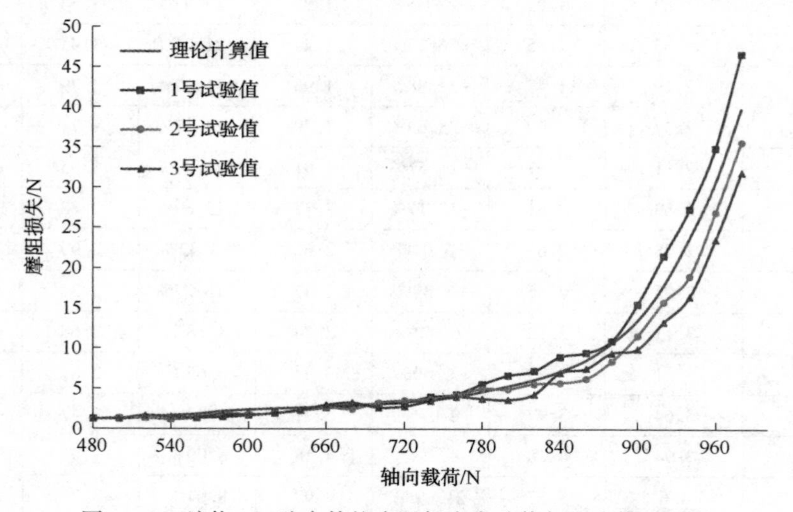

图 6-14　缠绕 pvc 胶布管柱摩阻损失实验值与理论值对比图

表 6-9 给出了外表缠绕绝缘黑胶布管柱在有机玻璃管中产生屈曲过程中所产生的摩阻损失。实验中共采集了 90 个测点的实验值，其中误差小于 10%的测点有 34 个，介于 10%与 20%之间的有 36 个，处于 20%与 30%之间的有 17 个。但是，相对误差高于 30%的测点则仅有三个。从实验数据来看，较多的实验值与理论值间的误差维持在 20%以内。分析表中各测量值的数值，不难发现测量值并非像理论计算摩阻那样随着轴向载荷的增加严格地表现为增长趋势，会出

现偶尔降低的趋势。但是，其总体趋势却是随着轴向载荷的增加而不断增加的。这也导致其相对误差会出现时正时负的情况，其原因主要是由于各种实验误差引起的。

表 6-9　缠绕绝缘黑胶布管柱摩阻损失与理论值对比结果

轴向载荷/N	理论摩阻/N	试件号					
		1 号		2 号		3 号	
		$f_1=0.459$		$f_1=0.459$		$f_1=0.459$	
		测量值/N	误差/%	测量值/N	误差/%	测量值/N	误差/%
480	1. 29	1. 23	-4. 65%	1. 31	1. 55%	1. 17	-9. 30%
500	1. 52	1. 35	-11. 18%	1. 43	-5. 92%	1. 35	-11. 18%
520	1. 77	1. 48	-16. 38%	1. 49	-15. 82%	1. 58	-10. 73%
540	2. 07	1. 62	-21. 74%	1. 57	-24. 15%	1. 74	-15. 94%
560	2. 39	1. 57	-34. 31%	1. 75	-26. 78%	1. 62	-32. 22%
580	2. 73	1. 99	-27. 11%	2. 64	-3. 30%	1. 97	-27. 84%
600	3. 11	2. 67	-14. 15%	2. 34	-24. 76%	2. 54	-18. 33%
620	3. 23	3. 54	9. 60%	2. 97	-8. 05%	3. 16	-2. 17%
640	3. 58	2. 83	-20. 95%	3. 75	4. 75%	3. 83	6. 98%
660	3. 74	3. 19	-14. 71%	3. 24	-13. 37%	4. 29	14. 71%
680	3. 91	3. 68	-5. 88%	4. 58	17. 14%	4. 05	3. 58%
700	4. 23	4. 29	1. 42%	3. 97	-6. 15%	5. 26	24. 35%
720	4. 58	5. 47	19. 43%	4. 99	8. 95%	4. 87	6. 33%
740	4. 94	6. 18	25. 10%	5. 34	8. 10%	4. 91	-0. 61%
760	5. 44	5. 85	7. 54%	6. 17	13. 42%	5. 19	-4. 60%
780	5. 97	6. 34	6. 20%	4. 81	-19. 43%	5. 27	-11. 73%
800	6. 59	7. 25	10. 02%	5. 83	-11. 53%	5. 38	-18. 36%
820	7. 12	8. 44	18. 54%	6. 42	-9. 83%	6. 11	-14. 19%
840	7. 68	8. 79	14. 45%	6. 91	-10. 03%	7. 84	2. 08%
860	8. 39	9. 08	8. 22%	7. 38	-12. 04%	7. 13	-15. 02%
880	9. 25	9. 76	5. 51%	7. 17	-22. 49%	8. 34	-9. 84%
900	10. 21	10. 43	2. 15%	8. 35	-18. 22%	7. 46	-26. 93%
920	11. 8	12. 81	8. 56%	9. 19	-22. 19%	8. 51	-27. 88%
940	14. 35	18. 01	25. 51%	13. 25	-7. 67%	9. 72	-32. 26%
960	17. 97	15. 34	-14. 64%	14. 18	-21. 09%	16. 57	-7. 79%

续表

轴向载荷/N	理论摩阻/N	试件号					
		1 号		2 号		3 号	
		$f_1=0.459$		$f_1=0.459$		$f_1=0.459$	
		测量值/N	误差/%	测量值/N	误差/%	测量值/N	误差/%
980	22.71	27.59	21.49%	18.43	-18.85%	19.18	-15.54%
1000	28.47	31.48	10.57%	25.39	-10.82%	23.46	-17.60%
1020	35.79	39.42	10.14%	28.43	-20.56%	30.81	-13.91%
1040	43.52	47.57	9.31%	37.49	-13.86%	39.77	-8.62%
1060	52.64	56.46	7.26%	48.14	-8.55%	46.94	-10.83%

图 6-15 展示了缠绕绝缘黑胶布管柱的摩阻损失变化关系。与前面两种情况类似，其实验值与理论计算值变化趋势一样，它们的差距也比较小。然而，值得注意的是，无论是在正弦屈曲阶段或是螺旋屈曲阶段，其摩阻损失相对轴力均比较小。出现这一现象的主要原因是由于管柱的长度较小。对于实际工况中，由于井下钻井液的润滑作用，管柱与井壁间的摩擦系数比这一实验值更小。然而由于管柱长度较大，最终导致整段管柱的摩阻损失非常大，直至出现锁死的现象。观察这四组曲线可以发现是非线性增长趋势，而且前期的增加较为缓慢，后期的增长极为迅速。出现这一现象的原因是因为前期的正弦屈曲管柱与井壁间的接触载荷较小，从而导致摩阻损失也较小，而螺旋屈曲阶段却急剧增大。

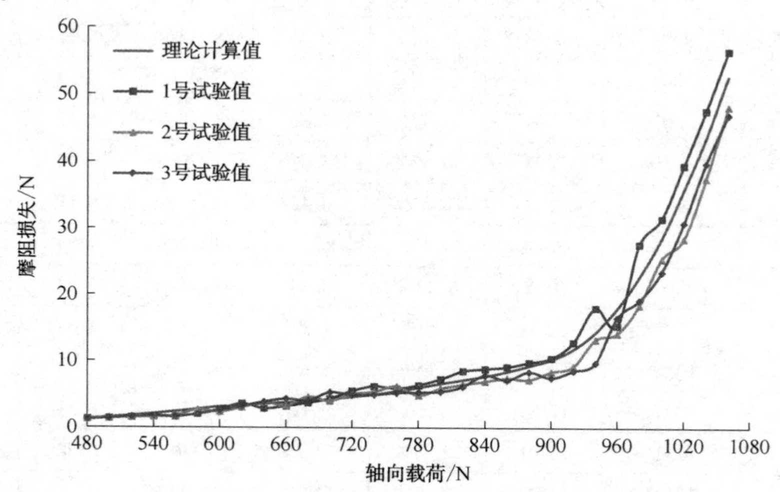

图 6-15　缠绕绝缘黑胶布管柱摩阻损失实验值与理论值对比图

接下来，文章将对这三类不同摩擦系统情况下摩阻损失井下纵向对比分析，以获得摩擦系数对摩阻损失的影响。对这三类管柱做如下定义，其中拥有原始表面状态的管柱为第一类管柱，外表缠绕 pvc 胶布和绝缘黑胶布的管柱分别称为第二类和第三类实验管柱。对比①、②与③这三条曲线可发现，它们间的变化关系主要有两个特征。第一个特征是前半段曲线①的示值(第三类管柱理论计算值)依次大于曲线②的示值(第二类管柱)和曲线③的示值(第一类管柱)。第二个特征是曲线的前半段却呈现与前面部分完全相反的状态。分析这三类管柱各自的摩擦系数不难发现，它们的摩擦系数呈现逐渐增长的趋势。再结合这一实验现象分析可知，正是由于摩擦系数的增加导致井下管柱出现螺旋屈曲现象的推迟。从而使得摩擦系数较大的管柱，必须在更大的轴向载荷作用下进入螺旋屈曲形态，使管柱呈现出较大的轴向摩阻损失。然而，之所以出现前面部分的摩阻损失相对于较大的情况，是由于在正弦屈曲形态下的管柱与井壁间接触力会随着摩擦系数的增加而增加。观察这三类管柱的实验值也表现为这两个特征，其具体变化关系如图 6-16 所示。

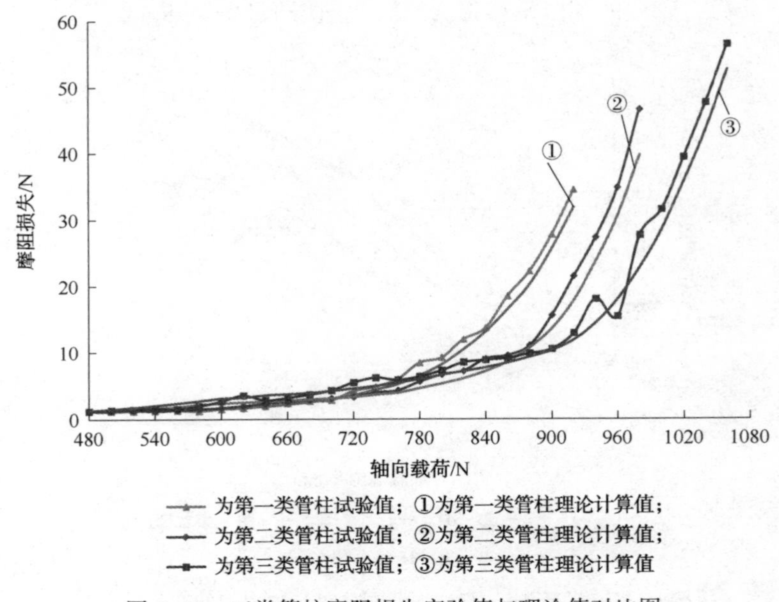

图 6-16　三类管柱摩阻损失实验值与理论值对比图

6.4.3　管柱位移与轴向载荷变化关系实验

在石油天然气工程领域中，当采用连续油管进行井下作业过程时，除管柱屈曲时广大科研工作者关心的重点之外，由井下屈曲行为引起的管柱轴向位移的变化也是研究的关键点之一。因为，管柱的屈曲行为将导致底部钻具或其他井下工具在井下出现的位置发生变化。而作为实际操作人员又希望能准确知道连续油管在运送井下工具或钻井时，井下工具的具体井下位置，以便于做出相应的操作与反应。根据这一研究点，本文在分析管柱受力的同时，通过万能拉伸压缩实验机测得加载端位移，分析了不同管柱直径和不同摩擦系数条件下的管柱轴向位移。该部分实验依然将管柱分为三类：拥有原始表面状态的管柱为第一类管柱，外表缠绕 pvc 胶布和绝缘黑胶布的管柱分别称为第二类和第三类实验管柱。

图 6-17 清晰的表述了直径为 4mm 的管柱在有机玻璃管中的轴力与加载端位移变化关系。图 6-17 中曲线①表示了原始表面管柱在有机玻璃管中的位移随轴力变化而变化的相应变化过程。曲线②表示外表缠绕 pvc 胶布的管柱在有机玻璃管柱中的相应位移变化。蓝色曲线则表示外表缠绕绝缘黑胶布的管柱在模拟井眼中的位移变化过程。对比三条曲线可看出，它们的变化趋势基本一致。随着轴向力的增加，管柱的位移先出现较大幅度的增加，随之而来的则是增速变缓慢。最后，管柱的轴向位移将会继续快速增加。

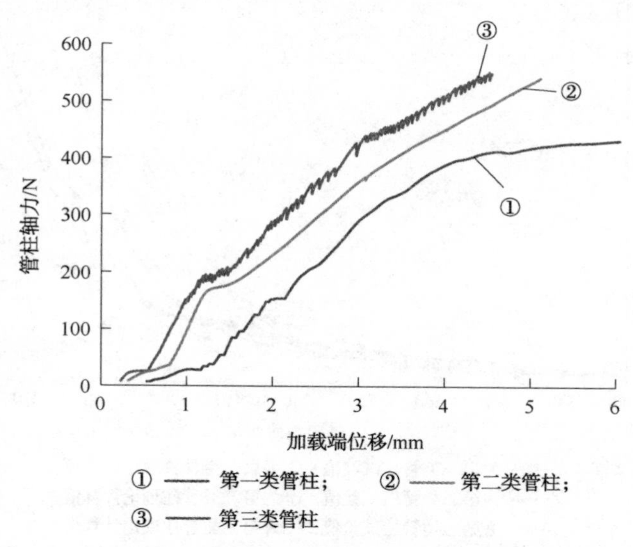

图 6-17　直径 4mm 管柱加载端位移与轴力间的变化关系

图 6-18 表示了直径为 5mm 管柱在有机玻璃管中的轴力与加载端位移变化关系。①、②与③三条曲线分别表示第一类、第二类与第三类管柱在有机玻璃管中的位移与轴力间的变化关系。与图 6-17 相似，这三条曲线的变化趋势基本一致。均是在轴力逐渐增加的过程中，加载端位移快速增加，进而出现增速放

缓的过程。最后在较小轴力增加的情况下，加载端的位移却出现较大的变化。对比分析三条曲线发现出现拐点的位置不尽相同，主要是因为不同摩擦系数情况下的临界屈曲载荷不同。对比分析管柱轴力与管柱在不同摩擦系数情况下的临界屈曲载荷很容易看出，管柱经历了未产生任何屈曲的直杆阶段、正弦屈曲阶段和螺旋屈曲阶段。从图中曲线明显可以看出，处于较小轴力情况下的管柱其位移也较小，随着轴向力的增加，管柱加载端位移则不断增加。这完全符合实际工况，即在未产生任何屈曲变形时，管柱的轴向位移较小，并且管柱的轴向力也非常小。然而，当管柱进入正弦屈曲与螺旋屈曲后，管柱的轴力与加载端位移将迅速增加。

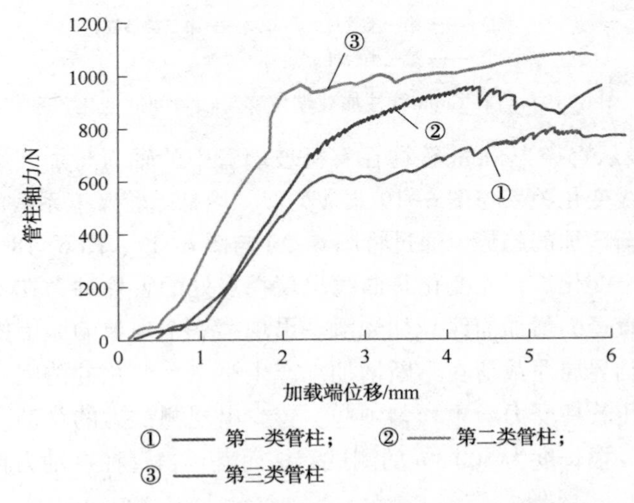

图 6-18　直径 5mm 管柱加载端位移与轴力间的变化关系

图 6-19 表示了直径为 6mm 管柱在有机玻璃管中的轴力与加载端位移变化关系。图中①、②与③三条曲线分别表示第一类、第二类与第三类管柱在有机玻璃管中的位移与轴力间变化关系。通过文中的摩擦系数测试实验可知，第一类管柱与有机玻璃管柱间的摩擦系数为 0. 293。相应的第二类与第三类管柱与有机玻璃管间的摩擦系数分别为 0. 416 与 0. 459。显然，这三类管柱的摩擦系数是逐次增加的。对比这三条关系曲线发现，若要使管柱达到某一定值的加载端位移，其管柱轴力将随着摩擦系数的增加而增加。并且，其变化关系表现为强非线性性质。因为，第二类管柱相比于第一类管柱的摩擦系数差值要比第三类与第二类管柱摩擦系数间的差值要大，然而，第三类管柱的轴力却明显要比第二类管柱的轴力大很多。

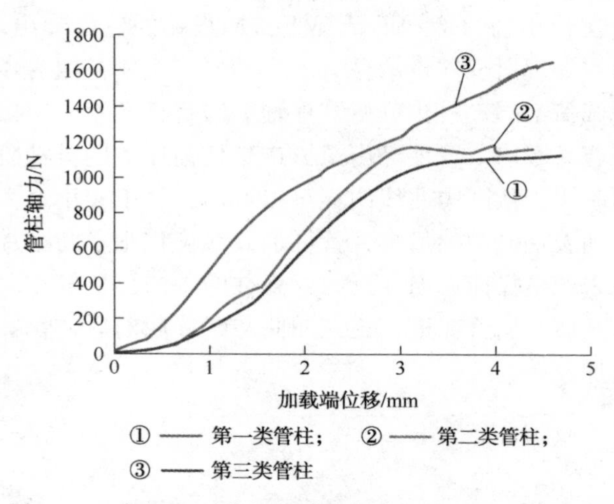

图 6-19　直径 6mm 管柱加载端位移与轴力间的变化关系

图 6-20 表示直径为 8mm 管柱在有机玻璃管中的轴力与加载端位移变化关系。相应的曲线变化关系与图 6-19 非常类似，均是随着摩擦系数的增加，管柱轴力表现为逐渐增加的趋势。通过将图 6-20 与图 6-17、图 6-18 和图 6-19 对比，发现有两个变化。首先变化是曲线出现拐点处的管柱轴力在不断加大，其次是随着管柱直径的增加曲线越加光滑。出现第一个现象的原因则是，随着管柱直径的增加临界屈曲载荷在不断增加。产生第二个变化的诱因则可能是，随管柱直径的变化管柱受力会更均匀一些，较少出现测试力的跳动。然而值得注意的是，对于一根长度为 500mm 的测试管柱而言，当管柱在轴力作用下进入正

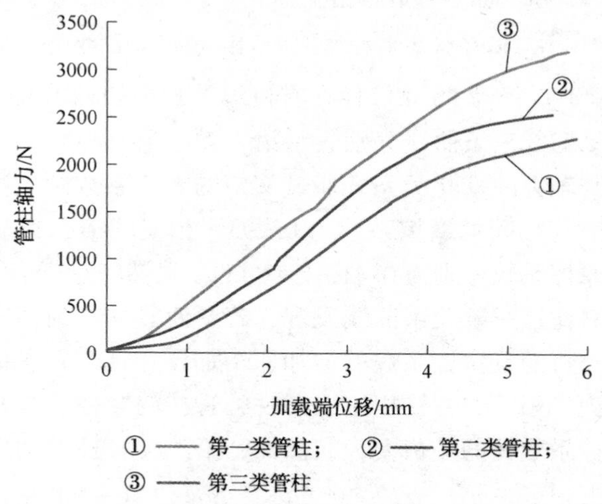

图 6-20　直径 8mm 管柱加载端位移与轴力间的变化关系

弦屈曲与螺旋屈曲形态后，管柱加载端的轴向位移已然达到了 5mm 左右。对于实验中的管柱来说，这一变化量非常小，在实验过程中几乎不能直接观察到。然而，在石油天然工程领域中的具体工况中，数千米深的井下作业必将导致较大的管柱位移变形。这将会给一些需要特别标定井下工具到达位置的连续油管井下作业带来巨大挑战。因此，研究井下管柱由于屈曲所引起的管柱位移也是至关重要，同时也对连续油管技术在井下作业中的推广应用具有重大意义。

上文中分析同一管柱直径条件下的不同摩擦系数管柱加载端位移随轴力变化而变化的关系曲线。为了进一步研究井下管柱的位移与轴力变化关系，这部分分析了相同摩擦系数条件下，不同直径管柱的位移与轴力变化关系。图 6-20 即表示不同直径条件下的第一类管柱其位移与轴力间的变化关系。图中表述了直径分别为 4mm、5mm、6mm 和 8mm，而摩擦系数一样的管柱轴力与加载端位移的变化关系。分析图 6-21 可知，随着加载端位移的增加管柱轴力出现平缓增加和快速增长的变化趋势。从模拟实验可以看出，当摩擦系数一致时，管柱的直径将会成为决定管柱轴力的关键。对于这一点，不仅表现在管柱轴力的变化趋势与具体数值上，也表现在变化过程上。这也印证了某些研究者提出的，在不能降低摩擦系数的情况下，可以选择适度增加管柱的直径来提高管柱的临界屈曲载荷。如果仅从增加管柱临界屈曲载荷这个单一目标而言，这是一个较好的发展方向。然而，增加管柱的直径则会给滚筒的设计带来巨大难题，所以应综合考虑该因素的影响。

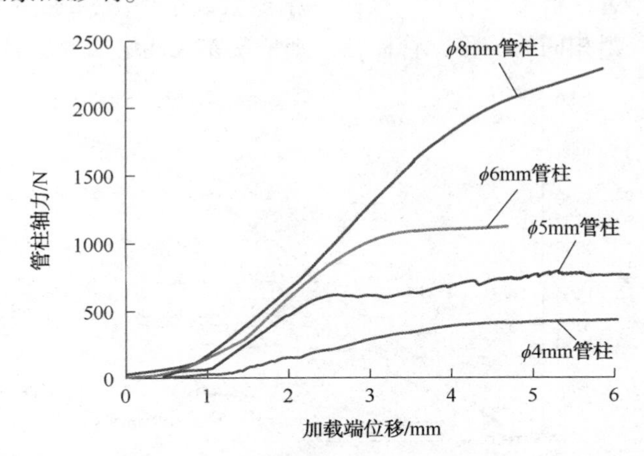

图 6-21　第一类管柱加载端位移与轴力间的变化关系

图 6-22 表示第二类管柱的加载端位移与轴力间的变化关系。图中曲线分别表示直径为 4mm、5mm、6mm 和 8mm 管柱在内径为 30mm 的有机玻璃管中的位

移与轴力变化关系。对比这四条曲线可知，在同一摩擦系数条件下，不同直径的管柱位移与轴力变化趋势基本一致。随着轴力的增加，管柱加载端的位移均不断地增加。然而值得注意的是，随着管柱直径的增加，管柱要获得同样的位移，其管柱轴力将明显增加。这一实验结果与本文的理论推导结果完全一致。出现这一现象的主要原因是，随着管柱直径的增加，管柱的截面积和抗弯刚度均得到了增加。从而，使得管柱的正弦屈曲与螺旋屈曲临界载荷也增大。同时，管柱的轴向力也会随着管柱直径的增加而增加。

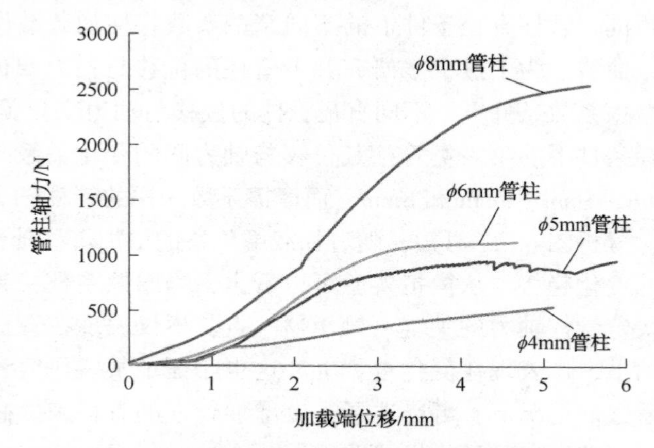

图 6-22　第二类管柱加载端位移与轴力间的变化关系

图 6-23 表示第三类管柱的加载端位移与轴力间的变化关系，其变化趋势与第一类和第二类管柱都十分相似。在同一摩擦系数条件下，随着管柱直径的增加，要使管柱获得相同的位移，管柱轴力则呈现非线性增加的趋势。

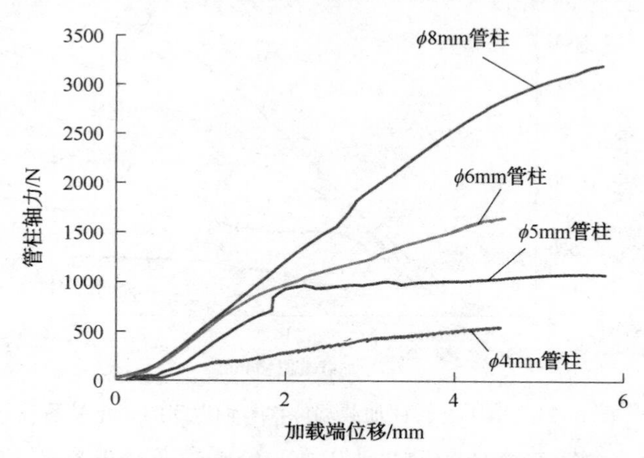

图 6-23　第三类管柱加载端位移与轴力间的变化关系

6.5 本章小结

本章主要通过实验研究了直井中的管柱屈曲行为，同时也根据最小能量法，研究获得了直井中的管柱正弦屈曲与螺旋屈曲临界载荷；最后将实验结果与理论计算结果进行了对比分析。本章的实验主要测试了管柱的正弦屈曲与螺旋屈曲临界载荷、管柱摩阻损失和位移变化。通过研究分析测试数据，获得以下结论：

（1）通过将理论计算获得的直井中管柱正弦屈曲和螺旋屈曲临界载荷，与临界屈曲载荷测试实验中所获得的实验值对比分析发现，其相对误差主要落在小于20%的范围内。因此，该部分实验成功验证了文中理论分析模型和所导出的临界值载荷计算公式的正确性。同时表明，这与临界屈曲载荷计算公式具有较好的工程精度，而且与实际情况非常吻合。

（2）在摩擦阻力损失测试实验中，理论计算摩阻损失与实验测得的数据之间具有较好的吻合性。该部分实验分别测试了直径为6mm的原始表面管柱在有机玻璃管中的摩阻损失和表面缠绕PVC胶布、绝缘黑胶布的管柱在玻璃管中的摩阻损失。实验结果显示，实验值与理论计算值间的相对误差小于20%。实验结果可以验证本文推导获得管柱轴力计算公式和摩擦对轴力的影响分析是准确可靠的。

（3）本文最后研究了管柱位移与轴向载荷间的变化关系。文中研究了三种不同摩擦系数管柱的加载端位移随轴向力变化而不断变化的对应关系。实验结果显示，随着摩擦系数的增加，要使得加载端具有相同位移，管柱轴力将出现非线性增长的态势。同时，随着管柱轴力的增加，管柱加载端的位移也将呈现非线性增长的趋势。此外，在相同摩擦系数的条件下随着管柱直径的增加，要使得加载端具有相同位移，管柱轴力也将急剧增加。

第 7 章　结论与展望

7.1　结论

现代的石油天然气勘探开发工程要求能够对井下管柱的屈曲行为拥有一个较为准确地掌握，以此来优化相应的井下作业或优化钻井设计，从而降低相应的生产成本。然而，由于大位移井内连续油管井下屈曲问题的复杂性，目前对这一问题的研究还未满足工程需要。因此，本文在这一研究现状下，开展了连续油管的井下屈曲行为研究。

本书在总结前人研究成果的基础上，通过系统深入的研究构建了斜直井和平面曲井中的连续油管在井下受到径向约束的屈曲控制微分方程组。根据建立的管柱屈曲分析模型研究解释了井下连续油管的非线性屈曲行为，以及重力、摩擦力、井斜角、井眼曲率和井眼与管柱轴线间距等因素对井下连续油管屈曲的影响。文章推导得出井下连续油管的正弦屈曲与螺旋屈曲临界载荷计算表达式。同时推导获得了井下管柱的轴力计算解析式，并分析判定出井下管柱易诱发屈曲产生的管柱段位置。本书内容总结如下：

（1）在充分考虑管柱与井眼轴线间距离、弯曲半径、重力、井斜角和管柱与井壁间摩擦对管柱屈曲行为影响的前提下，根据变分原理和最小势能原理构建了斜直井和平面曲井中有重管柱的屈曲控制微分方程组和相应的泛函表达式。

（2）文章研究了两端均为固定端约束、一端为固定端约束而另一端为铰支约束和两端均为铰支约束这三种不同边界条件对井下管柱临界屈曲载荷的影响。结果显示，当管柱无量纲长度超过 15 时，井下管柱的临界屈曲载荷受到边界条件的影响可以忽略不计。

（3）文章通过能量准则对井下管柱的后屈曲行为进行了分析研究。结果表明，无量纲总能量取得极值的个数将受到管柱轴力的影响。同时，轴力的变化也将影响管柱屈曲过程中所产生的角位移 θ 的振幅 a 发生变化，并且摩擦系数的增加也将引起诱发管柱屈曲总能量的增加。通过摄动法研究获得管柱正弦屈曲状态的无量纲临界屈曲载荷、角位移幅值和相位角关于摩擦的表达式。研究显示，摩擦系数的增加将引起角位移的振动幅度明显增加，但是无量纲临界屈曲力则将随着摩擦系数的增加而逐渐降低。

（4）通过解耦管柱屈曲控制微分方程组，求得连续油管柱的正弦屈曲临界载荷和在正弦屈曲形态下轴向力表达式。研究结果显示：正弦屈曲临界载荷将会随着摩擦系数与井斜角的增加而呈现非线性性增长趋势。当井斜角小于摩擦自锁角时，连续油管柱将在靠近井底一端最初出现正弦屈曲形态。然而，当井斜角大于摩擦自锁角时，管柱将在靠近井口加载处最先诱发正弦屈曲。并且随着井斜角与摩擦系数的增加，正弦屈曲状态下的管柱轴力变化速率逐渐减小，轴力传递效率也将逐渐降低。

（5）根据最小势能原理，导出了斜直井中的管柱螺旋屈曲临界载荷和螺旋屈曲形态下管柱轴力的表达式。分析结果显示：螺旋屈曲临界载荷将会随着井斜角的增大而增大。而且，随着摩擦系数的增加，螺旋屈曲临界载荷也将缓慢增加。对于螺旋屈曲形态下的管柱轴力而言，随着井斜角的增加，轴向载荷的损失在不断增加，诱发螺旋屈曲的位置也越靠近井底。随着井斜角的增大，处于螺旋屈曲形态下管柱段的轴力变化率也逐渐下降。

（6）通过对曲井中连续油管的几何分析、受力分析和作用在连续油管上各力做功的分析，本文构建了曲井中的管柱屈曲模型。并根据最小势能原理与能量变分原理，求解获得了曲井中管柱正弦屈曲与螺旋屈曲临界载荷值。研究显示，随着井眼曲率半径的增加，正弦屈曲临界载荷将逐渐减小。随着井眼直径的增加，管柱正弦屈曲临界载荷将逐渐降低。然而，临界屈曲载荷的变化率却随着井眼直径的增加而降低。随着井眼曲率半径的增加，螺旋屈曲临界载荷将逐渐降低。而且随着井眼直径的增加，该临界值也将出现缓慢降低的趋势。根据斜井与曲井中的临界屈曲载荷的对比研究发现，曲井中的正弦屈曲临界载荷与螺旋屈曲临界载荷均大于斜直井中的相应值。对比斜直井与曲井中的管柱临界屈曲载荷发现，水平井中的连续油管在靠近曲井段处最易诱发屈曲行为的产生。

（7）文章通过实验研究了直井中的管柱屈曲行为，并将实验结果与理论计算结果进行了对比分析。实验结果与理论分析模型所导出的临界值载荷计算值具有良好的一致性，证明了本文分析模型的正确性。同时，本文的推导结果也与该领域的前辈推导结果做了对比分析，结果具有良好的一致性，也印证了这一理论模型的可靠性。本文研究了管柱位移与轴向载荷间的变化关系。实验显示：随着摩擦系数的增加，要使得加载端具有相同位移，管柱轴力将出现非线性增长的态势。而且随着管柱轴力的增加，管柱加载端的位移也将呈现非线性增长的趋势。

7.2 创新点

(1) 文章在考虑管柱自重、接触载荷、轴向加载、边界条件和径向约束等多种因素的情况下，增加研究了摩擦力这一重要影响因素。并且从欧拉杆稳定性的一般理论出发，结合管柱受到径向约束这一特殊形式，基于变分原理和最小能量法构建了井下连续油管的屈曲控制微分方程组。在管柱屈曲变形这一非线性准静态加载过程中，通过假设管柱的角位移函数，运用摄动法解出该方程组的值。获得了井下管柱正弦屈曲与螺旋屈曲的临界载荷，以及管柱轴力的计算表达式。

(2) 在前人研究的基础上，考虑摩擦对井下管柱屈曲行为的影响；相对于以往的光滑杆分析模型有了实质的进步。文章分析了，摩擦对管柱正弦屈曲和螺旋屈曲临界载荷的影响。同时获得了在考虑管柱摩擦情况下的井下管柱轴力计算表达式；并分析获得了井下管柱诱发正弦屈曲与螺旋屈曲的临界位置。这将有利于连续油管在进行井下施工作业过程中更为准确地计算井下管柱段轴力，并通过临界屈曲载荷判定井下管柱将要出现屈曲的管柱段位置。

(3) 对比分析了斜直井与曲井中连续油管的临界屈曲载荷，发现曲井中的临界屈曲载荷值超过斜直井中的管柱临界屈曲载荷。这使得研究者能更为准确地判定井下管柱诱发屈曲的准确位置，找出井下管柱屈曲的危险点。

7.3 展望

在石油天然气工程领域，连续油管作业技术已有数十年的历史。然而我国连续油管作业技术的研究与相应装备的开发依然处于初始阶段，对许多前沿技术问题依然存在诸多疑惑，这也影响了该项技术的工程应用和相应装备的研发。本文对斜直井和铅垂平面曲井中的连续油管井下屈曲问题进行了较为系统的研究，然而由于时间和能力有限，在井下管柱屈曲这一问题上仍然存在诸多问题需要继续进行深入研究。因此，在本书研究基础之上，有待继续进行的研究工作有：

(1) 在考虑摩擦与井斜等因素的条件下，通过构建的连续油管井下屈曲行为分析模型进一步研究井下管柱的轴向位移变化。

(2) 构建能考虑部分连续油管不与井壁连续接触等复杂工况的研究分析模型，更进一步扩大理论的适用范围。

(3) 根据所获的理论研究结论，深入开展井下减摩工具的研究与开发，将这一系列的理论研究成果应用于下游装备的研发中去。

(4) 构建考虑摩擦等影响因素的三维井中管柱屈曲研究模型，以对实际三维定向井眼中的井下管柱屈曲行为问题进行深入的分析研究。

(5) 改善实验条件，提高实验水平。在本文建立的实验系统基础上，可进一步延伸模拟井眼的长度和改变井眼的倾斜角度。希望能够搭建一个更为复杂精确的实验系统，以测定不同工况下的井下管柱屈曲行为相关参数。以扩大实验的研究范围，增强实验研究的能力。

(6) 加强科研成果与工程实际结合发展。科学研究的成果最终都是要为工程实际服务的，否则就失去了研究价值。将已取得的摩擦对管柱屈曲行为的影响和管柱轴力的计算方法等理论研究成果实用化，不断处理和解决连续油管作业技术在石油天然气工程领域中应用的实际问题。与此同时，在应用中不断充实和完善理论研究，使其更快、更好地向前发展。

附录　主要符号表

μ_e=长度因素

B=角频率

α=水平角位移

E=杨氏弹性模量/(N/m²)

I=截面惯性矩/m^4

$\vec{e}_T$=管柱轴线的切线方向

$\vec{e}_B$=管柱轴线的副法线方向

$\vec{e}_N$=管柱轴线的法线方向

F=轴向载荷/N

f_2=摩擦系数水平分量

f_1=摩擦系数轴向分量

f=摩擦系数

F_{crs}=管柱正弦屈曲临界载荷/N

F_{crh}=管柱螺旋屈曲临界载荷/N

F_L=连续油管顶端的轴向载荷/N

L=连续油管长度/m

k=半正弦波数

N=管柱与井壁间接触载荷/(N/m)

m=无量纲轴向载荷

n=无量纲管柱与井壁间接触载荷

r_c=管柱与井壁间的间隙/m

r_p=连续油管内径/m

r=径向位移/m

R_c=井眼轴线的弯曲半径/m

R_p=连续油管外径/m

s=γ 角所对应的井眼轴线长度/m

U=弹性变形能/(N·m)

q=单位长度连续油管的示重/(N/m)

W=合外力做功/(N·m)

u=轴向位移/m

$\vec{\tau}$=切向向量

ζ=无量纲长度

θ=管柱角位移

$\vec{\kappa}$=切线方向单位向量

Ω=无量纲总能

Π=总能量/(N·m)

参 考 文 献

[1] 钟守炎，杨永详. 挠性油管及其在油气工业中的应用[J]. 石油钻探技术，1998，26(4)：35-37.

[2] 美国石油工程师学会主编，傅阳朝等译. 连续油管技术. 北京：石油工业出版社，2000. 11.

[3] 王兴中. 连续油管工作力学研究. 西南石油学院硕士论文，1999：1，3-5.

[4] 傅阳朝，李兴明，张强德等. 连续油管技术[M]. 北京：石油工业出版社，200：6-7.

[5] 贺会群. 连续油管技术与装备发展综述[J]. 石油机械，2006，34(1)：1-6.

[6] 李宗田. 连续油管技术手册. 北京：石油工业出版社，2003. 9.

[7] 马连山，赵威，谢梅，等. 连续油管技术的应用与发展[J]. 石油机械，2000，28(9)：57-60.

[8] 李宗田. 连续油管技术手册[M]. 北京：石油工业出版社，2003：60-64.

[9] 徐梅，李青，A. BruceConrad. 连续油管工作管柱的有效控制[J]. 石油石化节能，2001，17(1)：58-61.

[10] 钟守炎，刘明尧. 连续油管在内压作用下直径增长模型的建立[J]. 石油机械，1999(2)：34-37.

[11] 王优强，张嗣伟. 连续油管的挤毁压力分析[J]. 石油矿场机械，1999(2)：37-40.

[12] 杜龙，王青艳，张伟. 连续油管下入深度的影响因素分析[J]. 石油仪器，2009，23(2)：48-50.

[13] Lubinski A，Althouse W S. Helical Buckling of Tubing Sealed in Packers[J]. Journal of Petroleum Technology，1962，14(6)：655-670.

[14] Mitchell R F. Buckling Behavior of Well Tubing：The Packer Effect[J]. Society of Petroleum Engineers Journal，1982，22(5)：616-624.

[15] Dawson R，Paslay P. R. Drillpipe buckling in inclined holes[J]. Journal of Petroleum Technology，1984.

[16] Mitchell R F. Simple Frictional Analysis of Helical Buckling of Tubing[J]. Spe Drilling Engineering，1986，1(6)：457-465.

[17] Mitchell R F. New Concepts for Helical Buckling[J]. SPE15470，The 61st Annual Technical Conference and Exhibition of The Society of Petroleum Engineers，New Orleans，LA October 5-8，1986.

[18] Y W Kwon，A precise solution for helical buckling，IADC/SPE14729，IADC/SPE Drilling Conference，Dallas，TX，February 10-12，1982.

[19] Y. C. Chen，Y. H. Lin，John B. Cheatham. Tubing and casing buckling in horizontal wells[J]. 1990，42：2(2).

[20] Schuh F J. The Critical Buckling Force and Stresses for Pipe in Inclined Curved Boreholes

[C]// SPE/IADC Drilling Conference. Society of Petroleum Engineers，1991.
[21] Tan X C，Digby P J. Buckling of drill string under the action of gravity and axial thrust[J]. International Journal of Solids & Structures，1993，30(19)：2675-2691.
[22] Wu J，Juvkam-Wold H C. Study of Helical Buckling of Pipes in Horizontal Wells[J]. 1993.
[23] Salies J B，Azar J J，Sorem J R. Experimental and Mathematical Modeling of Helical Buckling of Tubulars in Directional Wellbores[J]. 1994.
[24] 高国华，等. 杆柱在水平井眼中的正弦屈曲[J]. 西安石油大学学报：自然科学版，1994(2)：37-40.
[25] 李子丰，马兴瑞. 水平管中受压扭细长圆杆(管)的线性弯曲[J]. 哈尔滨工业大学学报，1994(1)：96-100.
[26] 李子丰，马兴瑞，黄文虎. 水平管中受压扭细长圆杆(管)的几何非线性弯曲[J]. 力学与实践，1994，16(3)：16-18.
[27] 刘延强，吕英民. 环空大挠度钻柱力学分析的动坐标迭代法及其简化应用[J]. 计算力学学报，1994(2)：193-198.
[28] 帅健，于永南，吕英民. 整体钻柱的受力与变形分析[J]. 中国石油大学学报：自然科学版，1994(1)：56-60.
[29] 彭勇，王启玮，杨洁. 水平井段钻柱稳定性分析的有限元法[J]. 石油机械，1994(3)：43-45.
[30] 苏华，张学鸿，王光远. 钻柱力学发展综述之二：钻柱静力学[J]. 东北石油大学学报，1994(1)：43-52.
[31] 苏华，张学鸿. 钻柱力学发展综述之三：钻柱动力学[J]. 东北石油大学学报，1994(3)：45-53.
[32] He X，Halsey G W，Kyllingstad A. Interactions between Torque and Helical Buckling in Drilling[J]. 1995.
[33] 张小兰，陈尚健，郑绍羽. 单轴对称截面柱的屈曲强度[J]. 武测科技，1995(3)：48-50.
[34] 高国华，李天太，李琪. 考虑摩擦时水平井钻柱的稳定性分析[J]. 西安石油大学学报：自然科学版，1995(3)：31-33.
[35] 高国华. 杆柱在水平圆孔中的稳定性分析[J]. 力学与实践，1995，17(4)：28-31.
[36] 高德利. 钻柱力学若干基本问题的研究[J]. 中国石油大学学报：自然科学版，1995(1)：24-35.
[37] 李子丰，马兴瑞. 钻柱力学基本方程及其应用[J]. 力学学报，1995，27(4)：406-414.
[38] Mitchell R F. Buckling Analysis in Deviated Wells：A Practical Method[J]. Spe Drilling & Completion，1996，14：11-20.
[39] Hishida H，Ueno M，Higuchi K，et al. Prediction of Helical / Sinusoidal Buckling[J]. 1996.

[40] 高国华，李琪，张健仁. 管柱在垂直井眼中的屈曲分析[J]. 西安石油大学学报：自然科学版，1996(1)：33-35.
[41] 王世圣，路永明. 水平钻井中钻柱的稳定性分析[J]. 中国石油大学学报：自然科学版，1996(1)：62-66.
[42] 刘巨保，钟启刚. 水平井钻柱受力变形分析的曲梁单元[J]. 天然气工业，1996，17(6)：38-40.
[43] Mitchell R F. Effects of Well Deviation on Helical Buckling[J]. Spe Drilling & Completion，March 1997：43-49.
[44] J Wu，Torsional load effect on drill-string buckling，SPE37477，SPE Production Operations Symposium，Oklahoma City，March 9-11，1997：703-710.
[45] 高宝奎，高德利. 水平井段管柱螺旋屈曲的数值计算[J]. 钻采工艺，1997(5)：10-11.
[46] 于永南，韩志勇，路永明. 斜直井眼中铅垂平面内钻柱屈曲荷载分析[J]. 中国石油大学学报：自然科学版，1997(1)：49-51.
[47] 于永南，韩志勇. 斜直井眼中钻柱侧向屈曲的研究[J]. 中国石油大学学报：自然科学版，1997(3)：65-67.
[48] 李子丰. 油气井杆管柱的稳定性与纵横弯曲[J]. 西部探矿工程，1997(2)：23-25.
[49] 张永弘，刘恩. 管柱螺旋屈曲时接触压力的研究[J]. 石油学报，1998(3)：131-134.
[50] 于永南，等. 井眼中钻柱稳定性分析的有限元法[J]. 中国石油大学学报：自然科学版，1998(6)：74-78.
[51] 刘凤梧，徐秉业，高德利. 受横向约束的细长无重管柱在压扭组合作用下的后屈曲分析[J]. 工程力学，1998，15(4)：18-24.
[52] Mitchell R F. Buckling Analysis in Deviated Wells：A Practical Method[J]. Spe Drilling & Completion，1999，14：11-20.
[53] 刘凤梧，徐秉业，高德利. 水平圆管中受压扭作用管柱屈曲后的解析解[J]. 力学学报，1999，31(2)：238-242.
[54] 刘凤梧，徐秉业，高德利. 封隔器对油管螺旋屈曲的影响分析[J]. 清华大学学报：自然科学版，1999，39(8)：104-107.
[55] 李子丰. “连续油管在水平井中作业的力学分析”中的不足[J]. 石油钻采工艺，2000(2)：80-80.
[56] 张广清，路永明，陈勉. 斜直井中扭矩和轴力共同作用下钻柱的屈曲问题[J]. 中国石油大学学报：自然科学版，2000，24(5)：4-6.
[57] 张福祥，高国华. 垂直井螺旋弯曲管柱的摩擦和自锁分析[J]. 石油学报，2000，21(6)：83-87.
[58] Huang N C，Pattillo P D. Helical buckling of a tube in an inclined wellbore[J]. Saudi Medical Journal，2000，35(5)：911-923.
[59] 高国华，张福祥，王宇，等. 水平井眼中管柱的屈曲和分叉[J]. 石油学报，2001，22

(1): 95-99.

[60] Mitchell R F. New Buckling Solutions for Extended Reach Wells, IADC/SPE74566, IADC/SPE Drilling Conference, Dallas, Texas, February 26-28, 2002.

[61] Mitchell R F. Exact Analytic Solutions for Pipe Buckling in Vertical and Horizontal Wells[J]. Spe Journal, 2002, 7(4): 373-390.

[62] Mcspadden A, Newman K. Development of a Stiff-String Forces Model for Coiled Tubing [C]// Society of Petroleum Engineers, 2002.

[63] 刘凤梧，高德利，徐秉业. 受径向约束细长水平管柱的正弦屈曲[J]. 工程力学，2002，19(6): 44-48.

[64] 范慕辉，焦永树，王磊. 垂直井中受压段旋转钻柱的分岔研究[J]. 工程力学，2003，20(6): 127-129.

[65] Gao D L, Gao B K. A method for calculating tubing behavior in HPHT wells[J]. Journal of Petroleum Science & Engineering, 2004, 41(1): 183-188.

[66] Mitchell R F. The Effect of Friction on Initial Buckling of Tubing and Flowlines[J]. Spe Drilling & Completion, 2007, 22(2): 112-118.

[67] Mitchell R F. Tubing Buckling-The State of the Art[J]. Spe Drilling & Completion, 2008, 23(4): 361-370.

[68] 陈耀华，覃成锦. 连续管在水平井中的力学行为研究[J]. 西部探矿工程，2010，22(7): 50-53.

[69] Gao G, Di Q, Miska S, et al. Stability Analysis of Pipe With Connectors in Horizontal Wells [J]. Spe Journal, 2012, 17(17): 931-941.

[70] Mitchell R F. Helical Buckling of Pipe With Connectors in Vertical Wells[J]. Spe Drilling & Completion, 2013, 15(3): 162-166.

[71] Mitchell R. Lateral Buckling of Pipe with Connectors in Curved Wellbores[J]. Spe Drilling & Completion, 2013, 18(1): 22-32.

[72] Huang W, Gao D. Helical buckling of a thin rod with connectors constrained in a cylinder[J]. Journal of Natural Gas Science & Engineering, 2014, 18: 189-198.

[73] Huang W, Gao D, Liu F. Buckling Analysis of Tubular Strings in Horizontal Wells[J]. Spe Journal, 2015, 20(2).

[74] Lubinski A, Althouse W S. Helical Buckling of Tubing Sealed in Packers[J]. Journal of Petroleum Technology, 1962, 14(6): 655-670.

[75] Mitchell R F. Buckling Behavior of Well Tubing: The Packer Effect[J]. Society of Petroleum Engineers Journal, 1982, 22(5): 616-624.

[76] Mitchell R F. Effects of Well Deviation on Helical Buckling[J]. Spe Drilling & Completion, 2013, 12(01): 63-70.

[77] Mitchell R F. Buckling Analysis in Deviated Wells: A Practical Method[J]. Spe Drilling &

Completion, 1999, 14: 11-20.
[78] Mitchell R F. New Concepts for Helical Buckling[J]. Spe Drilling Engineering, 2013, 3(3): 303-310.
[79] Wu, J. (1997, January 1). Torsional Load Effect on Drill-String Buckling. Society of Petroleum Engineers. doi: 10. 2118/37477-MS.
[80] Huang, W., Gao, D., Wei, S., & Chen, P. (2015, April 1). Boundary Conditions: A Key Factor in Tubular-String Buckling. Society of Petroleum Engineers. doi: 10. 2118/174087-PA.
[81] HUANG Wen-jun, GAO De-li, WEI Shao-lei. Effects of boundary conditions on helical buckling of weightless tubular string. Journal of Xi'an Shiyou University (Natural Science Edition), 2015, V. 30, N. 3. pp. 87-94.
[82] 李子丰，马兴瑞. 水平管中受压扭细长圆杆(管)的线性弯曲[J]. 哈尔滨工业大学学报，1994(1): 96-100.
[83] 李子丰，马兴瑞，黄文虎. 水平管中受压扭细长圆杆(管)的几何非线性弯曲[J]. 力学与实践，1994(3): 16-18.
[84] 于永南，韩志勇. 斜直井眼中铅垂平面内钻柱屈曲荷载分析[J]. 中国石油大学学报：自然科学版，1997(1): 49-51.
[85] 于永南，韩志勇，路永明. 斜直井眼中钻柱侧向屈曲的研究[J]. 中国石油大学学报：自然科学版，1997(3): 65-67.
[86] 于永南，胡玉林，韩志勇，等. 井眼中钻柱稳定性分析的有限元法[J]. 中国石油大学学报：自然科学版，1998(6): 74-78.
[87] 张广清，路永明，陈勉. 斜直井中扭矩和轴力共同作用下钻柱的屈曲问题[J]. 中国石油大学学报：自然科学版，2000，24(5): 4-6.
[88] 张广清，陈勉，路永明. 斜直井段旋转钻柱稳定性试验研究[J]. 石油钻采工艺，2001，23(1): 23-25.
[89] 黄涛，路永明，王世圣，等. 钻柱稳定性的试验研究[J]. 石油钻采工艺，1999(2): 31-36.
[90] Mitchell R F. Simple Frictional Analysis of Helical Buckling of Tubing[J]. Spe Drilling Engineering, 1986, 1(6): 457-465.
[91] Mitchell, R. F. (2002, January 1). New Buckling Solutions for Extended Reach Wells. Society of Petroleum Engineers. doi: 10. 2118/74566-MS.
[92] Kwon Y W. Analysis of Helical Buckling[J]. Spe Drilling Engineering, 2013, 3(2): 211-216.
[93] 高国华，李天太. 杆柱在水平井眼中的正弦屈曲[J]. 西安石油大学学报：自然科学版，1994(2): 37-40.
[94] DAWSON R, PASLAY P. R. Drillpipe buckling in inclined holes[J]. Journal of Petroleum

Technology, 1984.

[95] Age Kyllingstad. Buckling of tubular strings in curved wells[J]. Journal of Petroleum Science & Engineering, 1995, 12(3): 209-218.

[96] Fujikubo, M., Yao, T., & Varghese, B. (1997, January 1). Buckling And Ultimate Strength of Plates Subjected to Combined Loads. International Society of Offshore and Polar Engineers.

[97] Chen, V. C., Lin, V. H., & Cheatham, J. B. (1989, January 1). An Analysis of Tubing and Casing Buckling in Horizontal Wells. Offshore Technology Conference. doi: 10. 4043/6037-MS.

[98] Qiu, W., Miska, S., & Volk, L. (1997, January 1). Effect of Coiled Tubing(CT) Initial Configuration on Buckling/Bending Behavior in Straight Deviated Wells. Society of Petroleum Engineers. doi: 10. 2118/39003-MS.

[99] Asafa, K. A., & Shah, S. N. (2012, January 1). Effect of Coiled Tubing Buckling on Horizontal Annular Flow. Society of Petroleum Engineers. doi: 10. 2118/154326-MS.

[100] Wu J, Juvkam-Wold H C, Lu R. Helical buckling of pipes in extended reach and horizontal wells-Part 1: Preventing helical buckling[J]. Journal of Energy Resources Technology, 1993, 115(3): 190-195.

[101] Chen, Y. C., & Adnan, S. C. (1993, January 1). Buckling Of Pipe And Tubing Constrained Inside Inclined Wells. Offshore Technology Conference. doi: 10. 4043/7323-MS.

[102] Cheatham, J. B. (1984, August 1). Helical Post buckling Configuration of a Weightless Column Under the Action of m Axial Load. Society of Petroleum Engineers. doi: 10. 2118/10854-PA.

[103] Miska S, Cunha J. An Analysis of Helical Buckling of Tubulars Subjected to Axial and Torsional Loading in Inclined Wellbores[J]. Society of Petroleum Engineers Richardson Tx, 1995.

[104] Newman, K. R. (2004, January 1). Finite Element Analysis of Coiled Tubing Forces. Society of Petroleum Engineers. doi: 10. 2118/89502-MS.

[105] Daily, J. S., Ring, L., Hajianmaleki, M., & Gandikota, R. A. (2013, September 3). Critical Buckling Load Assessment Of Drill Strings In Different Wellbores Using The Explicit Finite Element Method. Society of Petroleum Engineers. doi: 10. 2118/166592-MS.

[106] McCann, R. C., & Suryanarayana, P. V. R. (1994, January 1). Experimental Study Of Curvature And Frictional Effects On Buckling. Offshore Technology Conference. doi: 10. 4043/7568-MS.

[107] He, X., & Kyllingstad, A. (1995, March 1). Helical Buckling and Lock-Up Conditions for Coiled Tubing in Curved Wells. Society of Petroleum Engineers. doi: 10. 2118/

25370-PA.
[108] Mitchell, R. F. (1999, December 1). A Buckling Criterion for Constant Curvature Wellbores. Society of Petroleum Engineers. doi: 10. 2118/57896-PA.
[109] Weiyong, Q., Miska, S., & Volk, L. (1998, January 1). Effect of Coiled Tubing Initial Configuration on Buckling Behavior in a Hole of Constant Curvature. Society of Petroleum Engineers. doi: 10. 2118/46009-MS.
[110] Hill, T. H., & Chandler, R. B. (1998, January 1). Field Curves for Critical Buckling Loads in Curving Wellbores. Society of Petroleum Engineers. doi: 10. 2118/39322-MS.
[111] 高国华，李琪. 弯曲井眼中受压管柱的屈曲分析[J]. 应用力学学报，1996(1): 115-120.
[112] Åge Kyllingstad. Buckling of tubular strings in curved wells[J]. Journal of Petroleum Science & Engineering, 1995, 12(3): 209-218.
[113] J Wu, H C Juvkam-Wold, Journal of Energy Resources Technology, Transactions of the ASME 1995, 117(3): 214-218.
[114] 高国华，李琪，李淑芳. 弯曲井眼中受压管柱的屈曲分析[J]. 应用力学学报，1996(1): 115-120.
[115] 覃成锦，王家祥. 受压管杆柱在倾斜或弯曲井眼中的稳定性[J]. 中国石油大学学报：自然科学版，1996(6): 21-23.
[116] 于永南，韩志勇. 等曲率井眼中钻柱的稳定性分析[J]. 天然气工业，1997(6): 37-39.
[117] 于永南，韩志勇. 弯曲井眼中柔性钻柱的屈曲问题[J]. 中国石油大学学报：自然科学版，1997(6): 32-34.
[118] W Y Qiu, S Miska, L Volk, Permian basin oil and gas recovery conference, SPE 39795, Midland Texas, 1998.
[119] S Miska, W Y Qiu, L Volk, Analysis of Drillpipe/coiled-tubing buckling in a constant-curvature wellbore, JPT, 1998, 50(5): 66-68, 77.
[120] Mitchell R, Mitchell R. A Buckling Criterion for Constant-Curvature Wellbores[J]. Spe Journal, 1999, 4(4): 349-352.
[121] 高德利，刘凤梧，徐秉业. 弯曲井眼中管柱屈曲行为研究[J]. 石油钻采工艺，2000, 22(4): 1-4.
[122] He, Xiaojun, and A. Kyllingstad." Helical Buckling and Lock-Up Conditions for Coiled Tubing in Curved Wells." Spe Drilling & Completion10. 1(2013): 10-15.
[123] Cai Z, Xiong D. STIFFNESS MATRIX FOMULATION FOR AN ARBITRARILY CURVED BEAM[J]. 1994.
[124] 黄剑源，谢旭. 薄壁空间螺旋形曲线梁的约束扭转理论分析及结构计算方法(第一部分：基本理论)[J]. 工程力学，1995, 12(4): 73-83.

[125] 吕和祥，朱菊芬. 大转动梁的几何非线性分析讨论[J]. 计算力学学报，1995(4)：485-490.
[126] 刘巨保，钟启刚. 水平井钻柱受力变形分析的曲梁单元[J]. 天然气工业，1996，17(6)：38-40.
[127] 陈波，陈莹. 有限元分析中的曲梁单元切线刚度矩阵[J]. 铁道学报，1996(3)：92-98.
[128] 周文伟，曾庆元，贺国京. 空间曲梁单元应变——位移关系[J]. 铁道科学与工程学报，1997(4)：1-7.
[129] 陈大鹏，周文伟. 空间弹性曲杆在三维变形中的曲率—位移关系[J]. 西南交通大学学报，1997，32(2)：123-129.
[130] 谈梅兰. 三维曲井内钻柱的双重非线性静力有限元法[D]. 南京航空航天大学，2004.
[131] 谈梅兰，王鑫伟. 一种有效的分析任意空间形状曲杆单元的位移函数[J]. 工程力学，2004，21(3)：134-137.
[132] McCann, R. C., & Suryanarayana, P. V. R. (1994, January 1). Experimental Study Of Curvature And Frictional Effects On Buckling. Offshore Technology Conference. doi: 10.4043/7568-MS.
[133] He, X., & Kyllingstad, A. (1995, March 1). Helical Buckling and Lock-Up Conditions for Coiled Tubing in Curved Wells. Society of Petroleum Engineers. doi: 10.2118/25370-PA.
[134] Mitchell, R. F. (1999, December 1). A Buckling Criterion for Constant Curvature Wellbores. Society of Petroleum Engineers. doi: 10.2118/57896-PA.
[135] Weiyong, Q., Miska, S., & Volk, L. (1998, January 1). Effect of Coiled Tubing Initial Configuration on Buckling Behavior in a Hole of Constant Curvature. Society of Petroleum Engineers. doi: 10.2118/46009-MS.
[136] Hill, T. H., & Chandler, R. B. (1998, January 1). Field Curves for Critical Buckling Loads in Curving Wellbores. Society of Petroleum Engineers. doi: 10.2118/39322-MS.
[137] 高国华，李琪. 弯曲井眼中受压管柱的屈曲分析[J]. 应用力学学报，1996(1)：115-120.
[138] 黄涛，路永明. 钻柱稳定性的试验研究[J]. 石油钻采工艺，1999(2)：31-36.
[139] 张广清，陈勉，路永明. 斜直井段旋转钻柱稳定性试验研究[J]. 石油钻采工艺，2001，23(1)：23-25.
[140] Dawson R, Paslsy P. R. Drillpipe buckling in inclined holes[J]. Journal of Petroleum Technology, 1984.
[141] Chen, Y. -C., Lin, Y. -H., & Cheatham, J. B. (1990, February 1). Tubing and Casing Buckling in Horizontal Wells(includes associated papers 21257 and 21308). Society of Petroleum Engineers. doi: 10.2118/19176-PA.

[142] He, X., & Kyllingstad, A. (1995, March 1). Helical Buckling and Lock-Up Conditions for Coiled Tubing in Curved Wells. Society of Petroleum Engineers. doi: 10. 2118/25370-PA.

[143] Salies, J. B., Azar, J. J., & Sorem, J. R. (1994, January 1). Experimental and Mathematical Modeling of Helical Buckling of Tubulars in Directional Wellbores. Society of Petroleum Engineers. doi: 10. 2118/28713-MS.

[144] McCann, R. C., & Suryanarayana, P. V. R. (1994, January 1). Experimental Study Of Curvature And Frictional Effects On Buckling. Offshore Technology Conference. doi: 10. 4043/7568-MS.

[145] Euler, L.: "Methodus inveniendi lineas curvas maximi minimive proprietate gaudentes. Appendix: De curvis elasticis." Lausanne and Geneva, 1744; from opera omnia, Vol. I, edited by A. Speiser, E. Trost, and Ch. Blanc. Zurich: Orell Fussli, 1952, p. 231.

[146] 钱令希，钟万勰. 论固体力学中的极限分析并建议一个一般变分原理[J]. 力学学报，1963(4).

[147] K. Washizu. On the Variational principles of elasticity. Massachusetts Institute of technology Technical Report 25-18, March 1955: 386-389P.

[148] 刘正兴. 计算固体力学[M]. 上海：上海交通大学出版社，2010.

[149] Reissner E. On a Variational Theorem in Elasticity[J]. Journal of Mathematics & Physics, 1950, 29(29): 90-95.

[150] 胡海昌. 弹性力学的变分原理及其应用[M]. 北京：科学出版社，1981.

[151] 胡海昌. 论弹性体力学与受范性体力学中的一般变分原理[J]. 物理学报，1954，10(3)：259-290.

[152] 张汝清. 固体力学变分原理及其应用[M]. 重庆：重庆大学出版社，1991.

[153] 夏茂辉，侯春强，刘才. 大挠度弯曲直梁混合变量最小势能原理的应用[J]. Mechanics in Engineering, 2006, 28(3): 53-55.

[154] Jourdain P E B. The principle of least action /[M]. Open Court Publishing Co., 1913.

[155] 牛顿. 自然哲学的数学原理[M]. 曾琼瑶，王莹，王美霞，译. 重庆：重庆出版社，2008.

[156] 谢建华. 最速降线问题解充分性的证明[J]. 力学与实践，2009，31(3)：82-84.

[157] 虞承飞. 分析力学中的短程线理论[J]. 新疆大学学报：自然科学版，1986(2).

[158] Euler L. Methodus inveniendi lineas curvas maximi minimive proprietate gaudentes, sive solutio problematis is operimetrici lattissimo sensu accepti[J]. Eprint Arxiv, 2013, 1.

[159] 黄克智. 板壳理论[M]. 北京：清华大学出版社，1987.

[160] 龙驭球. 结构力学教程[M]. 北京：高等教育出版社，1988.

[161] 陈铁云，沈惠中. 结构的屈曲. 上海科学技术文献出版社，1993：1-2，5-20 页.

[162] 冯克勤. 代数数论[M]. 北京：科学出版社，2000.

[163] 邓可顺. 介绍弹性结构的屈曲和初始后屈曲性态的 Koiter 理论[J]. 大连理工大学学报，1978(3).
[164] 高德利. 油气井管柱力学与工程[M]. 北京：中国石油大学出版社，2006.
[165] 胡海昌. 弹性力学的变分原理及其应用[M]. 北京：科学出版社，1981.
[166] Schuh F J. The Critical Buckling Force and Stresses for Pipe in Inclined Curved Boreholes [C] SPE/IADC Drilling Conference. Society of Petroleum Engineers, 1991.
[167] Dawson R, Paslay P R. Drill pipe buckling in inclined holes [J]. Journal of Petroleum Technology, 1982, 36(11): 1734-1738.
[168] Miska, S., Qiu, W., Volk, L., & Cunha, J. C. (1996, January 1). An Improved Analysis of Axial Force Along Coiled Tubing in Inclined/Horizontal Wellbores. Society of Petroleum Engineers. doi: 10. 2118/37056-MS.
[169] 黄涛，路永明，王世圣，等. 钻柱失稳的准螺旋模型研究[J]. 中国石油大学学报：自然科学版，1999(2)：55-57.
[170] 高德利. 油气井管柱力学与工程[M]. 东营：中国石油大学出版社，2006：183-188.
[171] Wu J. Buckling behavior of pipes in directional and horizontal wells. Ph. D. dissertation. Texas: Texas A&M University. 1992.
[172] Cunha JCDS. Buckling behavior of tubulars in oil and gas wells: a theoretical and experimental study with emphasis on the torque effect. Ph. D. dissertation. The University of Tulsa. 1995.
[173] Gao GH, Li Q, Zhang J. Buckling analysis of pipe string in a vertical borehole. J Xi'an Pet Inst. 1996; 11(1): 33-5.
[174] 冷继先，井下管柱屈曲行为的理论与实验研究[D]；西南石油学院，2003.